L'Évolution

des

Théories Géologiques

PAR

STANISLAS MEUNIER

Professeur de Géologie
au Muséum national d'Histoire naturelle.

TROISIÈME ÉDITION

FÉLIX ALCAN, ÉDITEUR

108, BOULEVARD SAINT-GERMAIN, PARIS

1911

L'Évolution

des

Théories Géologiques

DU MÊME AUTEUR

La Géologie comparée, avec 35 figures dans le texte, 1 vol. in-8°
(*Bibliothèque scientifique internationale*, 1895) . . . . 6 fr.

La Géologie expérimentale. 1 vol. in-8° (2ᵉ édition), avec 56 figures
dans le texte, (*Bibliothèque scientifique internationale*), 1904. 6 fr.

La Géologie générale, 1 vol. in-8° (2ᵉ édition), avec 34 gravures
dans le texte (*Bibliothèque scientifique internationale*), 1909. 6 fr.

Nos Terrains. 1 vol. in-4° avec 102 figures en couleur et 320 figures
en noir., Paris, Armand Colin. 1898.

Géologie, ouvrage destiné aux élèves des Ecoles d'agriculture et de
l'Institut agronomique, aux candidats à ces Établissements, aux
aspirants aux grades universitaires, aux agronomes, aux ingé-
nieurs, aux industriels, aux coloniaux et aux amateurs de
sciences naturelles. 1 vol. grand in-8° illustré. Paris, Vuibert et
Nony, 1908.

La Terre qui tremble. 1 vol. in-4°, avec 72 figures et photo-
graphies. Paris, Delagrave, 1910.

Les Convulsions de l'Écorce terrestre, 1 vol. in-18, avec 35 illustrations. Paris, Flammarion, 1910.

NOUVELLE COLLECTION SCIENTIFIQUE

Directeur : ÉMILE BOREL

DERNIERS VOLUMES PUBLIÉS

L'Aviation, par Paul Painlevé. de l'Institut, et Emile Borel, professeur à la Sorbonne, 1 vol. in-16 avec 52 grav., 2ᵉ édit. . 6 fr.

La Chimie de la Matière vivante. par Jacques Duclaux, prépa-
rateur à l'Institut Pasteur. 1 volume in-16. . . . . 3 fr. 50

Les États physiques de la Matière, par Ch. Maurain, professeur
à la Faculté des Sciences de Caen, 1 vol. in-16 illustré. 3 fr. 50

L'Énergie, par W. Ostwald, professeur honoraire de l'Université
de Leipzig. Traduit de l'allemand par *E. Philippi*, licencié ès
sciences, 2ᵉ édition. 1 volume in-16. . . . . 3 fr. 50

La Crise du Transformisme. par F. Le Dantec. 1 volume in-16.
2ᵉ édit . . . . 3 fr. 50

L'ÉVOLUTION

DES

THÉORIES GÉOLOGIQUES

INTRODUCTION

Le but du présent volume est de rechercher par quelles voies, par quelles hésitations, par quelles erreurs successivement corrigées, on est progressivement parvenu à la science géologique.

Non seulement nous recueillerons ainsi une foule de faits intéressants par eux-mêmes et par leur rapprochement mutuel, mais encore nous reconnaîtrons que les hypothèses émises successivement ne se sont pas suivies dans un ordre quelconque ; qu'elles ont été, au contraire, provoquées et déterminées les unes par les autres, comme à la faveur d'une espèce d'évolution intellectuelle s'emparant à la fois de tous les esprits, dans tous les pays ; modifiant le milieu scientifique de telle façon qu'il semble qu'à un moment donné, telles idées soient *dans l'air*, suivant une expression courante ; et expliquant ainsi comment il est si fréquent que plusieurs penseurs se rencontrent et proposent simultanément une même interprétation théorique de certains phénomènes.

Il faut rapprocher de ces circonstances celles, qui, dérivant de cette sorte d'atmosphère scientifique, portent les chercheurs à rester un temps plus ou moins long fidèles à des erreurs qui plus tard seront universellement reconnues pour telles. Ces erreurs, que le progrès a pour but principal de dénoncer et de détruire, jouent un rôle qu'il ne faut pas méconnaître et qui, dans bien des cas, a été favorable au succès définitif de la vérité.

C'est parce qu'on a cru la Terre bien plus petite qu'elle ne l'est en réalité que Christophe Colomb s'est lancé dans l'expédition qui nous a procuré la connaissance de l'Amérique. Et c'est parce que, victimes des illusions de leurs sens, les anciens ont cru l'univers très restreint et les Puissances supérieures tout près et passionnément préoccupées des faits et gestes de l'humanité, que nos premiers ancêtres ont échappé au découragement qu'aurait fatalement engendré la notion des dimensions réelles du monde.

Au prix de cette bienheureuse ignorance, ils ont vaincu peu à peu les difficultés rencontrées et qui ne leur ont jamais semblé sans recours.

Pour bien comprendre les faits que nous avons en vue, il convient de se reporter par la pensée à la condition des premiers hommes, en face de la nature toute neuve pour eux.

Bâtis comme nous, ces primitifs représentants de notre espèce ont éprouvé, avec une intensité également incoercible, deux appétits bien différents : le besoin d'entretenir par la digestion leur organisme physique et celui d'entretenir par la réflexion leur organisme intellectuel.

Quand la Genèse nous montre nos ancêtres

touchant, malgré la défense divine, à « l'arbre de la Science », ils nous apparaissent comme exactement comparables à des hommes qui, mourant de faim, cueilleraient malgré les plus sévères interdictions les fruits nourrissants laissés à leur portée. Pour se comporter autrement dans un cas comme dans l'autre, il faudait que la nature humaine fût changée du tout au tout.

Immédiatement l'homme a acquis la notion de causalité : il a observé la relation de certains résultats avec des dispositions antérieures et il en est venu même à ne plus pouvoir concevoir un effet sans en rechercher en même temps une raison déterminante. Un phénomène frappant ses sens, son premier besoin fut d'en expliquer l'origine, et cela dans tous les domaines : qu'il s'agisse du monde physique, du monde intellectuel ou du monde moral. A cet égard, l'observation des peuplades actuelles les plus inférieures est d'un intérêt considérable. Quoi qu'il arrive, le sauvage le plus dégradé cherche, et croit trouver, le motif de l'événement.

En ce qui concerne l'origine de la Terre, comme en ce qui a trait au fait le plus minuscule, le besoin de la cause fut aussi impératif et le moyen de la découvrir également incomplet. Il y a appel au bon sens, à la raison et surtout interprétation du témoignage des sens.

On eut d'abord le spectacle tout proche d'un commencement, sous la forme la plus tangible : l'éclosion de l'œuf des oiseaux. Comment échapper à l'opinion que tout ce qui existe vient d'un œuf ? *Omne vivum ex ovo.* C'est là l'origine, pour les premiers philosophes, de la Terre vivante, notre mère commune.

Les dimensions apparentes étant les seules appréciables au début, tout ce qui dans le monde n'est pas la Terre, se présente comme un simple supplément de celle-ci, comme son cadre, et nulle raison ne s'oppose à le confondre avec elle dans une même origine.

C'est bien ce que montrent les plus vieilles cosmogonies, dont il ne nous reste pour l'ordinaire que des vestiges, mais qui se contrôlent les unes les autres et qui témoignent du sentiment unanime.

Dans l'immense quantité de suppositions ainsi faites, il y eut des catégories au point de vue du succès.

Selon les conditions, selon la personnalité de l'auteur de l'hypothèse, celle-ci est destinée au discrédit et à l'oubli plus ou moins rapide ; ou, au contraire à l'admission comme notion définitive et intangible.

Dans ce dernier cas, on se trouve en présence des dogmes cosmogoniques dont tous les peuples nous donnent des exemples et qu'il faut absolument mentionner, car ils ont influencé d'une façon si incontestable et pendant si longtemps les progrès de la science proprement dite, que leur action persiste encore.

Sans nous arrêter dans cette Introduction à ceux qui concernent d'autres civilisations que la nôtre, il faut rappeler le rôle scientifique de Moïse.

A côté de ses autres titres à l'admiration des hommes et dont la considération sortirait de notre sujet, Moïse apparaît comme un grand philosophe de la nature. Élève des prêtres d'Égypte et doué d'une puissance de conception géniale, il a donné à son « système du monde » la forme autoritaire et sans réplique qui convenait au peuple auquel il s'adressait.

Ce peuple reçut son enseignement comme venant directement du ciel et grâce à son caractère de révélation, la doctrine se sépara nettement de toutes les autres vues, plus ou moins analogues, émises en tous pays et en tous temps. Elle laissa constamment possible la production imprévue de phénomènes quelconques prenant le caractère miraculeux.

Une pareille conception, qui contient la négation des lois fixes réglant invariablement les conditions du monde, rendrait illusoire toute tentative d'étude rationnelle. On la retrouve cependant dans l'esprit de certains naturalistes, s'associant tant bien que mal, comme elle peut, avec l'étude de la création.

Aussi, quand la science, au travers des difficultés et des efforts que nous raconterons, en vint à expliquer un certain nombre de détails dans le grand mécanisme naturel, le souci de beaucoup d'esprits supérieurs fut-il de concilier ce que proclamaient les faits avec ce que Moïse avait enseigné. Il y a, en conséquence, une période mosaïste ou religieuse de la Géologie qui mérite une mention et qui compte ses grands hommes comme Buckland et Deluc, qui ont laissé à cet égard des œuvres remarquables.

En outre, l'empreinte biblique fut si profonde dans les esprits que les géologues, pendant bien longtemps, restèrent sous son empire et qu'il n'est pas exagéré de dire que nous ne nous en sommes pas complètement dégagés. Le nom du *diluvium* consacre cette influence et tout le monde sait que la célèbre théorie, dite des *révolutions du globe*, qui donna pendant un demi-siècle une orientation exclusive à toute la géologie, en est une éclatante paraphrase.

On peut résumer cette crise dans l'évolution des idées, en constatant qu'elle fut entièrement due au conflit d'un système prétendant à la pérennité, avec les conséquences tirées successivement des faits procurés, les uns après les autres, par une observation chaque jour perfectionnée. Le résultat fut que les savants les plus orthodoxes en vinrent parfois à cette conclusion que la révélation contenant toute vérité, on avait été universellement malhabile à la lire. Par exemple, la chronologie de Bossuet et de Rollin (d'Uscher avant eux) fut regardée comme le fait d'une erreur d'interprétation, et les jours de la semaine initiale devinrent des durées indéterminées.

Fournet raconte[1] comment Brochant de Villiers fut ému un jour de l'impossibilité de retrouver dans l'observation géologique tous les détails de la cosmogonie de Moïse. Il s'adressa à l'abbé de Frayssinous qui en fit le sujet d'un sermon.... L'interprétation paraît avoir été tout à fait satisfaisante... Mais il faut bien constater le peu d'utilité pratique des textes révélés qui, supposés parfaitement exacts, ne sont compris qu'après les mêmes efforts qui eussent suffi à découvrir scientifiquement les notions qu'ils prétendent enseigner.

C'est encore une conséquence du premier point de vue auquel les observateurs se sont placés d'abord, que la division de l'histoire du monde,

1. *De l'influence du Mineur sur les Progrès de la civilisation d'après les données actuelles de l'Archéologie et de la Géologie.* 1 vol. in-8°, Lyon, 1861.

en deux périodes successives dont l'une fut une simple préparation de la seconde, laquelle est l'état définitif des choses. L'énergie des actions réalisées avant l'époque diluvienne, parut en opposition absolue avec le calme et la stabilité des temps présents. Nous verrons comment cette conception en a enfanté beaucoup d'autres, quant à l'allure de la plupart des phénomènes considérés indépendamment les uns des autres.

Pour expliquer l'état actuel de la Terre, Dolomieu écrit dans le *Journal de Physique*[1] :

« Ce n'est pas le temps que j'invoquerai, c'est la force. On ne place en général sa confiance dans l'un que quand on ne sait où trouver l'autre... La nature demande au temps les moyens de réparer les désordres, mais elle reçoit du mouvement la puissance de bouleverser. »

Nous verrons que les progrès scientifiques ont progressivement conduit à un point de vue tout opposé.

Dans le même ordre de conception, et par un lien logique, figure la simultanéité attribuée à des phénomènes identiques ou comparables : c'est un point dont on appréciera plus loin la signification et qui se fait sentir encore avec violence dans des questions dont la solution en est retardée.

Je fais allusion, par exemple, aux traces dites glaciaires retrouvées toutes semblables en des localités très diverses et qui, à cause de leurs ressemblances mutuelles, sont considérées comme s'étant produites au même moment. C'est la seule base de l'hypothèse d'une extension gigantesque des glaciers à une époque peu ancienne et qui, à ce

---

1. Année 1792, t. II.

titre, aurait contrasté de la manière la plus absolue avec tout ce qui a précédé, comme avec tout ce qui a suivi.

Il y a là un procédé de raisonnement fort enfantin et qui, chose curieuse, a été adopté successivement par différents géologues à propos des sujets les plus divers.

Ainsi Dolomieu, voyant le diluvium analogue à lui-même dans tous les pays, émet l'avis qu'il s'est étalé partout en même temps.

Descendant « un des rameaux de l'arbre de Seine » depuis Pont-Aubert, par le Cousin, la Cure et l'Yonne, Élie de Beaumont, en 1843, constate que l'alluvion est partout semblable à elle-même et il pose en conséquence cette conclusion : que tous les rameaux ont été parcourus *en même temps* par le courant en vertu d'une cause générale embrassant tout le bassin [1].

Une illusion toute pareille a été procurée par la rencontre en divers lieux, sur le sol des cavernes, d'un limon rouge dont l'histoire est maintenant parfaitement élucidée, mais qu'on a cru longtemps dériver d'un transport à longue distance et réalisé d'un seul coup.

Marcel de Serres a écrit à son sujet : « Le remplissage des cavernes longitudinales et verticales par des terrains clastiques ossifères, est un phénomène géologique tout aussi concluant et tout aussi général que celui des dépôts diluviens, et qui appartient comme celui-ci à des faits de même ordre et de même date [2]. »

---

1. *Extrait des procès-verbaux de la Société philomatique,* 29 juillet 1843. p. 10 et 26 août 1843. p. 105.

2. V. D'ARCHIAC. *Histoire des progrès de la Géologie de* 1834 *à* 1845, t. II, 1re partie, p. 167 et 168 (1848).

Renchérissant sur ce verdict, M. Dupont, de Bruxelles, a précisé cette opinion :

« Les cavernes, dit-il, qui étaient restées vides pendant des milliers de siècles ont été toutes *à un moment donné*, ou dans une période très courte, plus ou moins remplies par des alluvions locales enveloppant des débris de faune contemporaine qui y furent entraînés *en même temps*. C'est là sans doute un phénomène bien remarquable qui ne s'était jamais produit avec ce caractère de généralité et qui ne s'est pas renouvelé depuis. Il est donc bien propre aussi à distinguer l'époque où il s'est manifesté de celle qui l'a précédé comme de celle qui l'a suivi [1]. »

C'est le même raisonnement qui a servi à Woodward [2] dans l'étude de la fossilisation :

« On tire de la terre, en certains pays, des coquillages qui ont une origine étrangère et qui ne se trouvent point dans les mers voisines, mais seulement dans de très éloignées. Ainsi nous découvrons en Angleterre et souvent à une grande profondeur, des coquillages de poissons de différentes espèces qui ne se trouvent à présent dans la mer que sur les côtes du Pérou et d'autres endroits de l'Amérique. On tire aussi quelquefois des entrailles de la terre, des coquillages qu'on ne voit nulle part et qui paraissent être de poissons qui demeurent toujours au fond de la mer sans jamais s'approcher des côtes. Dans toutes

---

1. *Notices préliminaires sur les fouilles exécutées sous les auspices du Gouvernement belge dans les cavernes de la Belgique.* Bruxelles, 1867.

2. *Géographie physique ou Essai de l'Histoire de la Terre*, traduit de l'anglais de M. WOODWARD, par M. NOGUEZ, docteur en médecine. 1 vol. in-4°, Paris, 1735, p. 388.

les parties de la terre, dans l'Asie, l'Afrique et l'Amérique, aussi bien que l'Europe, dans les pays les plus éloignés des mers, de même que dans ceux qui en sont les plus proches, les couches sont disposées et les corps marins y sont renfermés de la même manière.. Ce qui fait voir que tout cela s'est arrangé partout *dans le même temps* et de la même façon. »

On croirait entendre les glaciéristes d'aujourd'hui parler des moraines et des blocs erratiques des pays les plus divers, les plus éloignés des glaciers, de même que de ceux qui en sont les plus proches, etc... pour conclure à l'existence *simultanée* de la glace sous toutes les latitudes.

La liste pourrait être indéfiniment prolongée des chapitres de la Géologie qui ont été résolus, pour un temps, avec le même raisonnement. On a cru à une époque des plages soulevées, à une époque du soulèvement des montagnes, à une époque du creusement des vallées, à une époque métamorphique, à une époque corallienne, etc., etc. La croyance à l'époque glaciaire est le plus récent échantillon de la même illusion.

La conception de la simultanéité pour des manifestations identiques, a sa source dans une disposition de l'esprit humain qu'on pourrait qualifier de besoin ou d'instinct mathématique, et il est bon de nous arrêter un instant sur ce nouveau sujet.

Il sera facile de montrer que l'application des méthodes mathématiques à l'étude de la nature, résulte d'une hypothèse des plus séduisantes, mais qui est controuvée. Elle prétend préparer la conquête d'un but général qui malgré son apparence est à l'opposé du but réel qu'il faut atteindre : ce n'est rien moins que la réduction, à des formules mathématiques, de tous les détails de la Nature. Dans son *Mysterium Cosmogra-phicum*, Kepler a la prétention d'expliquer le système du monde, à l'aide des cinq polyèdres réguliers de la Géométrie [1].

D'autres remarques nous fourniront une base des plus utiles dans l'appréciation d'un grand nombre d'hypothèses d'une haute importance.

Pour beaucoup de savants la formule mathématique est l'expression la plus satisfaisante des faits : seulement il faut ajouter que ce ne peut être que l'expression de faits artificiels ; les faits naturels, même les plus simples, sont toujours beaucoup trop complexes pour se conformer à la discipline des formules. Celles-ci ne peuvent concerner que des simplifications de la nature, des abstractions, auxquelles les objets réels se comparent sans trop de difficultés.

La différence des uns aux autres a d'ordinaire été considérée comme peu importante et comme négligeable, résultant, comme on dit, de causes perturbatrices. Mais il y a lieu de remarquer que ces causes sont aussi efficientes, aussi naturelles que les causes principales et qu'en faire abstraction est antiphilosophique.

Ce que nous disons ici pour ces formules mathématiques s'applique d'ailleurs, et sans le moindre changement aux formules chimiques. Il n'est pas de corps naturel dont la composition s'exprime exactement par les notations des chimistes : quand on dit que le cristal de roche est de l'acide silicique, $Si\,O^2$, on fait abstraction de toutes

---

1. FAYE. *Cours d'Astronomie*, II, 89.

sortes de matières constituantes en très faibles quantités sans doute, mais qui sont tout aussi essentielles que les éléments abondants. Ces matières accidentelles, comme on dit, sont le correspondant exact des « causes perturbatrices » de tout à l'heure.

L'homme préoccupé d'étudier la nature, mais incapable d'en comprendre l'inextricable complication, lui a substitué d'instinct et sans s'en rendre compte, une création beaucoup plus simple et dont il est l'auteur.

A la place des formes toujours variées des objets naturels, il a inventé les formes géométriques et pour les caractériser, il a créé de toutes pièces le point, la ligne et la surface. Il a créé les solides définis géométriquement, tétraèdre, cube, rhomboèdre, sphère, cylindre, ellipsoïde, auxquels il rapporte les objets véritables comme on rapporte les situations géographiques à des systèmes de lignes idéales, longitudes et latitudes.

De même, à la place des composés naturels, il a inventé des composés définis : oxydes, acides, sels, etc., et pour les comprendre il a créé de toutes pièces les corps simples et les corps chimiquement purs qui sont à leur tour des termes de comparaison et des repères.

Et de même que l'homme, avec ses solides géométriques et symétriques, a créé un monde de formes dont on ne voit que les analogues éloignés dans la nature (même en cristallographie où les spécimens *parfaits !* sont des exceptions ou des miniatures aux irrégularités mal visibles) de même avec l'innombrable série de ses combinaisons chimiques, dont sont remplis les laboratoires, il a créé un monde de corps dont le plus grand nombre n'entre même pas dans les associations si complexes de la nature.

A côté de la Création, l'homme a donc réalisé à sa taille, c'est-à-dire à la portée de son cerveau, une autre création dont la connaissance qui compose les différentes sciences, lui permet de se faire chaque jour une idée un peu moins bégayante de quelques détails de la première, — idée qui, une fois conçue, serait la Science.

Le besoin d'introduire les mathématiques en géologie a quelquefois produit des effets imprévus : par exemple, on a donné des raisons absolument décisives de la forme en prismes hexagonaux des colonnades basaltique ou porphyriques. Mais si, après avoir ainsi appris *pourquoi* ces prismes sont toujours à 6 pans, et ne peuvent être qu'à 6 pans, on va les observer dans la nature, on voit que la très grande majorité a 3, 4, 5, 8 côtés et davantage ; que les prismes à 6 pans changent de forme à un certain niveau un peu plus bas, un peu plus haut, et, en somme, présentent les irrégularités les plus déconcertantes,[1].

Il est vrai que dans les collections la plupart des prismes basaltiques sont à 6 pans, mais cela vient de ce qu'involontairement, on cède à la tentation de confirmer la théorie mathématique et qu'on a recueilli de préférence les échantillons qui y concordent.

C'est par l'application des très hautes mathématiques que Laplace, étudiant l'influence de la lune et du soleil sur notre planète, « a démontré

1. Voir à cet égard de curieux exemples dans les *Institutions Géologiques*, par BREISLAK, 3 vol. in-8° et atlas, Milan, 1818, t. III, p. 480, 484, 486, 487, 489.

que la profondeur de l'océan ne peut nulle part dépasser 8.000 mètres [1]. Or, la plus grande profondeur connue est de 9.427 mètres à l'E. de la Nouvelle-Zélande. » Elle dépasse de 600 mètres la plus grande altitude connue, celle du mont Everest ou Gaurisankar, dans l'Himalaya [2]. »

On conçoit le peu de précision qu'on doit obtenir quand on a calculé « la contraction du globe terrestre pendant une période géologique » [3].

C'est encore parmi les applications géologiques des mathématiques qu'il faut ranger la forme du « profil d'équilibre des vallées », profil que les vallées n'atteignent jamais et ne peuvent jamais atteindre à cause de la complexité des causes qui influencent les progrès de l'érosion du sol.

A propos de l'application des mathématiques à l'étude des tremblements de terre, on peut rappeler que Robert Mallet [4] qui a fait des expériences très précises sur la transmission des ébranlements mécaniques au travers des roches, reconnaît que les sept huitièmes des effets observés au laboratoire sont perdus et dissipés dans la nature par l'hétérogénéité des substances. On peut en conclure l'utilité, théorique ou pratique, de ce qui reste !

De même Zöppritz [5] a fait des recherches sur la

1. Cité par J.-J.-N. HUOT. *Nouveau cours de Géologie*, 2 vol. in-8°, Paris, 1837, t. I, p. 20.

2. THOULET. *L'Océan, ses lois et ses problèmes*, 1 vol. in-8°, Paris, 1904, p. 40.

3. DE GROSSOUVRE. *Bulletin de la Soc. Géol. de France*, XVII, 436.

4. *Volcanic energy : an attempt to developpe its true origin and cosmical relation.* Philosophical transactions, of the royal Society, t. CLXXIII, p. 147. — Londres, 1873.

5. In THOULET. *Loc. cit.*, p. 364. L'ouvrage de Zöppritz est inti-

transmission en profondeur des courants superficiels de la mer. « Se plaçant dans les conditions
idéales d'une mer absolument calme, sans
limite en superficie comme en profondeur, il a
démontré qu'un vent soufflant au-dessus d'elle
d'une manière continue pendant un temps infini,
sans éprouver aucune variation dans sa direction,
ni dans son intensité, la vitesse se propagerait au
sein du liquide en diminuant du haut en bas et
que l'état stationnaire ne serait établi que lorsque
la vitesse de la couche immédiatement superficielle serait exactement égale à celle de l'air,
c'est-à-dire après un temps *infiniment long*.
Dans une nappe de surface illimitée et épaisse
de 4.000 mètres reposant sur le sol, l'état stationnaire ne s'établirait que 200.000 ans environ après
que l'eau de la surface, primitivement au repos,
aurait pris une vitesse uniforme. En 100.000 ans,
l'état stationnaire ne serait pas atteint à 200 mètres », etc.

Il est intéressant de remarquer que les mathématiques ont généralement fourni aux théoriciens
préoccupés de mettre en évidence une périodicité
ou une coïncidence, tous les résultats qu'ils pouvaient désirer. La statistique des tremblements
de terre, rapprochée de celle des taches solaires,
des âges de la lune et des époques de l'année a
fourni des courbes éloquentes mais qui manquent
complètement de réalité.

Les célèbres recherches de Poisson et celles de
Fourrier sur les lois du refroidissement du globe
terrestre ont été étayées sur les expériences de
Bischoff, quant au refroidissement de sphères de

tulé *Verhandlungen des erstes deutschen Geographentags*, 1 vol.,
Berlin, 1882.

basalte portées d'abord à une température élevée, puis abandonnées à elles-mêmes dans une enceinte relativement froide. Les chiffres obtenus, on peut le dire hardiment, n'ont aucun intérêt et les théories qu'ils ont appuyées n'ont aucune valeur, depuis qu'on s'est aperçu que le refroidissement de la planète est incomparablement plus compliqué qu'on ne se l'était imaginé. Au lieu d'une masse inerte comme la sphère expérimentée, c'est un ensemble infiniment compliqué où sont associées des circulations de tous genres et des réactions chimiques innombrables, les unes exothermiques (c'est-à-dire dégageant de la chaleur), les autres endothermiques (c'est-à-dire en absorbant), de sorte que le phénomène devient inexprimable par sa complication.

De même, Elie de Beaumont a voulu établir une théorie de la formation de la houille en calculant le changement de volume d'une couche de bois qui passerait à l'état de charbon de terre, et, à ce prix, il a prétendu démontrer que la production par charriage est impossible. On doit croire qu'ici encore les données ont dû être insuffisantes, car des observateurs du plus grand mérite, et par exemple, M. Fayol, persistent dans l'opinion condamnée. On constate, en outre, qu'Elie de Beaumont part de la supposition que pour faire une couche de houille de 1 mètre, il faudrait qu'il se fît au préalable un radeau de bois flottant de 26 m. 52 d'épaisseur et pour une couche de 30 mètres, comme celles de l'Aveyron, un radeau de 788 mètres. Et il s'écrie triomphalement que ces radeaux sont impossibles. Seulement on est sûr que les choses ne se sont point faites par l'intermédiaire d'un radeau, mais par l'accumulation, continuée un temps suffisant, sans doute des centaines de siècles, de débris végétaux charriés par des courants. M. Fayol a pris comme exemple ce qui se passe de nos jours dans le delta de Mississipi [1]. Ici encore c'est la condamnation des mathématiques appliquées à l'histoire naturelle.

En reprenant mathématiquement le phénomène de la chute des météorites, on est arrivé aussi à des conséquences évidemment fausses [2]. M. S. Ferrari étudiant les circonstances qui accompagnèrent l'arrivée sur notre sol de la pierre d'Orvinio (Campagne Romaine) le 31 août 1872, il calcule que la masse a traversé l'atmosphère terrestre avec une vitesse de 59.539 mètres à la seconde. Cela posé, l'auteur se demande quelle est la quantité de chaleur développée par ce bolide à la suite de la perte de sa force vive par la résistance de l'air : il admet avec Prestwich que la chaleur spécifique de la roche extra-terrestre doit être égale à 0,22 et il applique la formule de M. de Saint-Robert. Dans ces conditions il trouve, pour l'augmentation de température éprouvée par la roche céleste, 1.926.911 degrés centigrades.

C'est plusieurs centaines de fois ce qu'il serait nécessaire de produire pour réduire la météorite en vapeurs. Or, non seulement elle a conservé son état solide, au point que nous en avons des

---

1. Il est juste de constater que les conclusions publiées par M. FAYOL (*Études sur le terrain houiller de Commentry*, 4 vol., 1887) ont été précédées par les inductions très justes de VÉZIAN (*Prodrome de Géologie*, t. III, p. 201-206, 1865).

2. *Les Mondes* de l'abbé MOIGNO, livraisons des 19 juin et 25 décembre 1875.

échantillons dans la collection du Muséum, mais encore sa substance interne montre d'une manière irréfutable qu'elle n'a même pas été portée au delà du rouge modéré.

En effet, la substance constitutive de cette masse a conservé la structure ordinaire des météorites et n'a subi aucun commencement de fusion, sauf dans une région superficielle qui n'a qu'une fraction de millimètre d'épaisseur. Elle a simplement été noircie par la chaleur et est à l'état de tadjérite, pour employer le langage technique [1].

De Chancourtois a porté jusque dans les questions de stratigraphie les préoccupations qui sont de mise dans la poursuite des problèmes de géométrie [2].

Il pose en fait, par exemple, que l'épaisseur relative des formations géologiques successives [3] « semble dans le N.-O. de l'Europe, comme dans le N.-E. de l'Amérique, décroître en proportion géométrique ».

Il va plus loin encore et après avoir (p. 92) divisé l'ensemble des terrains stratifiés en deux paquets correspondant l'un au palézoïque et l'autre au caïnozoïque, il ajoute cette remarque : « D'après la prédominance des formes anguleuses et des formes arrondies dans les produits inorganiques des deux périodes, je propose d'appeler la première *période goniomorphique* et la seconde *période cyclomorphique*. Je risque même les dénominations univoques *gonobiade* et *cyclo-*

---

1. STANISLAS MEUNIER. *Établissement des types de Roches météoritiques.* Le *Cosmos*, livraison du 19 février 1870.

2. *Comptes rendus de l'Académie des Sciences*, LXXIX, 91, 1874.

3. On sait que cette épaisseur est indéterminée, les limites des formations superposées n'ayant aucune existence réelle.

biade d'une valeur philosophique peut-être supérieure. On retrouve dans les deux dénominations la corrélation contrastante de l'arc et de l'angle sous-tendu. »

L'auteur termine ainsi sa dissertation : « Une division binaire doit pouvoir se faire en tête de tout système logique de classement, puisque la discontinuité qui donne la raison d'être aux classifications, n'est que le détail, je dirai presque la monnaie de la dualité, et pour peu qu'on ait réfléchi sur l'avis inscrit par Platon à l'entrée de son école, on ne doit pas être surpris que l'un des contrastes fondamentaux qui président à la classification des choses matérielles de la Terre, envisagées dans leur universalité, soit symbolisé par le contraste des deux éléments purement géométriques, l'angle et l'arc dérivant immédiatement du contraste primordial de la droite et du cercle. »

Combien n'oublie-t-on pas ici qu'il n'y a ni droite, ni cercle dans la nature !

On verra, à bien des reprises, quelle place le point de vue mathématique a occupée dans l'histoire des théories géologiques. Mais nous pouvons déjà affirmer que nous assistons à l'heure actuelle à une véritable faillite de la mathématique géologique et justement dans un des sujets où elle s'était vantée avec le plus d'assurance d'être décisive : dans l'histoire des montagnes.

Sans déflorer ce que nous avons à dire des théories orogéniques, on peut rappeler ici qu'en réponse aux héroïques efforts dont Elie de Beaumont a occupé sa vie tout entière pour démontrer la distribution des chaînes de montagnes selon les mailles d'un réseau pentagonal, les géologues ont été forcés de reconnaître que les ridements de la surface terrestre ne jouissent pas plus d'une direction rectiligne que d'une époque définie de soulèvement.

Il y a longtemps que l'illustre Huxley, en vrai naturaliste qu'il a toujours été, a écrit ce passage célèbre :

« On peut comparer les mathématiques à un moulin d'un travail admirable, capable de moudre à tous les degrés de finesse ; mais ce qu'on en tire dépend de ce qu'on y a mis, et comme le plus parfait moulin du monde ne peut donner de la farine de froment si on n'y met que des cosses de pois, de même les pages de formules ne tireront pas un résultat certain d'une donnée incertaine. »

Nous n'aurions pas une idée complète des conditions dans lesquelles se poursuit le progrès des idées géologiques, et par conséquent des difficultés que la vérité a toujours rencontrées pour se faire jour, si nous ne faisions au moins allusion à une circonstance assez insignifiante en apparence et qui a cependant joué et joue encore un rôle de première importance dans l'histoire de la science.

Il s'agit de cette disposition de beaucoup d'intelligence à admettre la suprématie de certaines personnalités fortes et puissantes, et qui se traduit par la formule fameuse : *Magister dixit.*

Il est bon d'insister un instant sur ces dispositions générales des esprits qui impriment à l'histoire une allure très particulière.

En comparant les diverses époques dans lesquelles le développement de la Géologie pourra se diviser comme de lui-même, on reconnaît que chacune d'elles est caractérisée par une idée dominante, quelquefois une idée très générale, une manière de comprendre la science tout entière, mais fréquemment aussi une idée plus spéciale, relative seulement à un certain chapitre, qui semble exercer sur les esprits une séduction fixant toutes les activités. Dans tous les cas, c'est une atmosphère intellectuelle qui se constitue et qui agit comme un milieu ambiant, pour favoriser certaines doctrines et pour en décourager d'autres.

Bien que le concile d'où émane cette influence ne soit ordinairement constitué que par un petit nombre de gens, il rallie l'acquiescement, au moins tacite, de la grande majorité des personnes qui cultivent la science, et — sans doute pour abréger, — on l'a fréquemment désigné sous la qualification d' « unanimité des géologues ».

Il arrive qu'une idée nouvelle se manifestant quelque peu discordante avec l'opinion orthodoxe, quelqu'un se croît autorisé par sa situation à protester « au nom de l'unanimité des géologues [1] ».

---

1. J'ai eu pour ma part le destin de provoquer cette protestation solennelle, par la bouche et par la plume de M. de Lapparent : « *La Revue Scientifique*, écrit-il, vient de publier dans son numéro du 2 juillet, la leçon d'ouverture par laquelle M. Stanislas Meunier a pris définitivement possession de la chaire de géologie au Muséum d'histoire naturelle. Je me crois autorisé à dire que cette publication a excité *parmi les géologues* une certaine émotion. Non que personne songe à contester le droit que possède le nouveau titulaire de professer, en toutes manières, les opinions qui lui conviennent, et à l'exposé desquelles il est juste de reconnaître qu'il apporte autant de mesure que de courtoisie : mais parce que certaines déclarations, énoncées dans l'enceinte du Jardin des Plantes, du haut de la chaire jadis occupée par Cordier et par M. Daubrée, prennent une importance particulière et peuvent engager, en quelque sorte, le crédit de la science française au regard de l'étranger. Certes, je n'ai pas la prétention d'être le défenseur attitré de ce crédit ; mais sachant ce que pensent mes confrères, et en possession d'une indépendance qui fait que mon intervention ne peut être suspectée d'aucun intérêt personnel, je vous demande la permission

Et il est utile de remarquer que, soit dans ses affirmations, soit dans ses résistances, cette « unanimité des géologues » a parfois eu de sérieux déboires.

C'est elle qui, après avoir admis contre Galilée l'immobilité de la Terre, a affirmé longtemps la doctrine des révolutions du globe, et même l'a affirmée d'une manière si péremptoire que personne n'osait aller contre son verdict. Il a fallu un vrai courage à certains grands esprits, comme Constant Prévost, en France et Lyell, en Angleterre, pour faire valoir des objections contre cette manière de dogme, qui avait jusqu'à son texte, magnifique et presque sacré, dans le célèbre *Discours* de Cuvier !

C'est elle encore qui, jusqu'à la mort d'Élie de Beaumont, a proclamé l'infaillibilité de l'hypothèse du réseau pentagonal. Il ne paraissait pas un mémoire de stratigraphie, ou d'orographie ou même de géologie appliquée à l'exploitation minière qu'on n'y vît, au moins dans le dernier paragraphe, que les couches étudiées, que les montagnes décrites, que le gisement signalé se présentaient exactement dans l'alignement de tel ou tel grand cercle, venant ainsi confirmer les vues générales du Maître. Dès le lendemain de la mort de celui-ci, les choses prirent subitement une tournure bien différente : il se fit deux groupes parmi les savants, les uns laissant tomber le pentagone dans l'oubli ; les autres, signalant ses

de formuler d'expresses réserves au sujet de quelques-unes des affirmations de M. Stanislas Meunier. » (*Revue Scientifique* du 6 août 1892. Voir aussi *Une nouvelle théorie des anciens glaciers*, par A. DE LAPPARENT, conférence faite à Fribourg en Suisse, le 18 août 1897, extrait de la *Revue des Questions Scientifiques*, octobre 1897, Louvain.)

insuffisances et même ses incompatibilités avec la nature des choses. M. Béguyer de Chancourtois garda seul au principe une fidélité en quelque sorte touchante.

C'est toujours cette « unanimité des géologues » qui regarda longtemps comme hors de discussion la théorie des cratères de soulèvement, émise par Alexandre de Humboldt et Léopold de Buch et contre laquelle Poulett Scrope eut le courage de s'élever : elle est oubliée maintenant.

C'est l' « unanimité des géologues » qui a cru à une époque métamorphique et à mille autres assertions auxquelles il a fallu successivement renoncer.

Et, comme contre-partie, on peut mettre à son actif d'avoir opposé à certaines vérités une résistance opiniâtre, comme à la communauté d'essence des phénomènes actuels et des phénomènes passés [1]; comme à la contemporanéité de l'homme et de nombreuses espèces d'animaux éteints, faisant, au détriment de notre grand Cuvier, qui fut son porte-parole, une gloire impérissable à Boucher de Perthes.

Mais nous pouvons d'autant plus borner ici nos exemples que nous en aurons bien d'autres à signaler chemin faisant.

Ce qu'il faut conclure de ces remarques, c'est que le géologue, en possession de résultats nouveaux ne cadrant pas avec l'opinion admise par la fameuse « unanimité », doit s'attendre aux résistances les plus déterminées. A sa grande surprise,

---

1. A cet égard, on trouvera un luxe d'arguments dans un volume de CH. SAINTE-CLAIRE DEVILLE sur lequel nous reviendrons (*Coup d'œil historique sur la géologie et sur les travaux d'Elie de Beaumont*, 1 vol. in-8°, 1878, Paris).

il s'apercevra que pour s'être consacré à l'étude de questions à l'index ou pour avoir adopté des solutions hétérodoxes, il aura déterminé autour de lui une atmosphère d'hostilité : qu'il se sera fait de vrais ennemis de gens auxquels il n'avait jamais songé au cours de ses recherches. Il lui faudra des années pour voir peu à peu et de moins en moins timidement des acquiescements se manifester, et le plus souvent d'une manière si ménagée et si oblique qu'il sera exposé à perdre ses droits sur ses propres travaux. Et il sera obligé de rappeler parfois ces droits en citant des textes datés, au risque de paraître avide de célébrité, aux yeux des personnes non averties.

Cet état de choses n'est pas sans produire quelquefois chez le savant indépendant des crises d'amertume et de découragement :

« En 1885, dit M. Gosselet[1], Constant Prévost qui se sentait malade, éprouvait une véritable souffrance en constatant le triomphe des idées qu'il avait toujours combattues. La théorie des cataclysmes et des créations multiples régnait sans conteste avec d'Orbigny et les nombreux savants qui s'étaient voués à la paléontologie ; les idées de de Buch, de Humboldt, d'Élie de Beaumont sur les cratères de soulèvement étaient adoptées par presque tous les géologues ; enfin l'opinion que les montagnes s'étaient formées par soulèvement était générale et l'on faisait honneur à Élie de Beaumont de cette brillante hypothèse. Constant Prévost protesta et les explications du

---

1. CONSTANT PRÉVOST. *Coup d'œil rétrospectif sur la Géologie en France pendant la première moitié du XIXe siècle*, p. 340, 1 vol. in-8º, Lille, 1896.

phénomène qu'il développa, d'ailleurs dans le désert, se rapprochent certainement beaucoup plus de nos idées actuelles que les diverses théories d'Élie de Beaumont[1]. »

1. *Loc. cit.*, p. 344.

CHAPITRE PREMIER

LES THÉORIES COSMOGÉNIQUES

Les systèmes cosmogéniques doivent être mentionnés au début de nos études : ils contiennent les diverses manières d'envisager les rapports de dimension, de situation, d'importance absolue entre la Terre et le Ciel et la comparaison en est des plus intéressantes, puisqu'en les passant en revue, on va du Ciel, considéré comme un simple détail subordonné à la planète, jusqu'à la planète reconnue comme un détail insignifiant perdu dans la profondeur de l'Univers sans limite.

Ainsi que nous le remarquions plus haut, il est légitime de croire que si l'homme primitif avait pu avoir quelque idée de son isolement, il eût été plus accessible au découragement résultant de son impuissance. Grâce aux apparences premières, il fut conduit inévitablement à s'attribuer une suprématie évidente sur la nature qui l'environnait et qu'il arriva à dompter, à plier à la satisfaction de ses besoins : le Soleil, la Lune, les astres sont faits pour la Terre.

Se voyant au centre de toute chose par l'apparence même de l'horizon circulaire et de la voûte hémisphérique du Ciel, il s'habitua à l'idée que tout avait été créé pour son usage exclusif. Les

Chinois appellent encore leur pays l'*empire du milieu*.

Chez nous-mêmes, « le Ciel et la Terre » est une locution qui désigne les deux parties d'un tout où la Terre a incontestablement plus d'importance absolue que le Ciel...

COSMOGÉNIE DE MOÏSE ET DES ANCIENS. — Ce point de vue peut être retrouvé dans la conception biblique du firmament qui, d'après son nom lui-même et conformément à la description qui nous en est donnée, est la charpente solide du monde et consiste en une voûte d'acier poli à la surface de laquelle sont fixés le Soleil, la Lune et les autres corps célestes.

La notion de la voûte du ciel a tout naturellement donné lieu à celle des constellations, associant, à cause de leur projection sur cette sphère idéale, des étoiles qui n'ont en réalité aucune relation mutuelle spéciale.

En outre, le sentiment primitif attribue au monde physique une si faible dimension que le projet de construction de la tour de Babel est pleinement justifié à tous les yeux. En Grèce et dans bien d'autres régions, nul dans le peuple ne doute de la proximité des dieux préoccupés avant tout des actes des hommes et venant à chaque instant se mêler à eux.

Quand il s'agit de préciser les dimensions du monde, un philosophe fit preuve de hardiesse en comparant la surface du Soleil à celle du Péloponèse tout entier. On n'était pas loin encore du temps où l'on croyait qu'un soleil nouveau se formait chaque matin pour parcourir le ciel pendant le jour et aller se dissoudre et s'éteindre le soir à l'horizon [1].

Les anciens nous ont laissé plusieurs théories cosmogéniques intéressantes. Mais seule, la Genèse a eu de l'influence sur la science géologique qui, avec Cuvier même, et encore après lui, a dû compter avec elle.

On sait que le livre de Moïse nous raconte au verset 3 du chapitre premier, cette parole de Dieu : « que la lumière soit » ; et au verset 16, que le Créateur fit le Soleil, la Lune et les étoiles, c'est-à-dire postérieurement à la lumière.

Avec une remarquable indépendance d'esprit, Hervé Faye [2] a écrit : « La Genèse est à la fois la plus ancienne tradition et le plus ancien monument de la science primitive : mais ajoutons immédiatement que, si les plus hautes vérités religieuses ont été communiquées au monde par l'intermédiaire d'hommes inspirés, cette inspiration n'a jamais porté sur les questions d'ordre scientifique. Imaginez-vous que Dieu ait jamais révélé la vérité scientifique sur un point quelconque ? Mais personne ne l'aurait comprise. Aujourd'hui encore, nous ne la comprendrions pas ; les mots mêmes manqueraient pour l'exprimer. Représentons-nous donc un homme inspiré de Dieu, ayant reçu en dépôt des vérités ou des prescriptions qu'il doit transmettre à ses contemporains et aux âges futurs. Ces vérités, d'ordre moral ou religieux, sont, au rebours des vérités de la science, immédiatement accessibles à toutes les intelligences ; mais pour les imprimer éner-

1. Faye. *Sur l'Origine du Monde : Théories cosmogoniques des Anciens et des Modernes*, 1 vol. in-8°, Paris, 1884, p. 18.

2. *Ibid.*, p. 11.

giquement dans les esprits, on est souvent conduit à leur donner une forme concrète et à parler des choses purement matérielles. Ne sachant rien de plus que les autres hommes sur ces choses-là, l'écrivain sacré en parlera comme tout le monde. Dès lors, la forme de son récit nous fera connaître les idées qui régnaient dans ces temps reculés. » Plus loin (p. 23) l'auteur résume son opinion en ajoutant : « Il ne s'agit donc pas là de la science révélée, pour qu'au bout de quelques milliers d'années, quelques docteurs parviennent à en déchiffrer le sens : c'est le langage d'une science toute rudimentaire ; le langage des apparences. Et comme celles-ci sont encore les mêmes aujourd'hui, ce langage débarrassé de quelques erreurs dont peu de gens se rendent compte, est resté intelligible pour tous les hommes comme aux premiers temps de l'humanité. »

Les Grecs ont très vraisemblablement reçu d'Orient leurs idées cosmogoniques. On cite dans tous les traités celles qu'ont exprimées leurs poètes, leurs sages, leurs philosophes : Orphée, Hésiode, Thalès de Milet, Anaximandre, Anaximène, Anaxagore, Pythagore, Empédocle, Platon, Aristote et bien d'autres. Pour tous, la Terre est au centre du monde. Pour les plus avancés, le Soleil est une masse ardente, la Lune un corps opaque que le Soleil éclaire. Le ciel leur apparaît comme un corps solide formé d'air et concentré en cristal par le feu, corps auquel sont attachées les étoiles, tandis que les planètes sont errantes.

OPINIONS DES MODERNES. — Voyons comment pensent les modernes et tout d'abord Descartes :

« Je monstroy comme la plus grande partie de la matière de ce chaos devait en suite de ces loix se disposer et s'arranger d'une certaine façon qui la rendait semblable à nos cieux. Comment cependant quelques-unes de ses parties devaient composer une terre et quelques-unes des planètes et des comètes, et quelques autres un soleil et des estoiles fixes [1] ».

Et dans les *Principes de Philosophie :* « Il n'est pas malaisé d'inférer de tout ceci que la terre et les cieux sont faits d'une même matière. »

Buffon suppose qu'une comète a pu effleurer la matière liquéfiée du Soleil et la répandre dans l'espace à diverses distances. Cette matière embrasée s'est formée en sphères ; elle a continué de se mouvoir, et l'attraction du Soleil combinée avec ce mouvement a déterminé leurs orbites. La Terre et les planètes sont des corps primitivement embrasés et qui se sont refroidis avec plus ou moins de lenteur.

Delamétherie ébloui par les découvertes de Volta et de Davy (ce dernier ayant obtenu avec une pile de l'Institution royale dont les plaques avaient 128.000 pouces carrés, la plus intense chaleur observée jusqu'alors) aime mieux regarder le Soleil et les étoiles comme « d'immenses piles galvaniques formées de différentes strates [2] ».

Newton a formulé une cosmogonie remarquablement simple, d'après laquelle les corps célestes s'attirent réciproquement en raison

1. *Discours de la Méthode pour bien conduire sa raison et chercher la vérité dans les Sciences,* p. 48 de l'édition de Paris, 1668.

2. *Journal de physique,* t. LXXVIII. p. 67.

directe de leur masse et en raison inverse du carré de leur distance. Dieu les a créés tels qu'ils sont, les a fait tourner sur leur axe et les a lancés en ligne droite, soit dans le vide, soit dans un milieu non résistant. Leur orbite est le résultat de ce mouvement impulsif et de leur gravitation.

COSMOGÉNIE DE KANT. — Nous devons nous arrêter un moment sur un Mémoire que Kant publia en 1755[1] : « Je suppose, dit l'illustre penseur, que tous les matériaux dont se composent les sphères de notre système solaire, les planètes et les comètes, ont été décomposées à l'origine des choses et que leurs éléments primitifs ont rempli alors l'espace entier dans lequel circulent aujourd'hui ces astres. Cet état de la nature, lorsqu'on le considère en soi et en dehors de tout système, me paraît être le plus simple qui ait pu succéder au néant. A cette époque, rien n'avait encore pris une forme. La forme des corps célestes isolés... constitue un état postérieur. »

Amené ainsi à rechercher les causes déterminantes de cet « état postérieur », Kant les trouve dans l'adjonction à l'attraction universelle démontrée par Newton, d'une force répulsive agissant surtout quand la matière est amenée à un degré extrême de division et qui cesse d'être sensible à une distance très faible. Dans ces conditions, où les éléments possèdent par essence les

____

1. *Allgemeine Naturgeschichte und Theorie des Himmels.* Kœnigsberg et Leipzig.

THOMAS WRIGHT en 1750 publia à Londres un mémoire intitulé *An original theory of the Universe* dont Kant a reproduit les principales idées dans le célèbre mémoire cité plus haut.

forces qui peuvent les mettre en mouvement, le philosophe proclame que l'espace est le siège d'un mouvement continu : « La matière est un effort constant pour se façonner. » Les éléments disséminés d'espèce plus dense attirent à leur surface les particules plus légères qui les environnent et eux-mêmes convergent vers des points encore plus denses. C'est ainsi que se font, dans la masse primitivement uniforme, des amas de matière que Kant pense immobiles et dont chacun constitue une étoile.

Considérant ensuite un de ces amas pris à part, l'auteur suppose que chacun de ses éléments constitutifs tend, en vertu de l'attraction, à tomber vers le centre de gravité commun, et il admet que dévié du droit chemin par l'action des particules voisines, il engendre, comme ses semblables le font de leur côté, des mouvements tourbillonnaires inclinés et orientés de toutes les manières. Alors, les particules constituantes se distribuent en deux groupes : les unes sont entraînées dans un mouvement de rotation qui les maintient, par la force centrifuge engendrée, dans la région superficielle de l'amas. Les autres, au contraire, paralysées dans leur effort par leurs chocs mutuels, tombent vers le centre commun et c'est leur réunion en ce point unique qui donne naissance au Soleil.

Sans s'arrêter à une série d'objections suscitées par ce système, Kant poursuit ses spéculations en ce qui concerne l'origine des planètes aux dépens de la substance enveloppant le Soleil qui d'ailleurs « n'a pas encore l'éclat flamboyant qui se produira sur sa surface après sa complète formation ». Il montre la masse d'abord sphéroï-

...dale, se modifiant par le fait seul de sa rotation et passant à la forme ellipsoïde par la surélévation équatoriale et l'aplatissement polaire. En même temps, par une sorte de répétition du travail intestin qui a produit le Soleil, il se constitue à diverses distances du centre, des condensations de matériaux qui seront « des noyaux » planétaires. Les conditions spéciales de leurs mouvements comme l'excentricité et l'inégale inclinaison de leurs orbites sont l'objet d'explications secondaires dans le détail desquelles nous ne pouvons pas entrer. Il en est de même pour la densité, pour la masse et pour le volume relatif des planètes.

« Ici, dit M. Wolf[1], se place une très curieuse remarque par laquelle Kant croit pouvoir établir la certitude formelle de son hypothèse. S'il est vrai que le Soleil et les planètes soient formés des mêmes éléments, — mélangés dans le Soleil, distribués par ordre de densité dans les diverses planètes, — la densité moyenne de celles-ci doit coïncider avec celle du Soleil. Or, adoptant les nombres de Buffon, Kant trouve pour rapport de ces densités celui de 64 à 65 ; avec les données actuelles, la densité moyenne des planètes est 0,20, celle du soleil 0,25. Vérification fort singulière de l'hypothèse hardie par laquelle pour la première fois, et sans le secours des méthodes plus récentes d'observation, Kant avait osé affirmer l'identité de constitution du Soleil et des planètes ! »

COSMOGÉNIE DE LAPLACE. — La découverte

1. *Les hypothèses cosmogoniques*, p. 11, 1 vol. in-8°, Paris, 1886.

d'un nombre immense de nébuleuses, parvenues à divers états de concentration, nous fait, pour ainsi dire, assister à la création de nouveaux soleils. C'est l'histoire de cette genèse que Laplace a su déduire des principes les plus incontestables de la mécanique [1].

On sait comment la légitimité du principe fondamental de Laplace, déjà si fortement établie sur l'œuvre de Newton, a reçu une sorte de consécration de l'expérience célèbre de Plateau.

Celle-ci fait assister à la séparation successive des anneaux équatoriaux d'un sphéroïde fluide tournant autour d'un de ses diamètres, et c'est un point d'autant plus précieux qu'une confirmation analogue manque à la plupart des autres doctrines imaginées jusqu'ici.

La nébuleuse en se concentrant s'est séparée de ses voisines et, dès lors, elle a pris un mouvement régulier de rotation.

En même temps qu'elle se concentrait, son moment d'inertie par rapport à son axe de rotation allait en diminuant et la vitesse angulaire de rotation augmentait.

Il est arrivé un instant où les portions voisines de l'équateur ont eu une force centrifuge égale à l'attraction : alors elles ont cessé de participer à la concentration et ont formé un anneau équatorial.

La moindre inégalité dans celui-ci a déterminé, autour de l'un de ses points, la concentration de sa substance : il s'est rompu et il a donné

---

1. *Exposition du Système du Monde,* 2 vol. in-8°, an IV. Il faut remarquer que le mémoire de Laplace est postérieur de quarante ans à celui de Kant, qui lui était d'ailleurs complètement inconnu.

une planète. Le même phénomène s'est représenté plus tard dans chaque planète et a déterminé à ses dépens la formation des satellites.

On a fait valoir bien des faits confirmatifs. Ainsi :

La plupart des satellites placés à très petite distance de la planète et animés en conséquence d'une faible vitesse de rotation relative, ont pris des formes allongées suivant la ligne qui joint leur centre à celui de la planète. Cette déformation a amené un nouveau ralentissement dans le mouvement relatif de rotation en raison des frottements intérieurs auxquels ce mouvement dut donner lieu. De sorte que la rotation devient égale à la révolution autour de la planète et que le satellite présente constamment la même face à celle-ci.

A propos de l'identité des mouvements du Soleil et des planètes, Laplace écrit :

« Des phénomènes aussi extraordinaires ne sont point dus à des causes irrégulières. En soumettant au calcul leur probabilité, on trouve qu'il y a plus de *deux cent mille milliards* à parier contre *un*, qu'ils ne sont point l'effet du hasard, ce qui forme une probabilité bien supérieure à celle de la plupart des événements historiques dont nous ne doutons point. Nous devons donc croire, au moins avec la même confiance, qu'une cause primitive a dirigé les mouvements planétaires. »

Cependant, malgré l'immense succès qui l'a accueillie à son apparition, la théorie cosmogonique de Laplace a été l'objet de plusieurs critiques qu'il convient de mentionner.

La plus grave, que Faye a formulée d'une manière si frappante, concerne le contraste réciproque des différentes parties du système solaire[1].

Celui-ci est plutôt comme l'association de deux systèmes emboîtés l'un dans l'autre : le plus extérieur (Neptune et Uranus) est rétrograde ; le plus intérieur est direct.

D'après Faye, si les choses s'étaient passées comme le dit Laplace, c'est-à-dire si le Soleil était antérieur à la Terre, les astres se lèveraient à l'ouest et non à l'est, et la Lune serait animée d'un mouvement rétrograde comme les satellites d'Uranus et ceux de Neptune.

La concentration du Soleil marchant parallèlement à la séparation des anneaux, l'astre central ne s'est vraiment constitué qu'après la séparation de beaucoup d'anneaux.

Faye admet au commencement une grande nébuleuse qui tourne de façon que les vitesses angulaires soient en raison directe des distances ; il s'y constitue des anneaux concentriques à partir de l'orbite de Mercure et peu à peu ces anneaux se condensent en globes planétaires autour desquels peut se faire un système de satellites. Tous sont animés d'un mouvement direct. En même temps, l'espace se nettoie par la constitution du centre d'attraction qui appelle à lui toutes les particules non condensées et détermine la production du Soleil.

Cette production détermine une nouvelle distribution des vitesses en raison inverse du carré des distances, et il en résulte un petit déplacement des planètes déjà formées.

Enfin, c'est après cette constitution que les pla-

1. *L'Origine du Monde*, 1 vol. in-8°.

nètes supérieures, Uranus et Neptune se constituent : les portions externes de leur anneau
générateur va moins vite que les portions
internes et il en résulte le mouvement rétrograde.

L'économie de la nébuleuse a donc varié beaucoup suivant que le Soleil existait ou non,
comme corps distinct.

Avant : la pesanteur interne variait en raison
directe de la distance au centre ; après : la pesanteur interne varie en raison inverse du carré de
la distance au centre.

Avant : les vitesses linéaires de circulation
des anneaux croissaient en raison de la distance,
par exemple à distance quadruple, la rotation
était quatre fois plus rapide ; après : les vitesses
linéaires de circulation des anneaux décroissent
en raison de la racine carrée de cette même distance, par exemple, à distance quadruple, la
rotation est deux fois plus lente.

Selon Faye, la production des anneaux s'est
donc faite *en pleine masse de la nébuleuse*
qui ensuite, au travers des orbites des planètes
intérieures, s'est condensée en Soleil.

Depuis Mercure jusqu'à Saturne, les planètes
se sont faites avant la constitution du Soleil.
Uranus et Neptune se sont isolés les derniers,
quand le Soleil s'était enfin constitué, c'est-à-dire
quand la répartition des vitesses était réalisée
en raison inverse du carré de la distance, et en
conséquence, leur mouvement est rétrograde.

M. Wolf s'est proposé de réfuter l'objection de
M. Faye sur la distribution des vitesses dans le
système solaire [1].

____

[1]. *L'Origine du Monde*, p. 62, 1 vol. in-8°, Paris, 1886.

Il remarque, à l'appui de Laplace que si les planètes ont commencé par être rétrogrades, en conséquence de la distribution des vitesses en raison inverse du carré de la distance, elles sont devenues nécessairement directes, par suite de la marée énergique que la condensation solaire engendre dans la nébuleuse planétaire. Les planètes les plus voisines du Soleil ne peuvent échapper à cette loi à laquelle les plus éloignées seules peuvent se soustraire, ce qui expliquerait le sens rétrograde de Neptune.

M. Wolf objecte encore à Faye que la génération des anneaux intérieurs à la nébuleuse ne se comprend pas et il semble que le résultat final de leur condensation dut être une multitude de corpuscules planétaires.

La modification de Faye n'est d'ailleurs pas la seule qui ait été proposée à la théorie de Laplace. Il y en a même beaucoup d'autres.

De Boucheporn [1] pense que cette théorie ne s'accommode pas des exigences de la théorie chimique du granit. Aussi regarde-t-il les planètes comme étrangères au Soleil. Selon lui, le Soleil n'aurait sa rotation que depuis que le système des planètes est entré dans sa sphère d'activité. Son atmosphère s'étendait plus loin que les orbites des planètes.

Kirkwood [2] a pensé que la nébuleuse pouvait s'être résolue en anneaux simultanés et non successifs. Le fait serait à rapprocher de certaines nébuleuses dans lesquelles on voit, en effet, de semblables anneaux.

1. *Etudes sur l'Histoire de la Terre et sur les causes des révolutions de sa surface*, in-8°, Paris, 1844. p. 378.

2. *Silliman's Journal of Sciences and arts*, 2, XXXVIII, 5.

G. Darwin[1] étudiant les marées produites dans un corps visqueux par l'action d'un ou de plusieurs corps extérieurs, en tire l'hypothèse qu'une planète peut donner naissance à un satellite par la séparation d'une portion de la protubérance équatoriale ; satellite qui s'éloignerait ensuite progressivement de la planète-mère au fur et à mesure du ralentissement de la rotation dû à la réaction des marées et finirait par atteindre une position d'équilibre.

On peut ajouter que Roche[2] a fait une remarque analogue. Il montre que la nébuleuse de Laplace, après avoir conservé une constitution à peu près uniforme dans sa zone extérieure la plus étendue, a dû subir, au moment de la formation des planètes télescopiques ou immédiatement après, un changement brusque en vertu duquel elle a formé ensuite des planètes plus petites, plus denses et tournant plus lentement sur elles-mêmes que les quatre premières.

Enfin, on a fait remarquer que bien des observations astronomiques ne paraissent pas cadrer avec les exigences du système de Laplace.

On voit par ces quelques exemples, que l'espèce de quiétude dont on a joui longtemps, après la publication magistrale de Laplace, semble maintenant fortement compromise. On voit de plus en plus les points faibles de cette doctrine, sans savoir les remplacer par des notions plus probables.

NATURE DE LA SUBSTANCE DU MONDE. —

1. Six mémoires analysés dans les *Proceedings of the Royal Society of London* de 1879 à 1882.

2. *Mémoires de l'Académie de Montpellier*, IX, 123, 1877.

Il n'a pas suffi de bâtir des suppositions relatives aux procédés d'où résulte le monde, on a voulu déterminer la substance dont il est fait et qui, dans la plupart des systèmes, l'a précédé. C'est le tohu-bohu de la Genèse et le chaos d'Hésiode, le *rudis indigestaque moles* d'Ovide [1].

D'après les résultats des analyses spectroscopiques les plus récentes, les nébuleuses irrésolubles en étoiles sont composées du mélange de plusieurs gaz où prédominent l'azote, l'hélium et une substance provisoirement désignée sous le nom de nébulium.

Le spectroscope montre deux ordres de nébuleuses irrésolubles : 1° à spectre de trois ou quatre lignes brillantes : elles sont gazeuses ; 2° à spectre continu : elles sont pulvérulentes.

« Si le chaos, original, dit M. Wolf [2], était un gaz froid, on comprend que la contraction résultant de l'attraction ait pu l'échauffer et le rendre lumineux, mais comment s'y est-il fait des particules distinctes ? »

Pourquoi s'en est-il fait dans certaines régions du ciel et pas dans d'autres. C'est ce que nous ignorons. L'analyse spectrale nous a appris qu'il existe des nébuleuses entièrement formées de gaz ou de vapeurs lumineuses par elles-mêmes. Est-ce la matière nébuleuse primitive ? Les lignes spectrales n'y révèlent que l'hydrogène, peut-être l'azote et l'hélium.

Comme dans l'atmosphère du Soleil et des étoiles, on y trouve tous les métaux, la condensation entraînerait l'origine de nos métaux par la

1. *Métamorphoses*, I.
2. *Loc. cit.*, p. 4.

polymérisation de l'hydrogène et de quelque matière primitive. La chimie élucidera peut-être ce problème.

« Nous n'avons assisté, depuis la découverte de l'analyse spectrale, qu'à une seule transformation d'astre ; et elle nous a montré, à l'inverse de ce que veut l'hypothèse nébulaire, une étoile se transformant en une nébuleuse planétaire. L'étoile temporaire du Cygne, au moment de sa découverte par J. Schmidt le 24 novembre 1876, présentait un spectre interrompu par des lignes brillantes. Puis peu à peu le spectre continu et la plupart des lignes brillantes ont disparu, laissant en définitive une seule ligne brillante qui paraissait coïncider avec la ligne verte des nébuleuses[1] ». Notons ici que les nébuleuses les plus éloignées sont si distantes, selon toute vraisemblance, qu'il a fallu à la lumière des milliers d'années pour nous en parvenir et que dès lors elles doivent avoir au moins cet âge. D'après l'évaluation de Struve, la lumière a mis 97 000 ans pour nous venir de la nébuleuse d'Andromède.

1. Wolf. *Loc. cit.*, p. 3.

CHAPITRE II

LES THÉORIES GÉOGÉNIQUES

On a vu dans le chapitre précédent que, par suite de circonstances tenant à l'essence même des choses, les suppositions sur l'origine de la Terre ont été pendant très longtemps intimement liées à celles qui concernent l'univers tout entier. Pour beaucoup d'auteurs, le Ciel n'était qu'un détail de la Terre.

FORME DE LA TERRE. — Arrêtons-nous tout d'abord au caractère le plus externe, à la forme de la Terre, qui a été l'objet de beaucoup de suppositions, dont nous ne citerons que quelques-unes, auxquelles nous avons déjà fait allusion.

Le témoignage des sens nous apprend que la Terre est plate et immobile et que le ciel tourne au-dessus d'elle. C'est le type même des évidences, et cette remarque est bien faite pour provoquer des réflexions à l'égard des certitudes de tous genres dans des directions incontrôlables.

Cependant dès une époque très ancienne, on eut la notion de la rondeur de la Terre, et il suffit de lire Strabon [1] pour être édifié à cet égard. Il

1. *Géographie,* liv. I, § 3.

est très remarquable que cette notion se soit perdue de telle sorte qu'à l'époque de Copernic (1473-1543), il a été très difficile de la faire accepter[1]. Aristote disait : « Ou bien la Terre est sphérique, ou du moins sa nature est de l'être... Si la Terre n'était pas sphérique les éclipses ne présenteraient pas les sections qu'elles présentent. » D'autres voies conduisaient à la même supposition.

Virgile (— 70) chante « comment les principes de la Terre, de l'air, de l'eau et du feu étaient confondus dans le vide immense ; comment de ces premiers éléments sortirent tous les êtres, et s'arrondit le monde jeune encore ; comment la Terre se durcit, renferma la mer dans ses limites, et revêtit peu à peu des parures diverses »[2].

« Quand on va vers le nord, dit Laplace, on voit le pôle s'élever de plus en plus ; la hauteur méridienne des étoiles situées au nord augmente et celle des étoiles situées au sud diminue ; quelques-unes mêmes deviennent invisibles. La première notion de la courbure de la Terre est due sans doute à l'observation de ces phénomènes[3]. »

Letronne[4] constate que les auteurs anciens nous ont donné plusieurs déterminations de la circon-

---

1. *Traité du Ciel*, liv. II, chap. XIV, § 13, trad. Barthélemy Saint-Hilaire. On sait les objections faites aux antipodes par saint Augustin et par Lactance, lesquels avaient été précédés à cet égard, par Lucrèce (— 100) qui, après avoir exactement décrit les antipodes, dit que ce sont des imaginations grossières. *Nature des Choses*, Chant I, trad. par E. Lavigne, 1 vol. in-8°, Paris, 1870.

2. Églogues VI, traduction Cabaret-Dupaty, 1 vol. in-12, Paris, 1882.

3. *Explication du Système du Monde*, t. I, p. 99.

4. *Recherches critiques, historiques et géographiques* sur les fragments d'Héron d'Alexandrie. 1 vol. in-4° avec planches polychromes, Paris, 1851.

férence de la Terre, dont l'une, mentionnée par Aristote, est de 400.000 stades [1].

Vers l'an 1244, un dominicain qui vivait à la cour de saint Louis, Vincent de Beauvais[2], publia sous le titre de *Speculum quadruplex* un ouvrage où la rondeur de la mer est comparée à la forme sphérique d'une goutte d'eau, ce qui est remarquable à plus d'un égard et spécialement en faisant intervenir la cohésion qui relie les unes aux autres les molécules des corps.

L'*Opus majus* de Roger Bacon, présenté en 1267 au pape Clément IV[3], décrit la disposition concentrique des sphères de l'univers autour d'un point commun. L'auteur en conclut la forme de l'océan dont la surface est parallèle à la surface du globe terrestre.

En 1320, Dante Alighieri fit dans la chapelle de sainte Hélène à Vérone une conférence pour démontrer la forme sphéroïdale de la Terre[4].

La lunette astronomique inventée par Galilée permit de voir que les planètes ne sont pas exactement sphériques. Jean-Dominique Cassini (1625-1772) constata que Jupiter présente un aplatissement très net au pôle et un renflement très marqué à l'équateur. Il en est de même de Mars à un moindre degré.

Ces résultats furent étendus à la Terre et les

1. *Traité du Ciel*, livre II, chap. XIV, paragraphe 16).

2. MAXIMILIEN MARIE. *Histoire des sciences mathématiques et physiques*, t. II, p. 138.

3. Une édition in-folio a paru à Londres, 1733, sous ce titre *Fratris Rogeri Bacon ordinis minorum, Opus majus*, édition S. JEBB.

4. *Quistione trattata in Verona da Dante Allighieri il di, 20 gennajo MCCCXX interno cella forma del globo terracqueo ed al luogo respettivamente occupato dal acqua et dalla terra;* ed. TORRI. Livorno, 1843.

mesures géodésiques firent voir que l'arc de 1°
va en augmentant de longueur suivant un même
méridien à mesure qu'on se rapproche des régions
équatoriales.

Richer, envoyé en 1672 à Cayenne par l'Académie des Sciences pour y faire des observations
astronomiques, trouva que son horloge, réglée à
Paris, sur le temps moyen, retardait chaque jour à
Cayenne d'une quantité sensible. Cette intéressante
observation donna la première preuve directe de
la diminution de la pesanteur à l'équateur.

Huyghens[1] et Newton[2] ont été conduits à penser que la Terre doit être aplatie aux pôles. Cependant les opérations géodésiques de Cassini sem-
blèrent donner un résultat contraire. D'Alembert[3]
démontra que le noyau intérieur pourrait être
aplati bien que le sphéroïde extérieur fût au contraire allongé selon la ligne des pôles.

La conclusion des mesures réalisées jusqu'ici,
c'est que la forme de la Terre ne saurait être
définie géométriquement. Le solide planétaire,
qualifié prudemment de *géoïde*, se rapproche évidemment d'un sphéroïde, mais ses différents méri-
diens n'ont pas la même longueur : ce n'est donc
pas un solide de révolution. C'était déjà l'opinion
de Laplace[4] qui constate que les deux hémis-
phères ne sont pas semblables de part et d'autre
de l'équateur.

---

1. *Discours sur la cause de la pesanteur*, 1690, La Haye.

2. *Principes de la philosophie naturelle*, 1688, Londres.

3. *Recherches sur la précession des équinoxes et sur la nutation de l'axe de la Terre dans le système newtonien;* chapitre 1er. *De l'action du Soleil et de la Lune sur la Terre considérée comme un sphéroïde aplati.* Paris, 1754.

4. *Explication du système du monde*, 1re édit., t. I, p. 104.

L'aplatissement polaire une fois constaté, il s'agissait de l'interpréter, d'en donner la théorie.

Newton fut le premier en 1687 à le rattacher (dans ses *Principes*) à la force centrifuge. C'était adopter l'opinion que notre globe a commencé par être un fluide, conformément à des conclusions qui nous occuperont plus loin.

Notons que Gustave Herschel (et d'ailleurs sans entraîner de conviction) a démontré que l'aplatissement polaire pourrait résulter de l'érosion aqueuse, remaniant les terres polaires sous l'influence de la rotation du globe.

D'après Hermite[2], la force centrifuge ne suffit pas à expliquer la forme de la Terre ; le mouvement diurne ne déterminerait pas un aplatisse-

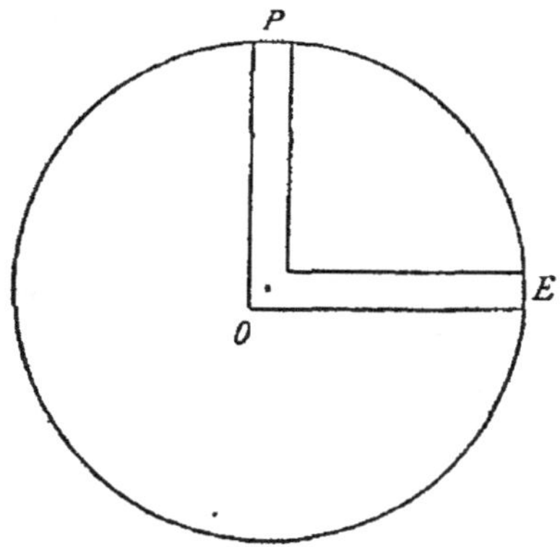

ment aussi grand que celui qui a été constaté par les observations concordantes du pendule. En introduisant dans l'étude de cette question la différence de température des zones équatoriales et polaires provenant du Soleil, ces contradictions disparaissent. La figure mathématique de la Terre

1. *Annales des Sciences géologiques*, I, 405, 1841.
2. *Comptes rendus de l'Académie des Sciences*, t. 88, p. 436, 1879.

est la même que celle d'une sphère entièrement liquide. Or, si l'on considère dans cette sphère deux filets radiaux, l'un polaire OP, l'autre équatorial OE, ce dernier devra, pour équilibrer l'autre, être plus long à cause de la force centrifuge. La longueur de ces filets doit être inverse de leur poids.

D'après Huyghens en Europe et d'après Bouguer au Pérou,

$$\frac{\text{force centrifuge}}{\text{pesanteur}} = \frac{1}{288.5} \text{ pour le point E.}$$

Mais comme la force centrifuge diminue proportionnellement à la distance au centre, ce rapport pour l'ensemble du filet QE devient

$$\frac{1}{577} \text{ au lieu de } \frac{1}{300}$$

Bouguer s'attache à cette démonstration. Or, Hermite remarque que la pesanteur n'est pas la même dans les deux filets : les mers équatoriales sont plus chaudes que les mers polaires de 10 à 12 degrés au minimum. En faisant intervenir cette considération, l'auteur remarque que cette cause, à laquelle on n'avait pas songé, donne les 0,48 de l'aplatissement observé, dont les 0,52 dérivent de la rotation diurne.

Quoi qu'il en soit, la cause principale de la forme de la Terre se rattache évidemment aux conditions mêmes de sa formation, ce que semble confirmer l'expérience célèbre de Plateau.

MODE DE FORMATION DE LA TERRE. — Quant au mode de formation de la Terre, les hypothèses sont si nombreuses que nous ne pouvons songer à les mentionner toutes.

On peut d'abord s'arrêter à ce qui concerne son âge comparé à celui de l'univers qui l'environne [1]. Moïse la fait contemporaine du ciel, car ils datent tous deux du premier verset de la Genèse; mais, c'est seulement au verset 6 que Dieu dit : « Que le firmament soit fait au milieu des eaux et qu'il sépare les cieux d'avec les eaux. »

Nos idées modernes, en proclamant, conformément aux vues de Kant et de Laplace, l'unité d'origine de tout le système solaire et en la concluant des informations spectroscopiques, ont justifié dans une large mesure cette union initiale de la Terre avec ce qui l'entoure.

Descartes a sur l'origine de notre planète, considérée à part, des vues magistrales : « Feignons, dit-il [2], que cette Terre où nous sommes ait été autrefois un astre, en sorte qu'elle ne différait en rien du Soleil, sinon qu'elle était plus petite ; mais que les moins subtiles parties de sa matière, s'attachant peu à peu les unes aux autres, se sont assemblées sur sa superficie et y ont composé des nuages ou autres corps plus épais et obscurs semblables aux taches qu'on voit continuellement être produites et dispersées sur la superficie du Soleil. »

Leibnitz, dans sa *Protogée*, en 1693, adopte

---

1. On peut rappeler cette phrase de Lamarck : « Oh ! quelle est grande l'antiquité du globe terrestre et combien sont petites les idées de ceux qui attribuent à l'existence de ce globe une durée de six mille et quelques cents ans, depuis son origine jusqu'à nos jours ! » *Hydrogéologie*, p. 88, 1 vol. in-8º, Paris, an X.

2. *Les Principes de la Philosophie*, édition française de 1648, § 2, p. 286.

d'après Descartes l'idée de fluidité initiale de la Terre.

De même Buffon, en 1779, dans les *Époques de la nature*, voit dans la forme sphéroïdale de la Terre une preuve de sa fluidité ignée primitive. « Le globe terrestre a précisément la figure que prendrait un globe fluide qui tournerait sur lui-même avec la vitesse que nous connaissons au globe de la Terre. »

Delametherie pense que l'état originel de la Terre a été une fluidité aqueuse et cette opinion provoque les protestations de Buffon. De ce que cet état de fluidité n'a pu s'opérer ni par délayement (à cause de la faible quantité d'eau), ni par dissolution (à cause de la nature insoluble des roches), il faut conclure, dit notre grand écrivain, que « cette fluidité a été une liquéfaction causée par le feu ».

Arago [1] admet la fluidité.

Lamarck s'élève contre la supposition de la fluidité originelle du globe [2].

Benjamin Franklin a écrit en 1788 : « Je conçois que tous les éléments constitutifs du globe étaient à l'origine mélangés et confondus et occupaient un espace plus grand, jusqu'au moment où le Tout-Puissant détermina la mutuelle attraction de certaines parties et la mutuelle répulsion de certaines autres. Alors se fit un classement d'après les densités, de la surface jusqu'au centre. Puis l'ensemble se mit à tourner autour d'un astre, de façon à prendre la forme sphéroïdale avec renflement équatorial. Si par quelque acci-

---

1. *Œuvres complètes*, VIII, 187.
2. *Hydrogéologie*, p. 179.

dent, cet axe se trouvait dévié de sa situation originelle, alors la matière dense interne, changeant d'allure, crevait la croûte et remettait sa matière constituante dans la confusion de l'origine [1]. »

En 1818, Eaton, professeur à l'Institut polytechnique Rensslaer, décrit les origines du globe. Il pense que l'eau qui recouvre actuellement les 3/4 de la surface terrestre était primitivement mélangée à sa substance de façon à constituer une véritable pâte très épaisse. Les choses étant ainsi dans leur condition primitive, les matériaux les plus lourds contenus dans cette masse globulaire de mortier durent commencer à se rapprocher lentement les uns des autres ; les plus pesants naturellement au centre. Plus tard cet établissement amena le classement des substances en couches concentriques disposées comme les tuniques d'un oignon. Ce triage enfin amena le dépôt du granit, plusieurs milliers d'années étant considérées comme nécessaires pour la constitution de ces strates.

On a fait grande attention pendant un certain temps aux hypothèses développées par de Boucheporn [2] d'après lequel une atmosphère d'hydrogène mêlé d'hydrocarbures et d'azote ou de cyanogène, aurait entouré un noyau métallique composé de cyanures et de leurs combinaisons avec les chlorures, les fluorures et les sulfates et en même temps de sels ammoniacaux.

L'oxygène survenant et dérivant de l'atmo-

---

1. Cité par George P. Merrill. *Contribution to the history of american Geology*, 1 vol. in-8°, Washington, 1906, p. 211.

2. *Essai sur l'histoire de la Terre*, in-8° avec planches, Paris, 1841.

sphère solaire [1] aurait instantanément produit, par combustion, la masse des eaux de la mer, dont les vapeurs en se condensant ont réagi sur le substratum solide. L'ammoniaque primitive aurait donné de l'eau et de l'azote, c'est-à-dire des éléments de l'océan et de l'atmosphère. Les carbures hydrogénés terrestres auraient fourni l'acide carbonique.

Pour l'illustre Richard Owen (1804-1892) : « Notre planète constitue peut-être une manière d'ovule provenant de la matrice solaire [2]. »

Toutes ces opinions et d'autres qu'il n'est pas possible d'énumérer, conduisent à la supposition généralement acceptée aujourd'hui que la Terre étant conformément à l'hypothèse de Laplace, un petit lambeau détaché de la matière même dont le Soleil est fait, elle a parcouru, sous l'influence du refroidissement spontané, les étapes de développement qui attendent notre astre central lui-même.

RÉALITÉ DE LA CHALEUR INTERNE. — Parmi les traits du globe terrestre les plus importants par leurs conséquences générales, il convient de mentionner l'existence dans son sein, d'un foyer propre de chaleur : cause déterminante d'un nombre immense de phénomènes capitaux. Reconnue dès la plus haute antiquité, la chaleur interne a été l'objet d'hypothèses nombreuses dont les plus intéressantes concernent son origine et son rôle.

C'est vraisemblablement le spectacle des érup-

---

1. L'analyse spectrale du Soleil y a démontré depuis, la rareté de l'oxygène et l'abondance de l'hydrogène.

2. *Geology of the Globe*, 1 vol. in-4°, Londres, 1856.

tions de l'Etna qui ont révélé aux anciens les hautes températures souterraines. « Des fontaines et des fleuves de feu et d'autres fleuves de boue, les uns plus liquides, les autres plus fangeux, et plus épais, comme ces torrents de boue et ces torrents de feu qui se précipitent du mont Etna [1]. »

En 1725, Robert Boyle réunissait les observattions recueillies en Hongrie par Morinus, et donla conclusion manifeste est que la température au fond des mines est notablement supérieure à ce qu'elle est à la surface du sol [2].

C'est le fait résumé plus tard par Buffon : « La chaleur interne propre du globe nous est démontrée, dit-il, par la comparaison de nos hivers et de nos étés et on la reconnaît d'une manière encore plus palpable dès qu'on pénètre au dedans de la Terre ; elle est constante en chaque lieu pour chaque profondeur et elle paraît augmenter à mesure que l'on descend. »

Quelle origine convient-il d'attribuer à ce foyer d'énergie renfermé dans les flancs de la planète ?

Whiston (1667-1752) admet que la chaleur centrale irradiant vers les espaces, dérive de là nature cométaire antérieure que l'auteur attribue à notre globe.

Darwin a émis l'opinion que le globe terrestre jouit d'un faible degré de plasticité et, évaluant la friction interne que l'action de la marée exercée par la Lune et par le Soleil doit déterminer dans un semblable corps, il conclut que le jour sidéral et que le mois sont devenus plus longs et

1. *Le Phédon*, 58 à 60.

2. *The philosophical Works of the honourable* ROBERT BOYLE, esq. *abridged by* PETER SHAW. M. D., 3 vol, in-4°, Londres, 1725, t. III, p. 232 et 235.

que la distance de la Lune à la Terre a diminué[1].

D'après son calcul, le jour sidéral était de 15 h. 30 m., il y a 46.300.000 années ; mais il y a 56.180.000 ans, ce jour sidéral était seulement de 6 h. 45 m. et la distance de la Lune ne dépassait pas 9 fois le rayon terrestre, au lieu de 60,4 fois qu'elle est aujourd'hui ; la durée du mois était de 1,58 jour, c'est-à-dire le $1/17^o$ de sa valeur actuelle.

La chaleur interne produite par la friction durant 57.000.000 d'années, serait suffisante, si elle était produite en même temps, pour élever la température de la Terre entière à 1.700^o Fahrenheit. Cette chaleur contribuerait par conséquent à retarder beaucoup le refroidissement séculaire.

L'une des plus célèbres hypothèses sur la chaleur interne, séduisante par son caractère de simplicité, a été formulée par Laplace[2]. Elle consiste à croire que cette chaleur est le résultat de la transformation du mouvement d'attraction éprouvé par toutes les molécules de la nébuleuse primitive, vers le centre de gravité de leur ensemble.

Ce point de vue avait déjà été abordé d'une manière très large par le P. Castel[3]. Il fut repris bien plus tard, avec moins d'ampleur, par Morin[4]. En 1840, un géologue de grand mérite, F. Angelot, publia, à ce même point de vue, un travail des plus remarquables sur « les conséquences de l'at-

1. *Philosophical transactions*, 1879. Parties I et II, Londres.

2. *Exposition du Système du Monde*, Paris, l'an IV de la République Française.

3. *Traité de physique*, 2 vol. in-12, Paris, 1724.

4. *Introduction à une théorie générale de l'univers*, 1 vol. in-8º, Saint-Brieuc, 1835.

traction relativement à la température du globe terrestre, des corps célestes et des espaces et à la composition de ces mêmes corps » [1].

Pour Fourier [2], la chaleur propre de la Terre est une chaleur d'origine : « La cause qui donne aux couches profondes du sol une plus haute température est une source de chaleur, constante ou variable, placée au-dessous des points du globe où l'on a pu pénétrer... Lorsqu'on examine attentivement, et selon les principes des théories dynamiques, toutes les observations relatives à la figure de la Terre, on ne peut douter que cette planète n'ait reçu à son origine une température très élevée. Et d'un autre côté, les observations thermométriques montrent que la distribution actuelle de la chaleur dans l'enveloppe terrestre est précisément celle qui aurait lieu si le globe avait été formé dans un milieu d'une très haute température et qu'ensuite il se fût continuellement refroidi. »

Poisson [3] trouvait qu'à 60 kilomètres, c'est-à-dire à 1/100 du rayon, la température de la Terre est de 2.000° et qu'en supposant toute la masse solide, elle arrive à 200.000° pour le centre. Il s'attache dès lors dans sa théorie mathématique de la chaleur à montrer l'impossibilité de cette conclusion.

Il pense en outre que la Terre a dû perdre toute sa chaleur d'origine qui résultait, suivant lui, de sa propre compression (étant solide) en raison de la pesanteur.

La Terre après ce refroidissement a passé dans

1. *Bulletin de la Société Géologique de France*, t. XI, p. 136, 1840.

2. *Annales de Chimie et de Physique*, octobre 1824, p. 136.

3. *Théorie mathématique de la chaleur*, 1 vol. in-8°, Paris, 1835.

une zone du Ciel tellement chaude que sa masse a été entièrement fondue. Le passage dans cette zone a pu durer des milliers d'années. Depuis lors la température du Ciel a diminué très vite comme le montrent les phénomènes géologiques, jusqu'à un état à partir duquel le refroidissement au contraire s'est continué très lentement.

La Terre s'était échauffée dans une certaine région du Ciel. Elle a passé avec le système solaire dans une autre qui est plus froide et c'est de son refroidissement actuel que dérive la distribution de la chaleur dans sa masse.

Dans un travail intitulé *Essai de la température de l'intérieur de la Terre*, Cordier, qui fut professeur au Muséum, formule quelques conclusions qu'il convient de résumer :

« 1° Tous les phénomès observés, d'accord avec la théorie mathématique de la chaleur, annoncent que l'intérieur de la Terre est pourvu d'une température très élevée qui lui est particulière et qui lui appartient depuis l'origine ; et d'un autre côté, le volume de la masse terrestre étant infiniment plus considérable que celui de la masse des eaux (environ dix mille fois plus grand) il est extrêmement vraisemblable que la fluidité dont ce globe a joui incontestablement, avant de prendre sa forme sphéroïdale, était due à la chaleur.

« 2° Cette chaleur était excessive, car celle qui actuellement paraît exister au centre de la terre, en supposant un accroissement continu de 1 degré pour 25 mètres de profondeur, excéderait 3.500° du pyromètre de Wedgwood : plus de 250.000° centigrades [1]. »

---

[1] *Mémoires du Muséum d'Histoire Naturelle*, 8ᵉ année, t. XV, 3ᵉ cahier, p. 16, Paris, 1827.

Pour Hermite, la chaleur interne est le produit de la transformation de la pression des couches du sol en chaleur. « La cohésion a pour effet de diminuer la grandeur des oscillations (dues à l'enfoncement des bassins sédimentaires) et par suite de détruire une énorme quantité de mouvement qui doit se transformer en chaleur [1]. » L'expression et la mesure de la chaleur ainsi développée sont données par l'équivalent mécanique de la chaleur. Un point remarquable à considérer, c'est que la chaleur d'origine étant admise, des manifestations calorifiques peuvent, malgré l'allure paradoxale de cette affirmation, devenir la conséquence du refroidissement.

En effet, le refroidissement permet la combinaison de substances précédemment dissociées et les combinaisons ainsi réalisées peuvent être exothermiques, c'est-à-dire dégager de la chaleur qui s'ajoute à la température ambiante.

Sans insister sur la portée de cette remarque, en ce qui concerne l'origine des roches de concrétion gazeuse, disons seulement que des phénomènes du genre de ceux qui nous occupent semblent donner naissance, à l'heure actuelle, à la photosphère du Soleil.

Dans les cosmogonies de Leibniz et de Buffon le feu intérieur de la Terre n'est supposé avoir agi que dans l'origine du globe, avant la formation des terrains.

Descartes fut le premier à considérer la chaleur propre du globe comme un agent géologique permanent.

Woodward [2] admet la chaleur interne qui a

1. *Comptes rendus de l'Académie des Sciences*, 88, 4, 1879.
2. *Essay towards a natural history of the Earth*. Londres 1695.

pour effet de faire sortir du vaste abîme une certaine quantité d'eau ; après avoir produit les sources et les fontaines, cette eau s'évapore dans l'atmosphère et retombe en pluie alimentant le réservoir intérieur.

Hutton [1] fait de la chaleur interne la source des bouleversements dont nous voyons partout des preuves. Il cherche à expliquer la stabilité relative dont nous jouissons par le « ralentissement de ce foyer ».

Playfair [2], le commentateur de Hutton, insiste sur ce que la chaleur propre de la Terre étant plus intense dans la profondeur que vers la surface, elle a peu modifié les terrains stratigraphiques, tandis qu'elle a fondu les terrains cristallins qui sont sous-jacents. C'est cette chaleur qui a injecté dans le sol les veines de roches et les filons. Elle a soulevé les îles et les continents au-dessus de la mer.

Il est indispensable d'ajouter que certaines personnes se sont constituées en adversaires de la chaleur centrale. Elles attribuent tous les phénomènes thermiques à des causes locales, disséminées dans les régions superficielles de la Terre. Mais elles sont peu nombreuses et leur négation ne s'est pas produite d'ordinaire par un système défini et qu'on puisse analyser.

ÉCORCE ET NOYAU TERRESTRES. — Les partisans de la chaleur interne croient aussi que le globe consiste en une masse fluide enveloppée d'une écorce solide. Celle-ci pour eux est le

---

1. *Theory of the Earth*, 2 vol., Edinbourg, 1795.

2. *Explication de la théorie Huttonienne*, par PLAYFAIR, traduction BASSET, 1 vol., Paris 1815.

résultat du refroidissement superficiel de la masse planétaire, plongée dans l'espace céleste très froid. C'est littéralement l'opinion émise déjà par Leibniz[1] et par Descartes[2]. Celui-ci même qualifie la Terre de soleil ou d'astre encroûté, et c'est précisément le résultat où sont parvenues les plus récentes hypothèses.

En effet, une théorie chimique de la croûte terrestre est née des résultats fournis par l'analyse spectrale du Soleil. Alfred Cornu[3] et Hervé Faye[4] y ont contribué activement. Les gaz constituant une certaine zone du Soleil sont aujourd'hui parvenus à un degré de refroidissement tel qu'ils se condensent brusquement en corpuscules cristallins exactement (et malgré la différence de degré thermométrique) comme la vapeur d'eau peut se concréter en givre. C'est ce givre qui caractérise la *photosphère* dont l'éclat résulte précisément de la présence de ces granules solides : cette pellicule représenterait le premier degré de la constitution d'une coque. L'expérience est venue fortifier l'hypothèse en fournissant, par condensation gazeuse, la synthèse de tous les minéraux des roches fondamentales sur lesquelles nous reviendrons[5].

Il paraît tout à fait logique de transporter à la Terre la notion concernant le Soleil et d'admettre

1. Protogée, traduction française, 1 vol. in-8°, Paris, 1859.

2. *Principes de la Philosophie.* Il est juste de remarquer que en 1816, DELAMÉTHERIE dans ses *Leçons de Géologie données au Collège de France*, t. III, p. 166, avait fait un exposé et une discussion de tout le système géogénique de DESCARTES.

3. *C. R. de l'Acad. des Sc.*, t. LXXVI, p. 101, 315 et 530.

4. *Sur l'Origine du Monde*, 1 vol. in-8°, Paris, 1884, p. 220.

5. STANISLAS MEUNIER. *Mémoires présentés par divers savants à l'Académie des Sciences*, t. XXVII, n° 5, août 1880.

que la croûte terrestre a commencé par une coque condensée.

Cette coque serait devenue, avec le temps, le point de départ d'une double formation : externe par le jeu des phénomènes sédimentaires, interne, par celui des solidifications successives.

On a fait, quant à l'épaisseur de l'écorce, des foules de suppositions dont il n'y a pas lieu de donner la liste. Bornons-nous à constater que la moyenne de toutes les mesures est d'environ 60 kilomètres, épaisseur dont la grande majorité des résultats se trouve d'ailleurs fort voisine, les grands écarts étant de rares exceptions.

Des auteurs admettent très généralement que l'épaisseur de la croûte doit varier d'une région à une autre.

Cordier, dans son mémoire sur la *Température de l'intérieur de la Terre* attribue ces variations à l'inégalité du degré géothermique suivant les points.

Faye pense que sous les océans la croûte est plus épaisse que sous les continents.

On remarquera que les hypothèses sur la structure de l'écorce varient volontiers, d'après les besoins du moment de chaque auteur. Si elle est' hétérogène quand on veut expliquer les variations du degré géothermique, elle devient tout à fait uniforme pour défendre la supposition du réseau pentagonal ou celle du tétraèdre.

Les théories sur la croûte ont leur complément dans les idées relatives au noyau. Ici le contrôle est spécialement difficile. Les observations géologiques ont cependant fourni quelque chose d'analogue à ce qui concernait tout à l'heure la photosphère du Soleil.

. En partant de l'idée du refroidissement, on est arrivé souvent à penser que la masse terrestre interne est en fusion.

C'est exactement, et comme on l'a vu, l'idée de Descartes ; elle a été reprise par un très grand nombre d'auteurs et elle a encore des partisans à l'heure actuelle.

D'autres préfèrent supposer que la partie centrale du globe est solide comme l'écorce ; mais ils admettent entre celle-ci et le noyau une couche de matériaux fluides dont l'épaisseur reste indéterminée.

Benjamin Franklin dans une lettre à Soulavie, datée de 1788, dit que la Terre peut être solide jusqu'à son centre, mais que la portion externe ou écorce (*shell*) flotte dans un fluide interne plus dense qu'aucun des solides que nous connaissons.

D'après Faye, l'observation du Soleil paraît montrer, en notre astre central, une bulle gazeuse. Les tourbillons de la photosphère faisant plonger par places des lambeaux de la matière cristalline qui la constitue, celle-ci, violemment réchauffée, devient gazeuse. C'est à cette transformation que sont dues, d'un côté, la perte de luminosité et par conséquent la production des *taches* solaires, et de l'autre côté la dilatation des vapeurs produites qui cèdent à une prodigieuse force ascensionnelle pour venir projeter au bord des taches les *protubérances* ou flammes roses que tout le monde connaît.

Quoi qu'il en soit, certaines opinions théoriques sur la condition de la matière nucléaire sont résultées des travaux des physiciens. Tout d'abord, la connaissance que Cavendish[1] nous a le premier procurée de la densité moyenne du globe terrestre a conduit à attribuer aux régions profondes un poids spécifique très supérieur à celui des roches superficielles. Tandis que celles-ci pèsent (en ne considérant que les substances très abondantes) de trois à quatre fois autant que l'eau à volume égal et en moyenne 2,5, la Terre, prise en bloc, jouit d'une densité égale à 5,67 (moyenne de plus de 2.000 expériences).

Certains auteurs, comme A. Boisse, amenés par l'examen des météorites, à étudier la condition des noyaux planétaires[2] et A. Baudrimont[3] sont d'avis que les éléments constitutifs du noyau se sont classés d'après leur densité relative de sorte que le centre doit être fait de métaux natifs.

A cela on a objecté[4] d'abord que la force centrifuge qui a participé à la formation du globe tend à repousser du centre les parties les plus denses, et qu'en outre, il est bien certain que la matière primitive ne consiste pas en corps simples mélangés ayant à la température du milieu les poids spécifiques qui les caractérisent à la surface de la Terre. Au contraire, il s'est fait des combinaisons très variées qui pourraient, avec des densités relativement faibles, contenir des métaux très lourds. Ainsi on reconnaît que des

---

1. *Journal de l'École polytechnique*, 17° cahier, p. 263.

2. *Recherches sur l'histoire, la nature et l'origine des aérolithes;* dans les *Mémoires de la Société des lettres, Sciences et Arts de l'Aveyron*, t. VII, Rodez, 1850.

3. *Théorie de la formation du globe terrestre*, 1 vol. in-8°, Bordeaux, 1867.

4. Stanislas Meunier. *La Géologie comparée*, 1 vol. in-8°, Paris, F. Alcan, 1894.

composés volatiles de fer (chlorures, fluorures, etc.) ont dû intervenir à l'état gazeux et peut-être concrétionner du fer métallique déjà dans la coque initiale. Il en résulterait que les portions centrales pourraient être très différentes de ce que l'on a supposé.

Un autre ordre d'information a été fourni par l'étude du magnétisme terrestre. Déjà William Gilbert (1540-1603), médecin de la reine Élisabeth, et dont Galilée disait qu'il était « grand jusqu'à faire naître l'envie », assimilait la Terre à un gros aimant : *Magnus magnes ipse est globus terrestris*[1]. A quoi le P. Kircher répond : *Tellus non est magnus magnes... Terra magnetica est, non magnes*. Et il démontre que la Terre n'est pas un aimant, parce qu'elle n'est pas constituée de fer[2].

Halley (1656-1724) supposait que la Terre était creuse et pourvue de quatre pôles, dont deux appartenant à la croûte extérieure solide étaient fixes et les deux autres appartenant à un noyau qui pouvait tourner librement dans un liquide où il était baigné et dont les différentes positions relatives produisaient les variations annuelles et diurnes de la déclinaison de l'aiguille aimantée[3].

Bien d'autres auteurs ont cru que les effets du magnétisme seraient expliqués par l'existence d'une masse nucléaire de fer massif au centre du globe. Cette vue a été contredite par le fait qu'à des températures, même très inférieures à celles

---

1. *De Magnete*, édition de 1633, p. 42. 98, 152. 155.

2. *Magnes, sive arte magnetica libri tres*, in-4°, Rome, 1641. p. 540.

3. *Transactions philosophiques*, année 1683.

qu'on attribue aux plus grandes profondeurs, les aimants perdraient leur pouvoir.

Pour expliquer les phénomènes du magnétisme terrestre, A. Rivière[1] dit que les différents compartiments de l'écorce du globe, et peut-être même les couches intérieures, forment une vaste pile qui donne naissance, suivant les cas, aux phénomènes magnétiques et à certains phénomènes électro-chimiques, calorifiques, etc.

Ampère proposa de substituer la considération des solénoïdes à celle des aimants[2]. Il admit qu'il existe à la surface de la Terre un système de courants parallèles à l'équateur magnétique, marchant de l'est à l'ouest et que ce sont ces courants qui agissent sur l'aiguille aimantée.

La Terre agirait donc, non plus comme un aimant, suivant la supposition de Gilbert, mais par les courants électriques dont elle est la source et le théâtre.

Quant à l'origine de ces courants, l'auteur l'explique sans difficulté : « On ne peut douter, dit-il, qu'il existe dans l'intérieur du globe des courants électro-magnétiques et que ces courants sont la cause de la chaleur qui lui est propre. Ils naissent d'un noyau métallique central composé de métaux que sir Humphry-Davy nous a fait connaître, agissant sous la couche oxydée qui entouré le noyau. »

Du reste, il convient de rappeler[3] que les travaux des géologues ont montré[4] que les roches

---

1. *Études Géologiques et Minéralogiques*, 1 vol. in-8°, Paris, p. 231.

2. *Théorie des phénomènes électro-magnétiques*, p. 199, 1 vol., Paris, 1826.

3. Voir plus haut ce qui concerne la croûte.

4. STANISLAS MEUNIER. *Comptes rendus de l'Académie des Sciences*, 5 mai 1879.

volcaniques tertiaires ont parfois rapporté au Groenland des lopins de roches chargées de fer métallique qui, puisqu'elles ont pu passer à l'état d'enclaves, gisaient moins bas que le foyer volcanique. C'est une raison de croire que la croûte initiale comprend un niveau métallique, expliquant d'ailleurs toute une série de phénomènes superficiels.

Ajoutons enfin que les résultats obtenus par les séismologues dans l'étude de la propagation par le sol des ondes mécaniques consécutives aux tremblements de terre ont conduit M. Milne à supposer[1] que la Terre renferme un noyau de matière fluide, mais devant à la compression qu'elle s'inflige à elle-même en conséquence de la gravitation, une compacité comparable à celle de l'acier et dont la surface supérieure est séparée de la croûte solide par un lit de matière liquide qualifiée de *géite*.

1. *Earthquakes and other earth movements*, 1 vol. in-8°, New-York, 1886.

CHAPITRE III

LES THÉORIES GÉOGRAPHIQUES

Le caractère le plus général de la surface terrestre et celui dont l'existence a provoqué les suppositions les plus variées, c'est l'association des régions de terre ferme avec les océans. En d'autres termes, c'est l'ensemble des traits de la géographie physique.

LOCALISATION DES MERS. — La Genèse nous dit au verset 9 : « *Et vero Deus : Congregentur aquæ, quæ sub cœlo sunt, in locum unum, et appareat arida. Et factum est ita.* »
Mais les théoriciens se sont proposé de trouver par quel mécanisme s'est réalisée cette localisation des océans, qui, au début et d'après ce que nous avons déjà vu, devaient former une couche continue sur la surface du géoïde. La première remarque à faire à cet égard c'est que la distribution des mers est essentiellemnnt différente de celle qu'on eût supposée, étant dépourvue de toute symétrie en rapport avec la géométrie de la sphère.

Pour Lamarck[1], les bassins des mers doivent leur existence et leur conservation aux mouvements perpétuels d'oscillation des eaux marines,

1. *Hydrogéologie*, p. 26.

ainsi qu'à un autre mouvement général de ces eaux, lesquels sont sans cesse entretenus par l'influence de la Lune et du Soleil. C'est, comme on voit, une doctrine qui ne saurait soutenir aucune discussion.

Lord Kelwin (sir William Thompson) attribue les aires océanique et continentale à une segmentation chimique dans la nébuleuse gazéiforme d'où procède le globe. Suivant sa théorie, « l'Europe, l'Asie, l'Afrique, l'Amérique, l'Australie, le Groenland et le Continent antarctique ; de même que le Pacifique, l'Atlantique, l'Océan Indien et l'Océan Arctique, tous ces détails géographiques étaient marqués dans la nébuleuse gazeuse primitive. Ces continents gazeux se condensant plus tard en continents liquides, se distinguaient des aires sous-marines par des différences chimiques ; et ces continents liquides se transformèrent en continents solides soulevés comme bas-fonds quand l'océan en fusion et son dernier océan de lave se solidifièrent [1] ».

D'après Gregory « on peut admettre cette théorie, pourvu qu'on remplace le terme de *continents* par celui de *blocs archéens* ». Que ces blocs archéens, qu'il appelle aussi les grandes pierres angulaires de la Terre, aient été embryogéniquement esquissés par des segrégations chimiques durant les âges primitifs où la matière de la Terre était encore gazeuse, cela lui paraît probable. Mais ces pierres angulaires archéennes, quoique les fondations des continents, ne furent point des continents. La théorie de lord Kelwin n'explique pas pourquoi des segrégations chimiques ont

---

1. Gregory. *The Plan of the Earth and its causes* (*The Geographical Journal, for March* 1899, p. 232).

assuré le contour des continents, de sorte que cette explication repose sur une cause inexpliquée. Et même si cette théorie est amendée par la substitution des blocs archéens aux continents, elle est encore insuffisante au point de vue géographique car elle ne montre pas les relations de ces blocs archéens avec les continents actuellement existants.

Tout le monde sait qu'il n'y a plus d'hésitation sur ce sujet : si les mers sont localisées dans des bassins, c'est que la croûte solide s'est déformée et que le liquide est allé se concentrer dans les parties basses en abandonnant les reliefs qui sont devenus des îles et des continents.

Nous laissons pour le chapitre suivant le détail des étapes successives par lesquelles on est arrivé à cette notion qui n'est qu'un détail dans l'histoire de l'origine des montagnes.

Les premiers géographes classiques crurent constater la disposition rayonnante des mers dans la région levantine et leur débouché dans le large océan marginal du monde. En conséquence, ils décrivaient la terre ferme comme une île émergeant de la vaste mer environnante, d'où des canaux convergeaient vers le centre de l'univers.

Le plan rayonnant réapparaît au moyen âge dans les cartes où Jérusalem est acceptée comme le centre du monde, d'où les lignes directrices de la géographie irradient comme les rayons d'une roue.

Ce système sombra à la découverte de l'Amérique.

FORMES CONTINENTALES. — En dépit d'une

variabilité extrême dans le profil des continents et malgré leur distribution capricieuse en apparence, les géographes ont de tout temps émis la supposition que l'arrangement relatif des terres fermes et des mers sur le globe obéit à quelque plan régulier. Il va de soi que ce plan, s'il existe, ne peut être aperçu que dans ses grandes lignes, car le contour des masses terrestres dépend de la structure de leurs éléments qui varie indéfiniment. Les systèmes intriqués de vallées et de montagnes s'ouvrent sur de vastes plaines, des surfaces alluviales sans pierres sont interrompues par des arêtes de rochers abrupts, des cônes volcaniques surgissent isolément comme des pyramides, pendant que des chaînes de montagnes se continuent sans interruption pendant des milliers de kilomètres. De semblables contrastes sont naturels, puisque les formes géographiques sont le résultat du combat de forces complexes disposant de pouvoir d'attaque contre des masses rocheuses jouissant de pouvoirs de résistance très inégaux : par exemple, les lignes de côtes sont projetées dans l'Océan, là où leur étoffe est suffisamment résistante, de même que dans les points où les apports fluviaux sont plus rapides que la démolition océanique, de même aussi qu'aux endroits où le vent accumule des dunes qui viennent à bout de la puissance des flots.

Au contraire, les lignes de côte sont indentées là où des bancs friables sont délayés par la pluie ou par la gelée, et là aussi où les vents, dominant la trajectoire d'un courant régulier ou l'ondulation du fond sous-marin, lancent à l'attaque du littoral un courant océanique qui, comme un jet d'eau, s'attaque au rivage. On rencontre un si grand nombre de facteurs parmi les causes d'où résultent les formes topographiques qu'il est le plus souvent impossible de retracer les étapes de leur développement. Les stades de l'évolution géographique sont certainement aussi nombreux que ceux de l'embryogénie organique, et le chapitre des accidents est invoqué par les géographes pour expliquer des difficultés analogues à celles pour lesquelles les naturalistes ont recours à la doctrine des créations spéciales.

On sait l'explication aussi ingénieuse que peu justifiée qu'Adhémar donnait de la dissymétrie du sphéroïde aqueux : en vertu de la précession des équinoxes, chacun des deux pôles subit à son tour tous les 10.500 ans un maximum de froid et la masse de glace ainsi accumulée détermine un déplacement brusque du centre de gravité du globe et le transport des masses océaniques [1]. La dernière de ces catastrophes ayant eu lieu au pôle austral, c'est là que se trouve actuellement le grand réservoir d'eau et c'est le violent courant de direction N S qui a usé les continents en pointe vers le sud.

M. E. Jourdy [2] a cherché à montrer que cette forme en pointe des continents est en rapport direct avec la direction des lignes de fracture et de dislocation que jalonnent, par exemple, des volcans et des sources chaudes.

M. Mac Pherson (de Madrid) avait, dès 1880, été frappé dans des recherches qu'il a continuées jusqu'en 1886, de la relation qui paraît exister entre la forme des dépressions océaniques et les dislocations géologiques.

---

1. *Révolutions de la Mer*, 1 vol. in-8°, Paris, 1842, 2ᵉ édition publiée en 1860 et intitulée, *Révolutions de la Mer. Déluges périodiques.*

2. La *Revue Scientifique*, 1887.

Nous remarquerons de notre côté que, dans beaucoup de cas, la pointe sud des continents est marquée par un maximum d'activité souterraine et par l'épanchement plus ou moins voisin de roches volcaniques ou basaltiques. C'est le cas pour le Groenland (Disco), l'Afrique (Cap), l'Inde (Dekkan) le Kamtschatka, l'Amérique du Sud (Cap Horn).

La loi des antipodes est loin d'être absolue : elle consiste en ce que 18 fois sur 20, les deux extrémités d'un même diamètre terrestre sont dans des conditions géographiques opposées : si l'une est continentale, l'autre est marine et inversement. Parmi les rares exceptions on peut citer dans le plan de l'équateur, le diamètre qui, partant du 60e degré de longitude E. (milieu de la mer des Indes) aboutit au 120° long. O. (au milieu du Pacifique ; on peut ajouter que l'antipode de Boston est dans le continent Australien ; etc.

C'est donc un détail quelconque de la loi des antipodes que l'existence de la mer de Nansen à l'opposé du Continent antarctique.

Un contraste d'un autre ordre a été signalé entre des dépressions et des reliefs. Il s'agit d'une espèce de conjugaison entre la ligne de montagnes presque méridienne des Andes et de leurs prolongements, avec le sillon, jalonné parallèlement à l'équateur, par la Méditerranée, le détroit de la Sonde, l'étranglement centre-américain, etc. On a remarqué en beaucoup de régions que les cassures terrestres ont une tendance marquée au groupement orthogonal.

Les théoriciens ont longuement fixé leur attention sur ces faits qui leur ont semblé de nature à dévoiler un peu de l'avenir réservé à la forme générale de la planète.

La découverte de l'instabilité constante entre la terre ferme et la mer semble cependant détruire les bases d'un plan quelconque des formes topographiques.

Le lyellisme (ou *uniformitarisme*, v. plus loin, chapitre XIV) avec sa doctrine essentielle de l'alternante élévation et submersion de la terre par suite de l'agencement des eaux locales, semble incompatible avec l'existence de quelque cause générale gouvernant l'évolution géographique du globe considéré comme un tout.

Mais une plus exacte appréciation de cette dernière connaissance ne confirme pas les premières déductions. L'Amérique est maintenant considérée comme le continent typique, ce qui ne veut peut-être pas dire grand'chose.

Quant à la théorie des accidents géographiques, c'est-à-dire quant à la cause qu'on peut légitimement leur attribuer, elle a donné lieu à diverses publications fort intéressantes, par exemple à l'étude déjà citée de M. J. W. Gregory, professeur à l'Université de Melbourne (Australie)[1].

Comme nous l'avons rappelé, la plupart des théories avancées pour rendre compte de la forme sphéroïdale de la Terre font intervenir la rotation de la planète autour de l'un de ses diamètres. Il entre dans notre sujet de constater que les idées à cet égard sont fort anciennes. Cinq cents ans avant notre ère, Pythagore, réfuté en ceci par Aristote, rejetait l'hypothèse de l'immobilité de

1. *The plan of the earth and its causes.* (Extrait du *Geographical Journal,* mars 1899.)

la Terre et expliquait le phénomène du lever et du coucher des astres par un mouvement journalier de la Terre sur elle-même. « La Terre, notre nourrice, dit Platon [1], roulant autour de l'axe qui traverse tout l'univers a été faite pour être la productrice et la gardienne du jour et de la nuit. »

Philolaüs avait reconnu que le globe exécute 365 rotations en une année, qu'elle emploie à faire le tour du Soleil [2].

Galilée (1564-1642) se fit le défenseur du système de Copernic et en 1633 il publia à Florence un *Dialogue sur les deux grands systèmes du monde*. Deux personnages imaginaires auxquels il donne le nom de ses amis, Salviati, noble Florentin et Sagredo qui, à Pise avait encouragé ses premiers travaux, y font valoir avec tout le talent et l'esprit qu'avait pu leur prêter Galilée, les meilleures raisons en faveur du système de Copernic. Un faible d'esprit, auquel Galilée donne le nom de Simplicius, répond à ses deux interlocuteurs et reproduit en leur style, les objections des péripatéticiens et des moines qui ont attaqué Galilée. Toutefois, après avoir multiplié ces objections, Salviati et Sagredo s'inclinent devant l'autorité de la chose jugée.

---

1. *Le Timée ;* œuvres de PLATON traduites par Victor Cousin, in-8°, t. XII, p. 135, Paris, 1839.

2. MAXIMILIEN MARIE. *Histoire des Sciences Mathématiques et Physiques*, I, 27.

3. *Opere de Galileo Galilei nobile fiorentino*, Milan, 13 vol. in-8°. Le Dialogue comprend les tomes XI et XII de cette Collection, c'est-à-dire près de 870 pages. Il est intitulé *Dialogo di Galilei Galileo dove nei congressi di quattro gironato si discare sopra i due massimi sistemi del Mondo Tolemaico et Coperniciano proprinendo indeterminatamente le ragioni filosofiche tanto per l'una quanto per l'altra parte.*

« Galilée poussa la malice jusqu'à aller à Rome solliciter l'autorisation d'imprimer ce livre et les censeurs donnèrent bonnement leur approbation et la permission demandée, après avoir corrigé le texte en quelques endroits, ce qui constituait à Galilée une sorte de certificat d'orthodoxie pour le reste [1]. »

On sait sa rétractation solennelle devant le tribunal du Saint-Office, le 13 février 1633.

De nombreux théoriciens ont pensé trouver un appui de leurs conceptions du mouvement de rotation dans la tendance prétendue des fleuves, coulant selon le méridien, à se déplacer en vertu de l'inertie selon les parallèles.

Cummingham, à propos des fleuves du Penjab, est l'initiateur de ce système dont on a probablement abusé. En 1860, van Baer [2] étudia au même point de vue la Volga et l'Irtish.

En 1873, W. C. Kerr, géologue officiel de la Caroline du Nord, publia une note dans les *Proceedings of the American Philosophical Society*, sur l'influence possible de la rotation de la terre quant au déplacement du cours des rivières.

En 1754, Kant écrivit un mémoire sur la question de savoir si la Terre a subi des changements dans son mouvement de rotation autour de son axe. Il fait voir que la mer, en conséquence de l'attraction lunaire ou solaire, est animée sans cesse d'un mouvement contraire à la direction de la rotation diurne du globe. La friction de la vague des marées contre le fond de la mer et

---

1. *Histoire des Sciences Mathématiques et Physiques*, 12 vol. in-8°, Paris, 1883 à 1888, III, p. 118.

2. *Erman's Journal*, Berlin, 1854.

contre les côtes prive la rotation diurne d'une partie de son énergie et agit continuellement dans la même direction, de telle sorte que la durée du jour sidéral augmente sans cesse.

« Si la Lune, continue Kant, nous présente toujours la même face, c'est parce que la marée développée dans l'ancienne mer lunaire par l'attraction de la Terre, a ralenti le mouvement de notre satellite jusqu'au point où il nous a toujours offert le même côté. Pour la même raison, il viendra un moment où la Terre présentera toujours la même face à la Lune [1]. » Cette opinion de Kant est regardée comme correcte par des physiciens modernes, comme Robert Mayer, Helmholtz et W. Thompson.

En outre, le retard de la rotation, c'est-à-dire la prolongation du jour sidéral dû à la marée, est considéré par divers auteurs comme ayant amené des altérations dans la croûte terrestre. C'est ainsi que A. Winchell par exemple [2] cherche à démontrer que le ralentissement de la rotation, et par conséquent la diminution de la force centrifuge, a déterminé l'ouverture de failles ayant une direction N.-S.

Dans une lettre datée de 1790, c'est-à-dire de l'année de sa mort, Benjamin Franklin se demande si la trouvaille, dans les roches de nos contrées froides, de vestiges fossiles ayant appartenu à des êtres évidemment tropicaux, n'implique pas que les pôles ont changé de place.

L'hypothèse d'un changement de rotation de la

1. *Allgemeine Naturgeschichte des Himmels.*
2. *American Journal of the Sciences and arts*, vol. de 1861, p. 417.

terre a été étudiée par de Boucheporn, qui en a tiré tout un système géogénique [1].

Suivant une théorie émise par G. H. Darwin [2], l'attraction du Soleil sur la Terre encore visqueuse, en déterminant de véritables marées dans la matière nébuleuse, y forma deux protubérances en des points opposés de l'équateur : l'une de ces protubérances se brisa et sa substance se solidifia à l'état de Lune qui se mit à tourner autour de la Terre bien plus près qu'elle ne le fait aujourd'hui. Comme une nouvelle protubérance équatoriale se formait, la Lune la repoussa, causant ainsi une série de rides dans la croûte terrestre qui persistent encore et constituent les lignes fondamentales de l'architecture planétaire. Ces rides coururent d'abord au nord et au sud de l'équateur. Mais, en conséquence de la force de poussée exercée par la Lune sur la ceinture équatoriale, cette partie de la Terre tendit à tourner plus lentement que les régions polaires. De là, déformation des rides primitives ; au lieu de conserver leur direction méridienne, elles tendirent vers le N.-E. dans l'hémisphère N. et vers le S. dans l'hémisphère sud.

Dans un travail intitulé : « Sur les similitudes que présentent les cartes terrestres et les cartes planétaires [3] », M. Prinz émet l'opinion que la partie boréale de la Terre a dû avoir une vitesse angulaire inférieure à celles des régions équatoriale et méridionale. Dès lors les masses con-

---

1. *Études sur l'Histoire de la Terre*, 1 vol. in-8° avec carte et planches, Paris, 1844.

2. *Phil. Transact.*, CLXX. Voir GRÉGORY, *loc. cit.*

3. In-8°, Bruxelles, 1902.

tinentales de l'hémisphère sud ont dû être projetées en avant, c'est-à-dire vers l'est. La ligne
située entre l'hémisphère Nord retardé et l'hémisphère Sud accéléré, est la ligne de fragilité qui
passe par la mer des Caraïbes, la Méditerranée,
le golfe Persique et à travers la Malaisie. L'auteur a porté sur un planisphère les grandes lignes
de la géographie terrestre, pour montrer à quel
point elles sont conformes à cette supposition de
lignes de torsion. Seulement on oublie que le
bloc Euro-africain ne manifeste aucune trace de
soi-disant torsion.

Suivant la remarque de Gregory[1], on peut se
demander si les rides de torsion primitive supposées par Prinz ne coïncident pas avec les rides de
marée primitive, imaginées par le professeur
Darwin. « Or, dit-il, on constate qu'elles n'ont
point de rapports mutuels. Les lignes principales
que Darwin déclare comme les rides dues à la
marée primitive, sont inexplicables dans la théorie de Prinz et les grandes lignes auxquelles
Prinz attribue le rôle capital dans son ridement,
sont opposées à celles de Darwin. »

En 1894, le professeur Lapworth lut devant la
Société royale géographique de Londres, un mémoire intitulé *The face of the Earth* dans lequel
la situation relative des terres et des mers est
attribuée à l'entrecroisement régulier de séries
de plis primitifs de l'écorce terrestre. Suivant
cette théorie, les océans occupent d'anciens bassins de dépressions, tandis que les masses continentales sont des dômes de soulèvement.

Sir John Lubbock, attribue aussi les formes

1. *Loc. cit.*, p. 239.

continentales à un double entrecroisement de plis, et cette hypothèse a l'avantage sur les théories astronomiques de fournir plus de points de contact avec les faits géographiques. Cependant le professeur Lapworth ne paraît pas avoir expliqué la cause de ces plis entrecroisés, et c'est plutôt un enregistrement de faits qu'il nous donne qu'une explication de causes.

Toutes ces théories se heurtent à une objection qui semble contraire à leur application aux traits géographiques. C'est qu'on ne voit pas comment elles rendent compte du fait dominant de la physionomie terrestre, c'est-à-dire de l'absence totale de symétrie d'un hémisphère à l'autre des deux parts de l'équateur. Leur ressource est de prétendre qu'après le plissement ou la torsion, une action indépendante de celle du début est venue modifier jusqu'à la faire disparaître, la symétrie primitive. Mais on entre alors dans le domaine de la fantaisie toute pure.

En outre, une objection très grave contre les trois théories de Darwin, de Prinz et de Lapworth, c'est qu'elles méconnaissent l'âge relatif parfois fort différent des accidents topographiques qu'elles prétendent expliquer.

Par exemple, le professeur Darwin cite l'orientation de la côte occidentale d'Europe, de l'Espagne à la Norvège, comme confirmant sa théorie, pendant que Prinz trace la ligne primitive exactement à angle droit avec la direction précédente. Et il a raison, car la ligne de l'Espagne à la Norvège est certainement de date récente, pendant que la ligne de ridement à la fois hercynienne et alpine, court transversalement à la direction qu'elle devrait avoir suivie, si réellement elle résultait de la marée primitive. De plus, le professeur Darwin cite la côte occidentale de l'Amérique du Nord comme contraire à son opinion, et cependant il est certain qu'elle correspond à une direction primitive, puisqu'elle constitue un axe archéen de la chaîne littorale et des Montagnes Rocheuses.

Les rides de torsion de Prinz ne valent pas mieux. Le cas le plus net en apparence pour confirmer la manière de voir, du géologue belge est l'orientation des Andes et des Montagnes Rocheuses. Mais on sait aujourd'hui qu'il n'y a pas de continuité effective entre les Andes et les Montagnes Rocheuses par des chaînes de l'Amérique Centrale. La ligne de partage des eaux court, il est vrai, le long de la bordure pacifique, mais cela est dû à un mouvement postérieur à la production de la chaîne qui a été ainsi rompue. La continuation des Andes est dans les montagnes du Venezuela et non pas dans le nord-américain ni dans la Sierra Nevada.

Il est très utile, en jetant un coup d'œil sur quelques-unes des hypothèses qui cherchent à expliquer l'origine des détails géographiques de la surface du globe, d'écarter une cause de confusion qui n'a pas toujours été vue par les théoriciens. Elle est du domaine chronologique et concerne la comparaison entre les durées écoulées depuis les premières époques sédimentaires et fossilifères et les durées antérieures représentées par la constitution de l'écorce fondamentale sans la collaboration des actions biologiques.

Ces dernières durées embrassent les temps compris entre la constitution de la nébuleuse primitive provenant du lambeau de matière dé-

tachée, suivant Laplace, de la région équatoriale du Soleil, jusqu'à l'apparition des premiers
organismes dans les océans cambriens ou pré-
cambriens. Ils ont été incomparablement plus
grands que ceux qui ont suivi jusqu'à aujour-
d'hui, et la preuve réside tout entière dans l'am-
plitude de la perte calorifique qui a dû y être
réalisée. En effet, cette perte a progressivement
amené la surface planétaire, d'une température
peut-être supérieure et en tout cas égale à celle
qui règne sur le Soleil, jusqu'à celle où la mer
s'étant constituée, les animaux et les végétaux
y ont trouvé des conditions favorables à leur
existence (et qui sont nécessairement, de ce chef,
extrêmement voisines de celles qui règnent encore autour de nous).

Or, dans la plupart des théories que nous avons
passées en revue, on voit l'époque précambrienne
plus ou moins confondue avec celle où la première croûte rocheuse, venant enfin de se constituer, elle a pu éprouver les effets mécaniques
qui ont engendré ses déformations. Par exemple,
Grégory discutant la supposition de lord Kelwin,
d'après laquelle les continents actuels seraient
des contrecoups d'inégalités produites dans la
masse de la nébuleuse encore fluide, se demande
si une carte du monde dans les temps cambriens les plus inférieurs pourrait montrer l'influence de ces accidents prégéologiques. Il ajoute
cependant, il est vrai, que les effets géologiques de ces accidents semblent avoir été effa-
cés par les vicissitudes des temps géologiques.
Ce n'est évidemment pas assez dire et il est
clair qu'on ne peut espérer aucun contrôle direct
de semblables conceptions, dont l'adoption ou

le rejet restent une pure affaire de sentiment.

Les anciens, — Hérodote, Aristote, Ovide, Lucrèce, Horace — ont constaté dans leurs livres, les déplacements de la mer, les coquilles qu'elle a abandonnées sur les terres, et aussi l'envahissement de la terre ferme par les eaux.

Bien des auteurs aux XVIe et XVIIe siècles admettaient l'instabilité de la ligne littorale.

Buffon conclut des fossiles communs à l'ancien et au nouveau monde que ces continents ont dû être primitivement réunis et que leur disjonction fut l'effet d'une de ces phases par lesquelles la nature en travail préparait l'apparition de l'homme.

L. de Buch, dans sa lettre de 1822 sur le Tyrol, imagine l'hypothèse du soulèvement de cette région et explique ainsi la présence des coquilles fossiles sur les plus hautes montagnes.

Cependant quelques auteurs défendent l'opinion que le bassin des grands océans n'a pas varié depuis les origines. Personnellement, je résiste à toutes les suppositions de ce genre, pour cette raison que la Géologie montre, dans la structure des continents et jusque dans leurs régions centrales (Pamir, etc.) les vestiges de gigantesques dépôts de mer profonde. Il semble que la géographie actuelle ait été précédée, et doive être suivie, par des géographies essentiellement différentes.

Aujourd'hui, le fait est devenu tout à fait banal : dans la plupart des régions continentales, on rencontre des gisements de fossiles marins et c'est l'occasion de noter, sans bien le comprendre, que Constant Prévost, l'un des plus grands géologues dont s'honore la France, a fait à la théorie du déplacement des mers des objections très vives[1] et n'a jamais accepté l'hypothèse des oscillations du sol, alors préconisée par Alex Brongniart.

Selon une pittoresque expression de Huxley «les continents ont émigré à la surface de la terre ».

Tournefort pensait que les montagnes du Bosphore formaient anciennement un barrage entre la mer Noire très élevée et la Méditerranée en contrebas. Une convulsion du sol a rompu cette digue et les eaux de la mer Noire se répandirent impétueusement dans la Méditerranée[2].

Lamarck[3], au contraire, admet le fait du déplacement de la mer qui parcourt continuellement et lentement tous les points de la surface du globe et pour appuyer son hypothèse, il note entre beaucoup d'autres exemples, l'état des choses aux Vaches-Noires (dans le département actuel du Calvados) : « On m'a assuré, dit-il[4], qu'il y a dans le voisinage de ces Vaches-Noires, une manufacture de poterie, où l'on est dans l'usage, pour se procurer une bonne argile, d'attendre que la mer se soit retirée ; on va alors à un quart de lieue, dans la portion de son lit qu'elle a laissé à découvert, et là on trouve une bonne argile, mais dans laquelle existent quantité de coquilles pélagiennes fossiles. La mer,

---

1. *Les continents actuels ont-ils été à plusieurs reprises submergés par la mer ? dissertation géologique*, par M. Constant Prévost, lue à l'Académie des Sciences, séances des 18 juin et 2 juillet 1828. Extrait du t. IV des *Mémoires de la Société d'Histoire naturelle de Paris*.

2. *Voyage en Orient*, 1680.

3. *Hydrogéologie*, p. 39.

4. *Loc. cit.*, p. 85.

qui est actuellement en ces lieux, n'y est donc pas pour la première fois. »

Cet intéressant ensemble d'études a reçu ses plus récents perfectionnements des travaux désormais classiques de M. Ch. Lallemand sur l'oscillation de la croûte terrestre [1].

BOSSELLEMENTS GÉNÉRAUX. — Aujourd'hui tout le monde est d'accord à l'égard de ces vicissitudes. Il faut, en effet, reconnaître que de gigantesques déplacements du sol se produisent en certaines localités. On a été bien longtemps avant de s'en douter et cela vient de ce que ces mouvements se font avec une prodigieuse lenteur. C'est sur la côte de Suède que le fait a été observé pour la première fois par Linné avec la collaboration d'un savant nommé Celsius et qu'il ne faut pas confondre avec le physicien. Toute la péninsule scandinave qui, au nord du parallèle de Stockholm, et surtout en Finlande, s'élève peu à peu au-dessus des flots, plonge sous la mer dans la région méridionale et spécialement en Scanie. On a la preuve que ce mouvement dure dans le même sens depuis très longtemps, de façon qu'il a déterminé de très profonds changements dans la géographie du pays. Dans le passé, la mer se continuait largement sur toute la zone représentée aujourd'hui par la Laponie et c'est par ce soulèvement que la barrière continentale entre le golfe de Bothnie et de la mer Glaciale s'est constituée, puis accentuée de plus en plus. La mer Baltique, ainsi individualisée a subi depuis lors un lavage continu du fait des eaux de

---

1. *Annuaire du Bureau des longitudes* pour 1910.

fusion des glaciers lapons et finlandais qui y déversent des torrents d'eau douce.

La zone qui s'affaisse et où figure la Scanie, a une surface considérable qui s'étend jusque dans la Prusse baltique, le Danemark, les Pays-Bas, l'Angleterre et tout le nord de la France. On peut légitimement attribuer au mouvement positif de la mer qu'elle détermine, non seulement la corrosion des côtes et la disparition des îles dans la mer du Nord, mais même l'ouverture et l'élargissement progressif de la Manche.

La France considérée à part se comporte comme faisait tout à l'heure la Scandinavie, mais avec une orientation différente : pendant que sa région septentrionale est en voie de submersion, sa côte méridionale surgit au contraire au-dessus du niveau de la mer. Tout le littoral y est bordé de ces plages soulevées et de ces falaises sableuses récemment sorties de la mer dont les assises contiennent les tests de coquilles zoologiquement identiques à celles qui vivent présentement dans la Méditerranée.

De proche en proche, on constate que la quasi-totalité de la surface de la Terre se divise en segments juxtaposés dont les uns sont en voie d'affaissement pendant que les autres s'élèvent lentement.

Comme on le voit, le phénomène des *bossellements généraux* est réellement universel. Il a même beaucoup plus d'importance que ne lui en ferait attribuer l'observation seule des phénomènes actuels, car on retrouve des traces de son activité continue depuis l'aurore des époques sédimentaires. C'est à lui que nous devons de rencontrer des formations marines dans des régions maintenant exondées. Sans lui, il n'y aurait ni îles ni continents et de ce fait seul les conditions de la surface terrestre, à commencer par celles qui ont permis l'éclosion de la vie, seraient changées du tout au tout.

Rapidement, on s'imagine la cause de ces déformations lentes de la surface terrestre. Cette cause dérive immédiatement des circonstances dont nous parlions comme résultant du mode d'origine et de formation de la croûte planétaire. Il est bien évident que l'effet direct du refroidissement spontané de la matière nucléaire du globe détermine la contraction de celle-ci et en même temps une tendance au décollement, sous la surface intérieure, de l'écorce menacée à chaque instant de perdre son support. La croûte, peu contractile, mais très flexible à cause de sa grande minceur relative, tend à se rapetisser en perdant sa forme sphéroïdale du début. Certains points suivent le noyau et cherchent à se rapprocher du centre de la Terre, mais la trop grande largeur de la membrane qui se déforme, engendre nécessairement la poussée centrifuge des points plus ou moins voisins et toute la mécanique des bossellements généraux résulte de cette simple considération.

N'oublions pas de dire que c'est à Élie de Beaumont qu'est due la théorie des bossellements généraux, et que c'est lui, en même temps, qui leur a attribué l'appellation sous laquelle on les désigne.

Du reste, pendant que la majorité des théoriciens est d'avis qu'il faut rattacher les bossellements généraux aux traits les plus larges de la structure du globe et à des déplacements verticaux de la mince croûte terrestre, — conformément à la théorie orogénique qui nous occupera bientôt, — d'autres, moins nombreux, préfèrent s'en rapporter à des modifications dans le volume des roches superficielles, soumises successivement à des températures fort inégales.

C'est ce qui a lieu avant tout pour l'interprétation du phénomène cortical de la Suède. M. Drygalsky a cherché à montrer comment la disparition des anciens glaciers qui ont laissé tant de traces dans la Péninsule scandinave aurait suffi pour déterminer dans les roches, ainsi soustraites au refroidissement, une dilatation assez forte pour expliquer les soulèvements constatés.

Suivant lui, les glaces ayant occupé une large surface avec une grande épaisseur, elles ont exercé une attraction sur la masse océanique et le soulèvement de celle-ci a simulé un affaissement : toute la Laponie a été couverte.

Seulement on ne voit pas comment les coquilles des dépôts quaternaires suédois auraient pu s'y accumuler, puisque la place était prise par les glaces. Cela suffirait à faire repousser cette hypothèse.

Quant au soulèvement, il serait dû simplement à la fusion des glaces, occasionnée elle-même par un réchauffement général du pays. Cette disparition a provoqué le réchauffement du sol et conséquemment sa dilatation : celle-ci a simulé le soulèvement.

M. Drygalsky a appliqué ces considérations à l'explication des traces de soulèvement observées au Canada et aux États-Unis. Il rappelle d'abord qu'entre 0° et 100° le granit (roche constitutive du sol de ces pays) se dilate pour 1 degré de 8 à 9 millionièmes de sa longueur primitive. Or, si on applique ce résultat à la longueur des côtes américaines en question, on voit que l'allongement consécutif à la fonte des glaciers aurait à elle seule produit un résultat plus considérable que celui qu'il s'agit d'expliquer.

M. Badoureau a apporté à cette thèse ingénieuse et séduisante l'appui d'une analyse mathématique[1]. On remarque cependant qu'il ne devrait pas exister de ports à l'époque du recouvrement par les glaces et que cependant ce sont des vestiges d'installation maritime qui, jusqu'au fond du golfe de Bothnie, ont fourni les repères les plus certains... Une autre critique s'adresse à la supposition, dans le raisonnement, d'un bloc de granit long de 1 500 kilomètres ne présentant aucune faille et dont la masse serait absolument continue, les bords absolument fixes et la forme invariablement circulaire. Aucune de ces conditions n'étant réalisée, le calcul ne peut indiquer le résultat véritable : les failles en particulier peuvent détruire l'effet, même supposé réel. La précision du résultat devra mettre en garde contre la ligitimité de la méthode.

En tout cas la notion des bossellements généraux s'applique à une foule de régions où le phénomène glaciaire n'a rien à voir, comme par exemple le rivage de la Ligurie, au point que certains géologues ont voulu faire des soulèvements et des affaissements alternatifs des bases de la classification stratigraphique.

---

[1]. *Etude sur le soulèvement lent actuel de la Scandinavie. Annales des Mines ;* livraison de septembre 1894.

En 1868, N.-S. Shaler [1] alors professeur de géologie à l'Université Harvard, s'occupa des variations de niveau de la surface du sol, en conséquence des modifications éprouvées par le recouvrement des glaces. Se rapportant à des expériences où une barre complexe se tord par l'échauffement du côté de ses matériaux les plus dilatables, il conclut que la fonte des glaces quaternaires a dû produire un affaissement du sol et non point un soulèvement comme on le disait tout à l'heure. Le plus curieux, c'est qu'il a prétendu confirmer sa conclusion par l'observation.

Ajoutons à cette occasion que l'Américain Eaton [2] développa un système géologique fondé sur le déplacement successif des océans. Il pensait « qu'avant le déluge universel », les continents occupaient précisément la place des fonds de mer actuels et que nos continents, inversement, sont les fonds des océans primitifs. Il précisa en avançant que les continents primitifs étaient supportés par une assise de granit, au-dessous de laquelle se formait une immense mer souterraine. Nos continents auraient reçu la même structure générale et c'est la rencontre, par leurs bords, de ces deux segments alternatifs qui constitue la crête de granit qui s'étend de la Géorgie à la zone glaciale, c'est-à-dire le système des monts Appalaches.

En 1818 également, le géologue américain, Samuel Mitchill émit l'idée que les grands lacs de l'Amérique du Nord sont le résidu de vastes

---

1. *The december 1865 Meeting of the Boston Society of natural history.*

2. Dans un volume intitulé *Index to the Geology of the nosthern States.* Albany, 1818.

océans séparés de la mer et dont les eaux ont été progressivement dessalées par l'afflux des ruissellements pluviaires.

Cette théorie a été appliquée plus récemment sous la qualification allemande de *Relickten-See* à diverses localités et spécialement aux grands lacs de l'Afrique intérieure, à la suite de la rencontre dans leurs eaux, de méduses et de certaines autres formes zoologiques qu'on regarde, sans trop savoir pourquoi, comme devant être exclusivement marines. Tout le monde n'admet pas cette supposition comme évidente.

PALÉOGÉOGRAPHIE. — La rencontre, en d'innombrables localités, de vestiges marins indiquent par leur comparaison avec les détails de la géographie moderne, des conditions paléontologique analogues à celles dont nous jouissons aujourd'hui. On a même été tenté de retrouver les délinéaments des rivages existants aux anciennes époques. De là l'ensemble d'efforts réunis sous le nom de *Paléogéographie*, titre qui cache une simple hypothèse, ainsi que nous le verrons tout à l'heure.

Dans cette voie, des séries de publications intéressantes se sont succédé.

Dès 1895, M. F. Canu a tenté de traduire par des cartes, les documents paléogéographiques procurés par la géologie de la France et des pays voisins [1].

L'auteur, avec modestie, déclare que « le texte est une ébauche; l'atlas est un essai ». Tout le monde y verra une tentative intéressante, mais

1. *Essai de Paléogéographie.* 1 vol. grand in-8° de 70 pages avec 1 atlas de 57 planches, Paris, 1895.

il faut bien reconnaître qu'aucune des cartes ne peut prétendre à la moindre ressemblance avec la réalité des choses. C'est comme une iconographie explicative des théories de Mayer-Aymar, fondées, comme on sait, sur l'hypothèse d'Adhémar[1] pour qui, en l'absence de toute action interne du globe, la Terre bascule périodiquement de part et d'autre de son centre de gravité tous les 21.000 ans. C'est la durée des périodes géologiques ; c'est le retour aux idées cataclysmiques les plus caractérisées.

Certains traités de Géologie n'ont pas craint de symboliser chaque époque par la carte des océans et même par l'indication de leurs diverses profondeurs suivant les régions. C'est évidemment une imprudence car le déplacement des continents est essentiellement progressif et continu et la moindre période géologique est beaucoup trop longue pour qu'au cours de sa durée, la géographie n'ait pas subi d'innombrables et profondes modifications. En outre, rien n'indique le synchronisme absolu de deux traces littorales du même âge géologique, et il en résulte une nouvelle cause d'incertitudes si complètes que les cartes courent le risque certain de n'avoir aucune signification sérieuse[2].

1. *Révolutions de la mer, déluges périodiques*, 1 vol. in-8°, Paris, 1862.

2. Voir à ce sujet notre *Géologie générale*, 2ᵉ édit., p. 240, 1 vol. in-8°, Paris, 1908.

CHAPITRE IV

LES THÉORIES OROGÉNIQUES

Les anciens ont beaucoup écrit sur les montagnes et c'est ce dont nous convaincrait un simple coup d'œil sur les œuvres de Pline et de Strabon : ils se sont bornés quelquefois à des considérations générales sur la morphologie des reliefs ; souvent aussi ils ont voulu les répartir en catégories, en déterminer la signification dans le concert de la nature, en préciser la distribution générale. Ils ont tenté enfin d'en pénétrer l'origine et le mode de formation.

CLASSIFICATION DES MONTAGNES. — Arduino [1] en 1759 et Sage [2] en 1786 cherchèrent à établir une classification de montagnes.

En 1766, E. Bertrand consacrait tout un mémoire aux *Usages des montagnes* [3] où il s'évertuait à montrer qu'elles servent à affermir la terre. « Sans elles, dit-il à l'exemple de Kircher [4], la terre aurait été souvent bouleversée. »

1. *Giornal di historia natural del Griselini*, 1759.

2. *Analyse chimique et concordance des trois règnes*, 3 vol. in-8º, Paris, 1786, t. II, p. 2.

3. *Recueil de divers traités sur l'Histoire naturelle de la Terre et des Fossiles*, 1 vol. in-4º, Avignon, 1766.

4. *Mundus subterraneus*, 1ʳᵉ partie, liv. II, chap. VIII.

ORIENTATION RELATIVE DES CHAINES. — Il est bien difficile d'attribuer un caractère de symétrie à l'orientation des montagnes. Cependant, il y a une chaîne qui, d'une manière sensiblement continue, mais non sans irrégularités, fait en partie le tour du globe. On peut y voir une sorte de ceinture du Pacifique et la suivre depuis la Patagonie jusqu'à l'Alaska, tout le long du littoral A. des Amériques, pour continuer par la guirlande des Aléoutiennes, puis les îles marginales du rivage oriental de toute l'Asie, rattaché par les îles de la Sonde à Madagascar et à la pointe de l'Afrique. Ce cercle montagneux incliné de 25 à 30° sur l'axe des pôles se trouve grossièrement perpendiculaire à la ceinture de dépressions qui passe par l'isthme de Panama et par l'isthme de Suez. Avec son appendice des nouvelles Shethland, la pointe sud de la Patagonie à 65° latitude australe est très symétrique de la région montagneuse qui, au travers du détroit de Behring met en rapport l'épine des Amériques avec celle du Vieux Monde par 65° de latitude boréale.

En dehors de cette ligne de relief, on voit des ridements dont beaucoup lui sont parallèles, très grossièrement d'ailleurs, ce qui suivant le demi-cercle que l'on considère donne deux directions dominantes, l'une pour les Amériques, l'autre pour l'Eurasie et qui ne sont pas très éloignées d'être perpendiculaires l'une sur l'autre.

Mais il ne faut pas oublier que tout cela n'est qu'approché d'une manière très générale, et c'est une circonstance qui, en étant favorable à la multiplicité des hypothèses, refusera aux unes comme aux autres un caractère de précision.

Déjà Bourguet (1678-1742) dans son Mémoire

sur la *Théorie de la Terre* présente des considérations sur la manière dont les montagnes sont groupées, sur la correspondance de leurs angles, sur l'orientation uniforme de chaque groupe de montagnes.

Ces masses en relief doivent, selon lui, leur origine à une même cause agissant simultanément sur de vastes étendues.

J. D. Dana (1847) dans un mémoire relatif aux grands traits de la constitution de la Terre, avance que les grandes chaînes de montagnes, aussi bien que les chaînes d'îles, sont des ridements interrompus par des lignes de recouvrement, et que parmi tous les contours présentés par la Terre, les lignes N.-O. et N.-E. sont tout à fait prépondérantes.

Ce genre d'études a trouvé son maximum d'ampleur dans les célèbres recherches d'Élie de Beaumont sur le réseau pentagonal, auxquelles nous reviendrons.

ORIGINE DES MONTAGNES. — Peu de sujets ont plus exercé l'imagination que l'origine des montagnes; il est impossible de mentionner toutes les hypothèses proposées. Breislak en fait une production tout à fait originaire du globe[1]. Il faut se borner aux principales et éliminer quelques auteurs qui pensent que les montagnes sont des produits purs et simples d'une sédimentation particulière, opinion que l'illustre Saussure[2] adopta tout d'abord, pour l'abandonner plus tard.

Chose curieuse, Palassou qui a écrit un si

---

1. *Introduction à la Géologie*, 1 vol. in-8°, Paris, 1812, p. 300.
2. *Voyage dans les Alpes.*

admirable mémoire sur les Pyrénées[1] se rangera plus tard à la même opinion[2]. « Pour moi, dit-il, je persiste à présumer que l'inclinaison générale des couches date de la même époque que leur origine, car il ne paraît pas vraisemblable que les eaux de la mer aient pu former des bancs horizontaux sur les flancs des montagnes de granit primitif, au-dessus desquelles les matières de seconde formation reposent. »

Dès la plus haute antiquité, on a cru au soulèvement possible du sol, et on l'expliquait. En 1282, Ristoro d'Arezzo attribuait les reliefs terrestres à l'influence des étoiles fixes.

Pour Burnet[3], les montagnes ne datent que de l'époque du déluge. Pendant la période primitive qui dura seize siècles, la Terre était parfaitement lisse et une couche grasse et limoneuse séparait l'air d'un océan souterrain. La chaleur du Soleil desséchant peu à peu cette croûte limoneuse, ne la fit d'abord que se fendiller ; bientôt les craquellements s'élargirent, se multiplièrent et pénétrèrent jusqu'à l'orbe du liquide pesant interne. En un instant la terre s'écroula, tomba par morceaux dans l'abîme des eaux et voilà comment se fit le déluge universel. Ces masses de terre tombèrent dans l'abîme, formèrent les inégalités de toutes espèces, les îles, les continents et les montagnes.

De Boucheporn[4] examine les résultats du chan-

---

1. *Essai sur la Minéralogie des Hautes-Pyrénées*, in-4°, Paris, 1782.

2. Suite de *Mémoires pour servir à l'histoire des Pyrénées et des pays adjacents*, in-8°, Pau, 1819.

3. *Telluris theoria sacra origineus et mutationes generales orbis nostri, quas aut jam subiit, aut olim subiturus est complectem accedunt archæologiæ philosophicæ sive doctrina antiqua de rerum originibus*, 1 vol. in-4°, Amsterdam, 1649.

4. *Étude sur l'Histoire de la Terre*, 1 vol. in-8° avec carte et planches, Paris, 1844.

gement de l'axe de rotation de la Terre sous l'influence du choc d'une comète. La masse fluide obligée de tourner dans le plan du nouvel équateur ferait s'ouvrir sur le grand cercle un système de fracture, de failles, avec relèvement montagneux. Il se serait fait ainsi un système de montagnes à l'équateur pour chaque période géologique et de Boucheporn croyait en retrouver des vestiges.

La théorie de Boucheporn reproduit à quelques égards une manière de voir adoptée en 1802 par Lamarck[1].

Montlosier pensait en 1832[2] que les grandes chaînes montagneuses de l'Europe ne sont que les restes d'élévations continentales, qui ont été abaissées par l'érosion, les plis et les renversements dans la structure des montagnes ne constituant que des particularités locales et accidentelles.

C'était étendre à toutes les montagnes une supposition évidemment légitime dans certains cas et, par exemple, dans l'histoire des collines de l'Auvergne, du bassin de Paris et de beaucoup de pays sur lesquels nous reviendrons, à propos du travail des eaux superficielles. En même temps, c'était prendre position au voisinage des théories marines dont il faut dire un mot.

Un très grand nombre d'auteurs sont d'avis que la production des chaînes de montagnes est une conséquence normale du rôle rempli par l'océan dans les harmonies de la nature.

« Personne, dit Buffon[3], ne peut nier que sur

1. *Hydrogéologie*, p. 28.

2. Cité par Merrill. *Contribution à l'Histoire de la Géologie américaine*, p. 502.

3. *Histoire et Théorie de la Terre*, Paris, 1741.

une côte contre laquelle la mer agit avec violence dans le temps qu'elle est agitée par le flux, ces efforts réitérés ne produisent quelque changement et que les eaux n'emportent à chaque fois une petite portion de la côte... Ces particules de pierre ou de terre seront nécessairement transportées par les eaux jusqu'à une certaine distance et dans de certains endroits où le mouvement de l'eau se trouve ralenti, abandonnera ces particules à leur propre pesanteur et alors elles se précipiteront au fond de l'eau en forme de sédiment et là elles formeront une première couche horizontale ou inclinée, suivant la portion de la surface de terrain sur laquelle tombe cette première couche, laquelle sera bientôt couverte et surmontée d'une autre couche semblable et produite par la même cause, et insensiblement il se formera dans cet endroit un dépôt considérable de matière... Cet amas augmentera toujours par les nombreux sédiments que les eaux y transporteront et peu à peu il se formera une élévation, une montagne dans le fond de la mer, qui sera entièrement semblable aux éminences et aux montagnes que nous connaissons sur la terre, tant pour la composition intérieure que pour la forme extérieure. »

En 1766, E. Bertrand était d'avis que les hautes montagnes sont produites par les mouvements de la mer [1].

La principale contribution de l'Américain James Hall à la géologie strictement physique est relative à l'accumulation des sédiments et à la fonction des chaînes de montagnes. La première men-

---

1. *Recueil de divers Traités sur l'Histoire Naturelle de la Terre et des fossiles*, 1 vol. in-4°. Avignon, 1766.

tion en fut faite d'une manière très sommaire dans *le Report on the Geology of Iowa*, page 465 (1857). C'est deux ans plus tard que le sujet fut traité d'une manière complète.

Hall avait montré qu'une suite simple et régulière de strates, depuis les grès de Postdam jusqu'à la fin du coal-measures, couvre, sauf de rares exceptions, tout le pays compris entre le bassin de l'Atlantique et la base des montagnes Rocheuses, et que tandis que les couches horizontales donnent toute son élévation à la plus grande partie de la plaine, les mêmes lits sont pliés et contournés dans la région montagneuse, donnant ainsi à la montagne une élévation qui passe le 1/6° de leur épaisseur réelle. Il pensa avoir montré d'une manière concluante que la ligne de plus grande accumulation des sédiments avait été le long de la direction de la chaîne des Appalaches ; en d'autres termes, que la chaîne des Appalaches était elle-même due à la disposition originaire des matériaux et non à quelque action subséquente, ou influence de fracture ou de dislocation des couches dont elle est composée.

Discutant les causes de ce contournement et de ce ploiement, il se reporta aux faits précédemment observés par Herschel sur le fond de la mer, chargé de sédiments accumulés, et subissant un affaissement qui peut déterminer l'élévation des aires continentales voisines, principe qui est généralement accepté et qui est connu sous le nom d'*isostasic*. Donc, quand ces sédiments sont répandus le long d'une ceinture du fond sousmarin, comme à l'origine dans la ligne de chaîne actuelle des Appalaches, le premier effet est de produire un enfoncement de la croûte de la Terre

située au-dessous et un affaissement graduel. La
démonstration de cet affaissement est fournie par
la masse, considérable elle-même, des matériaux
accumulés, car il serait impossible, dit l'auteur,
de supposer que la mer ait présenté originelle-
ment une profondeur égale à l'épaisseur des accumulations, quelque 1,5 kilomètres.

Les lignes de grande dépression doivent en
conséquence se trouver le long des lignes de plus
grande accumulation. Par un semblable procédé
d'affaissement, le côté le plus bas des accumulations doit graduellement se courber et s'étendre,
et alors doivent se produire, comme conséquences,
des crevasses et des fractures. Sur la surface sous-
jacente, qui doit être contractée horizontalement
par un pareil affaissement, il doit se produire des
rides et des plis des strates. Au travers des crevasses ouvertes au-dessous on conçoit que puissent jaillir des matériaux fluides ou semi-fluides
donnant lieu à des dykes de trapp.

L'abaissement de la masse doit produire un
grand synclinal et dans son axe, sur une échelle
grande ou petite, doivent se faire de nombreux
axes synclinaux et anticlinaux plus petits. La
valeur maxima de la compression le long de la
ligne de maximum d'épaisseur expliquerait l'inclinaison graduelle des bords du plus grand synclinal ou les effets de fracture et de torsion. Cela,
selon l'auteur, expliquerait partiellement ce fait
que l'élévation montagneuse dans les régions
disloquées ne représente dans leur altitude totale qu'une bien petite proportion de l'épaisseur
réelle de la formation. En outre, les lits, dans
la formation d'un anticlinal, offrant leur bord aux
entreprises de la dénudation, ils sont souvent

détruits de façon à donner lieu à des terres basses
et même à de profondes vallées, tandis que les
arches synclinales étant protégées contre l'extérieur par la forme courbe de leurs lits, elles peuvent continuer à former des crêtes proéminentes,
comme on l'observe dans la région méridionale
des Appalaches. Il ne semble pas à l'auteur que
les plissements aient jamais contribué à l'altitude
des montagnes, mais plutôt que l'extrême plissement a déterminé la dénudation des masses
rocheuses par les agents de dénudation [1].

Suess [2] a signalé le rapport entre le phénomène
orogénique et l'allure des masses sédimentaires.
Sur le versant septentrional des Alpes on rencontre une puissante série de dépôts triasiques,
jurassiques et crétacés au caractère pélagique,
tandis que sur le bord septentrional de la même
chaîne, les mêmes étages n'ont qu'une épaisseur
insignifiante et sont généralement à l'état de formations littorales.

La théorie de James Hall quant aux géanticli-
naux et au soulèvement des montagnes le long
des lignes de rivage a été violemment attaquée par
Joseph le Conte en 1872 [3]. Partant de la largeur
des Appalaches, qui est d'au moins 100 milles, il
montre que la faiblesse de la courbe hypothétique de Hall ne pourrait pas produire l'écrasement
nécessaire pour la formation de l'immense pli-
cation.

En outre, suivant lui, la sédimentation et l'affaissement marchant simultanément, la surface
supérieure ne serait sans doute pas convexe et

---

1. D'après Merrill. *Histoire de la Géologie américaine*, p. 499.
2. *Die Entstehung der Alpen*, 1875.
3. *American Journal of Science*, vol. de 1872, p. 471.

resterait sensiblement horizontale. L'affaissement dans ces conditions ne produit ni l'écrasement ni le plissement des couches supérieures.

C'est comme appartenant à un point de vue très voisin du précédent qu'il faut noter l'opinion de Reyer[1] que les glissements dus à la pesanteur sur des surfaces inclinées ont joué un grand rôle dans la production des phénomènes orogéniques. Pour expliquer une chaîne de montagnes, il suppose une série de réactions qu'il a imitées par l'expérience, ce qui est une manière intéressante de matérialiser la théorie. Il produit donc tout d'abord un delta au fond de l'eau d'un bassin; puis il inflige à la base de ce delta des secousses qui y déterminent une sorte de mouvement de bascule. La partie la plus éloignée de la côte tend à s'enfoncer, l'autre à se soulever. L'auteur montre que le soulèvement ainsi provoqué est bien plus intense, parce qu'il est bien plus facile, dans les zones superficielles que dans la profondeur, et il en fait application à certaines particularités des chaînes de montagnes sur lesquelles nous reviendrons plus loin. Disons seulement qu'il pense que la pesanteur, et dès lors le glissement, jouent un rôle plus grand dans ces phénomènes que la contraction du noyau. L'abondance des failles paraît contradictoire à cette opinion.

Il faut faire une catégorie spéciale pour des hypothèses d'après lesquelles la formation des montagnes dérive de l'activité profonde du globe, et signaler d'abord celles qui concernent des poussées dirigées de bas en haut, soit de vapeurs, soit de roches.

1. *Theoretische Geologie*, 1 vol. in-8°, Stuttgard, 1888.

Breislak [1] rattache les montagnes à la consolidation de la Terre ; « la surface extérieure du globe, en se constituant et en se resserrant dans un moindre volume, comprimait la masse interne encore fluide qui devait réagir de son côté ; et étant une matière plus homogène et plus dense que celle qui formait les couches superficielles, elle a dû les soulever et les déchirer. »

Deluc expliquait le redressement des couches dans les montagnes par l'injection de roches éruptives constituant « le noyau de la chaîne ».

« Toutes les chaînes, disait-il [2], ont été soulevées par le porphyre pyroxénique. »

Le Dr C. T. Jackson (de Boston) disait en 1828 que des intrusions de granit provenant des régions centrales du globe ont déterminé la dislocation des couches de schiste argileux qui furent ainsi poussées au-dessus du niveau des océans. Les couches étant brisées, leurs tranches jetées dans une direction anguleuse, et par contraction des roches subordonnées, les supérieures étant fixées, ou bien l'éruption ayant poussé les roches assez loin pour redresser les couches dans une position verticale, un réseau doit être formé dans lequel le minerai de fer fut ensuite introduit par en bas par une seconde submersion. D'après l'analogie des fossiles, l'auteur pense que les lits de minerai de fer doivent s'être formés immédiatement après la dislocation des strates [3].

Il convient de faire un groupe à part des hypothèses d'après lesquelles la formation des montagnes

1. *Introduction à la Géologie*, trad. Bernard, 1 vol. in-8°, Paris, 1812, p. 97.

2. *Poggendorf's Annalen*, IX, 1827.

3. *Survey of New Hampshire*, 1 vol. de 375 pages.

dérivant de causes profondes, provient du refoulement de l'écorce sur un noyau qui se rapetisse sans cesse.

Descartes qui a qualifié la Terre de Soleil encroûté, fait dériver de cette vue géniale tout un système orogénique[1] et pour qu'il ne reste aucune ambiguïté dans ses explications il adjoint à son texte la figure que nous reproduisons. Elle montre d'un coup d'œil comment l'illustre auteur, considérant au point de vue de la mécanique l'arrangement et le déplacement relatif des différentes parties du globe, rattache les dislocations, que présente de toute part la « voûte terrestre », au refroidissement et à la contraction de la masse qui la supporte.

« Or, dit-il, y ayant ainsi plusieurs fentes dans le corps E, lesquelles s'augmentoient de plus en plus, elles sont enfin devenues si grandes, qu'il n'a pu se soutenir plus longtemps par la liaison de ses parties et que la voûte qu'il composoit, se creusant encore tout d'un coup, sa pesanteur l'a fait tomber en grandes pièces sur la superficie du corps C. Mais pour ce que cette superficie n'étoit pas assez large pour recevoir toutes les pièces de ce corps, en la même situation qu'elles avoient été auparavant, il a fallu que quelques-unes soient tombées de côté et se soient appuyées les unes contre les autres. En sorte que si, par exemple, en la partie du corps E qui est ici représentée, les principales fentes ont été aux endroits marqués 1, 2, 3, 4, 5, 6, 7, et que les deux pièces 2, 3 et 6, 7 ayant commencé à tomber un peu

---

1. *Les Principes de la Philosophie*, édition française de 1668, 4ᵉ partie, § 2, p. 286 et § 4, p. 323.

plus tôt que les autres, et aussi que les bouts des quatre autres marqués 2, 3, 5 et 6 soient tombés plus tôt que leurs autres bouts marqués 1, 4 et V, et enfin que 5, l'un des bouts de la pièce 4, 5 soit tombé un peu plus tôt que V, l'un des bouts de la pièce V, 6, ces pièces doivent se trouver après leur chute, disposées sur la superficie du corps C, en la façon qu'elles paraissent en

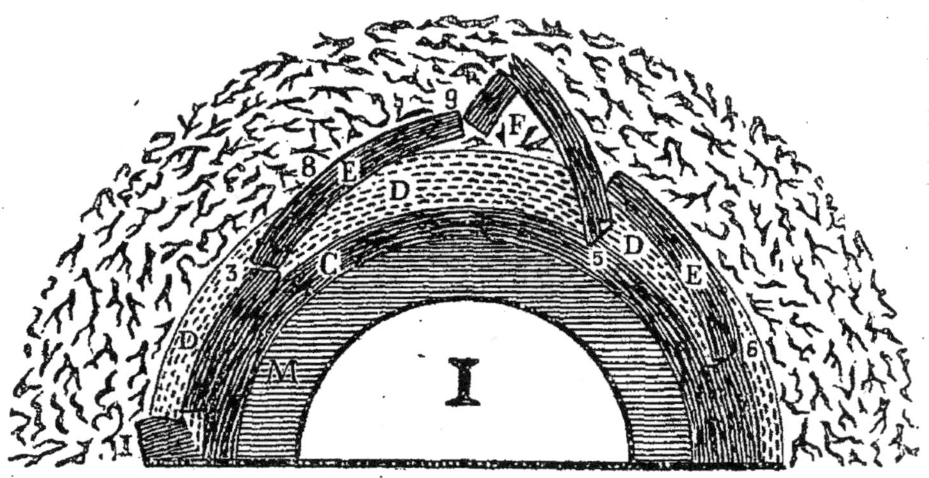

cette figure, où les pièces 2, 3 et 6, 7 sont couchées tout à plat, sur cette superficie et les autres quatre sont penchées sur leurs côtés et se soutiennent les unes les autres... Ensuite de quoi, si nous pensons que le corps F n'est autre chose que de l'air, que D est de l'eau et C une croûte de terre intérieure et fort pesante, de laquelle viennent tous les métaux, et enfin que E est une autre croûte de terre non moins massive, qui est composée de pierres, d'argile, de sable et de limon, nous verrons clairement en quelle façon les mers se sont faites au-dessus des pièces 2, 3, 6, 7 et semblables, et que ce qu'il y a des autres pièces qui n'y est point couvert d'eau, ni beaucoup plus élevé que le reste, a fait des plaines ; mais ce qui est plus élevé et fort en pente comme 1, 2 et 9, 4 V a fait des montagnes ».

Leibniz a exprimé aussi son opinion sur l'origine des montagnes[1] : « Il est croyable que la consolidation de la croûte du globe par refroidissement a laissé, comme cela arrive pour les métaux et autres corps qui demeurent plus poreux par la fusion, des bulles énormes, en rapport avec la grandeur de l'objet, c'est-à-dire qu'il s'est formé sous ses voûtes immenses, des cavités renfermant de l'air et de l'eau : et il est probable aussi que d'autres parties se sont étendues sous forme de couches et que, par la diversité de la matière et la distribution de la chaleur, les masses se sont inégalement raffermies et ont éclaté çà et là, de sorte que certaines portions en s'affaissant ont formé le creux des vallons, tandis que d'autres, plus solides, sont restées debout, comme des colonnes et ont par cela même constitué les montagnes ».

C'est le fondement des idées les plus modernes. L'hypothèse de Descartes a séduit, au début même de la période scientifique de la Géologie, l'illustre sir James Hall, l'apôtre dévoué de la doctrine plutoniste de James Hutton[2]. Ce fut en même temps comme l'aurore de la Géologie expérimentale.

---

1. *Protogée* ou de la *Formation et des Révolutions du globe*, trad. franç. par le Dr BERTRAND DE SAINT-GERMAIN, 1 vol. in-8°, Paris, 1859, p. 9.

2. *Transact. of the royal Soc. of Edinbourg*, vol. VII, p. 84, 1815.

En effet, Hall avait inventé un procédé consistant à refouler horizontalement des feuilles de drap empilées et à leur donner ainsi des inflexions qui reproduisent la structure de maintes chaînes de montagnes.

En février 1888, Henry Cadell lut devant la Société royale d'Edimbourg un travail très analogue à celui de sir James Hallet où le mode opératoire avait seulement été rendu plus puissant[1].

Le même procédé, mais considérablement perfectionné, permit à M. Bayley Willis de pénétrer dans le secret des causes qui ont déterminé la structure des monts Appalaches[2].

Déjà en 1822, D. H. Barnes publia dans le *American Journal of Science* une remarquable interprétation d'une section géologique des Canan Mountains (Connecticut). Cette coupe présentant deux fois la même série de cinq formations parfaitement distinctes, l'auteur n'hésite pas à affirmer qu'il s'agit d'une succession de couches qui a été débitée en deux sections par une cassure verticale et que l'une de ces sections a été relevée d'environ une centaine de pieds par rapport à l'autre. Ces remarques et d'autres du même genre conduisent à l'hypothèse que les portions soulevées ont cédé à la pression de bas en haut d'un agent dont le dégagement amène la submersion de la région considérée au-dessous du niveau de la mer.

Parmi les modernes, Deluc peut être considéré comme l'auteur de la théorie des soulèvements du sol considérés comme causes des chaînes de

1. *Experimental researches in Mountain building*, Edimbourg, 1888.
2. *The Mechanics of Appalachian structure*, 1 vol. gr. in-8°, Washington,

montagnes [1]. Cependant son point de vue, dérivé évidemment des vieilles conceptions de Descartes, est incomplet à bien des égards.

L'étude de la structure des monts Appalaches conduisit les frères H.-D. et W.-B Rogers à étudier en détail la théorie de la formation des montagnes [2]. Ils développèrent cette opinion que le soulèvement de la chaîne résulte d'une série de flexions non symétriques, présentant dans la plupart des cas un pendage beaucoup plus accusé sur le versant N.-O. que sur le côté opposé. C'était un premier essai et fort remarquable dans cette voie difficile où se débattent encore les tectoniciens, et qui consiste à refaire le détail des actions mécaniques évidemment très nombreuses, très diverses et très complexes dont les chaînes montagneuses sont les résultats.

En 1847, J.-D. Dana [3] présenta des considérations sur la contraction du globe d'où il tire la conclusion que la Terre a débuté par l'état de fluidité. Il insiste sur la pensée que les aires actuellement submergées sous la mer ont été à une certaine époque les régions de la croûte les plus énergiquement chauffées et sont celles par conséquent qui, par le refroidissement, ont subi la plus grande contraction relative. Aussi est-ce le long de leurs rivages que se sont produites les plus grandes chaînes de montagnes. On voit qu'à son avis les continents comme les montagnes ont été soulevés par une force émanant des profondeurs et agissant de bas en haut.

1. *Poggendorf's Annalen*, t. IX, année 1827.

2. *On Appalachian structure*, lu devant l'*Association of Naturalests and Geologists of Pennsylvania*, 1842.

3. *Grand outline features of the Earth*, 1847.

Il montra que la théorie des plis et des failles admises par les frères Rogers en Virginie et en Pennsylvanie s'accommode de la supposition des forces agissant latéralement et que ces plis ainsi produits doivent avoir leur versant le plus fortement incliné sur la côte la plus éloignée de la source du mouvement.

N.-S. Shaler, a émis une théorie de soulèvement des chaînes de montagnes. Admettant que la Terre, conformément à l'opinion déjà présentée, consiste en un noyau solide recouvert d'une croûte qui en est séparée par une zone intermédiaire de profondeur modérée et à un état imparfait de fusion, il suppose que — tandis que les plis continentaux sont probablement des froncements de toute l'épaisseur de la croûte, — les chaînes de montagnes sont seulement des plis de la portion extérieure causés par la contraction des portions les plus basses de l'écorce ; — la contraction dans les deux cas dérivant d'une perte de la chaleur initiale. En outre, l'affaissement du fond des océans doit, en produisant des fractures et des dislocations le long de ces lignes, provoquer la formation de chaînes de montagnes parallèlement au bord de la mer.

Dans un article daté de 1856, sur le *Plan du développement dans l'histoire géologique de l'Amérique du Nord*, J.-D. Dana appela l'attention sur le fait que les plus grandes montagnes bordent le plus grand océan dans les deux Amériques. Selon lui l'activité volcanique, ou du moins les témoignages évidents de l'action de la chaleur, sont plus intenses le long des plus grands

1. Bulletin de la *Boston Society et Natural history*, année 1866.

océans. Constatant que la forme typique d'un continent est celle d'un massif avec bordure de montagnes à pic sur l'océan ; que la hauteur des montagnes et l'intensité volcanique sont proportionnelles à la dimension des océans, et qu'en outre les volcans caractérisent les îles océaniques et non les intérieurs des continents, il conclut que l'étendue et la position des dépressions ont à un haut degré déterminé les contours des terres et que la dépression océanique et le relief continental ont tous deux été en progrès avec réaction mutuelle depuis les commencements du refroidissement de la Terre. La forme si remarquable en V du continent Nord-Américain est due suivant lui aux forces agissantes des deux océans.

Dans une série d'articles remarqués [1] Joseph Le Conte, professeur à l'Université de Californie, résuma sa façon de comprendre le phénomène orogénique. A son avis, la Terre soumise au refroidissement séculaire peut être considérée comme constituée par des coques isothermes concentriques, dont chacune se refroidit par conduction. L'extérieure ayant été la première à se solidifier, elle est soumise par suite de la contraction des masses sous-jacentes, à de puissantes pressions horizontales, qui à la longue déterminent des lignes de relief selon les directions de moindre résistance. Il chercha à démontrer qu'une masse sédimentaire de 10.000 pieds d'épaisseur soumise à la pression horizontale suffisante pour lui donner un clivage bien nettement marqué est écrasée de façon que 2 milles et demi de largeur soient réduits à 1 mille et que 10.000 pieds

---

1. *American Journal of Science*, 1872.

d'épaisseur sont amenés à 24.000, c'est-à-dire relevés de 15.000 pieds.

La supposition d'un effet extérieur à la montagne et qui la refoulait sur elle-même fut remplacée plus tard par une conception plus conforme à la théorie de la Terre. Elle consiste a croire que le moteur est dans la Terre elle-même : au lieu du refoulement proprement dit, c'est la contraction qui est invoquée.

Alphonse Favre[1] imita la masse nucléaire rétractile en elle-même par une bande de caoutchouc préalablement étirée ; et il disposa à sa surface des plaques d'argile représentant l'écorce terrestre : le caoutchouc abandonné à lui-même se rétractait produisant les effets désirés.

Le Dr Hans Schardt[2] perfectionna le mode opératoire de manière à vérifier des théories sur l'ouverture des failles orogéniques.

Nous avons nous-même poursuivi le même genre d'études[3] et il nous semble que la légitimité de la théorie de contraction est maintenant bien démontrée. Marcel Bertrand à repris divers points et les a combinés entre eux ainsi qu'avec la supposition plus récente des lames de charriage, pour tracer une espèce de schéma des phases successives de la formation de la chaîne[4].

Il était d'avis que les glissements de la croûte n'entraînent pas la substance du noyau. Il

1. *Premier Congrès international de Géologie*, 1 vol. in-8°, Paris, 1878.

2. *Etude géologique sur le pays d'En-Haut ; Bulletin de la Société Vaudoise des Sciences Naturelles*, XX, p. 143, 1880.

3. STANISLAS MEUNIER. *La Géologie expérimentale*, 2° édit, 1 vol. in-8°, Paris, 1908.

4. *Comptes rendus de l'Académie des Sciences*, t. CXXX, 291, 1900.

compare le globe à une orange à écorce mobile[1].

La théorie du refoulement horizontal a été depuis lors adoptée par un très grand nombre de tectoniciens, et il est indispensable de mentionner la pléiade des géologues, qui, à la suite d'Edouard Suess et de M. Albert Heim, se sont attachés à la démonstration de la théorie des charriages.

C'est par l'étude des Alpes qu'on a été amené à reconnaître d'abord que des paquets de couches parfois énormes ont été charriés sur des terrains plus récents et souvent sans qu'on puisse retrouver leur point de départ, avant des distances horizontales considérables.

M. Hans Schardt[2] est un des premiers observateurs qui aient signalé ces curieuses circonstances et il a fait pour les expliquer l'hypothèse dite du « noyau de cerise ». Elle consiste à comparer les paquets de couches dont il s'agit à un noyau de cerise lancé à distance par la pression des doigts entre lesquels on le serre.

Aujourd'hui la théorie des charriages, rendue absolument captivante par les travaux de M. Termier[3], a conquis les suffrages de tout le monde. On lui trouve des confirmations dans toutes les régions et on explique par son moyen la situation de massifs rocheux dont l'origine doit être recherchée à des centaines de kilomètres.

Cette théorie s'est complétée en certains cas de celle des *Horst*. On appelle ainsi, à l'exemple de Suess, certains massifs rocheux qui seraient antérieurs aux soulèvements environnants et qui

---

1. *Ibid.*, t. CXXX, p. 454, 1900.
2. *Eclogæ geologicæ*, Lausanne.
3. *Comptes rendus de l'Académie des Sciences*, vol. de 1908.

auraient opposé une force irrésistible aux efforts tectoniques. Une série de régions sont considérées comme ayant joué le rôle dont il s'agit : par exemple, notre Plateau Central, pour citer une localité française [1].

On s'est naturellement préoccupé de savoir si les crevasses ouvertes dans le sol par les tremblements de terre tendent avec le temps à devenir le siège de dénivellations de plus en plus accusées. On serait alors bien autorisé à y voir des étapes dans les travaux orogéniques, M. H. Darwin et M. Clément Reed avaient choisi la faille de Ridgeway dans le comté de Dorset. Mais la tentative ne fut couronnée d'aucun succès et l'on ne constata aucune mobilité dans ces failles, M. de Montessus de Ballore qui rapporta ce résultat négatif ajoute cette remarque que « ces études demandent à être reprises et nul doute qu'elles ne réussissent dans les cas favorables. Ces résultats négatifs ne détruisent pas l'espoir d'un succès ultérieur dans cette voie [3]. »

Wertheim a montré expérimentalement qu'aucune limite définie d'élasticité n'a été réellement trouvée pour aucune substance, mais que toutes, sous l'action de faibles forces, sont capables de changements permanents, surtout si les forces agissent pendant un temps considérable. Si nous ne constatons aucun changement permanent de

<hr>

1. GLANCEAUD. *Bull. de la Carte Géologique de France*, t. XI, p. 70.

2. *British association for the advancement of Sciences. Bradfort meeting*, 1900 et *Glasgow meeting*, 1901. Des faits analogues ont été publiés par M. Wolf pour la faille d'Heidelberg (*Beiträge fur Geophvsik*), VII, 506, 1905.

3. *La Science séismologique*, p. 417.

forme sous de légers efforts, cela provient simplement de ce que la force n'a pas agi assez longtemps. Les effets de la force dépendent donc du temps, s'il y a à vaincre une résistance considérable. « Par la tension, dit Schiotz[1], l'allongement croît constamment, quoique très lentement après qu'il a commencé. Ainsi, une charge, qui en agissant peu de temps, ne produit aucun allongement, peut parfaitement en produire un, si on la laisse agir plus longtemps ».

Il semble qu'il y a là une force qui doit être capable de déterminer des déformations dans la terre solide. C'est là cette « force inconnue émanant des profondeurs » qui a soulevé les montagnes dans l'ouest de l'Amérique du Nord et à laquelle Dutton s'est référé.

« L'élévation des montagnes, dit Sir Archibald Geikie[2], est dans beaucoup de cas, due à une longue succession de semblables mouvements. L'élévation des montagnes, comme celle des continents, a été occasionnelle et, pour ainsi parler, paroxysmale. »

Les déplacements dans la croûte se produisent en se répétant le long des mêmes fissures[3]. Quelque chose d'analogue a lieu quant à l'éruption volcanique. Les éruptions sont séparées par des périodes de repos plus ou moins longues. Les lits de basalte sont séparés par des couches sédimentaires. Les tremblements de terre sont le résultat d'efforts accumulés auxquels la croûte obéit soudainement. Tout cela indique que la croûte cède

1. *Loerebog i Fysik*, *Christiania*, 1881, p. 15.
2. *Textbook of Geology*, p. 817 et 919.
3. Voyez par exemple, Brögger, *Bildungsgeschichte*, Christiania, 1886, p. 78 du tirage à part.

seulement quand l'effort en croissant a atteint une certaine énergie.

Il semble aussi à divers auteurs qu'à certaines périodes de l'histoire de la Terre, les changements qui nous occupent se produisirent sur une plus grande échelle. Dans son *Textbook* déjà mentionné, sir A. Geikie (p. 197, 198) parle d'éruptions qui se sont produites à la fois dans l'Ancien Monde et dans le Nouveau, et durant lesquelles des masses fondues furent projetées de nouveaux cratères et couvrirent des milliers de milles carrés. « La volcanicité moderne, dit-il, apparaît bien légère comparée à ces gigantesques éruptions ». Mais il est évident que l'on compare ici entre elles des durées qui n'ont aucune commune mesure et que le temps « moderne » ne compte pas auprès de la longueur d'une « période géologique » quelconque.

En face de certains auteurs qui, comme on l'a vu, supposent que toutes les montagnes se sont constituées d'un seul coup, d'autres ont été amenés à concevoir que le phénomène orogénique s'est reproduit plusieurs fois.

En 1824, Léopold de Buch [1] avait eu l'idée de déterminer l'époque d'apparition des roches éruptives par leurs rapports avec les roches sédimentaires voisines. Il avait reconnu ainsi que les diverses montagnes de l'Allemagne n'ont pas le même âge et il avait indiqué l'ordre de leur formation.

Dès 1827, Ami Boué, qui fut — chronologiquement — le premier président de la Société de géologie, insistait sur la différence d'âge des montagnes.

---

1. *Leonhard's Tachenbuch*, 1824, p. 501.

Selon lui les Alpes se sont élevées en plusieurs fois et leur noyau existait déjà à l'époque houillère.

Mérian [1] et Keferstein [2] s'attachaient à prouver que le Jura et que les Alpes sont les produits de plusieurs soulèvements successifs.

DÉFORMATION SPONTANÉE DE LA TERRE. — Nombre d'auteurs ont pensé que la Terre soumise sans cesse aux efforts que nous avons énumérés, doit progressivement altérer sa forme primitive. D'Alembert, par exemple, dans deux mémoires *sur la figure de la Terre*, étudie les modifications de la forme de la Terre en présence de l'attraction des astres.

Cette attraction s'exerçant dans une autre direction que la ligne des pôles, il en résulte une déformation et la figure d'équilibre est celle d'un ellipsoïde quelconque, c'est-à-dire à trois axes inégaux [3].

C'est bien, en effet, ce qui a lieu par suite de l'attraction luni-solaire sur la mer.

En 1847, Spencer [4] a fait paraître une note intitulée *la forme de la Terre n'est pas une preuve de sa fluidité originelle* et où il cherche à prouver que la force centrifuge doit modifier la forme de la Terre, même supposée solide. C'est peut-être le premier auteur qui ait abordé cette question. Il est vrai que sa manière de voir a été fortement combattue comme insoutenable et, par exemple, par le professeur Schiotz. En 1869, Peirce émet-

---

1. *Mémoire de la Société helvétique des Sciences naturelles*, volume de 1829.

2. *Deutschland geognostische geologisch dagerstelt*, 1827 à 1829.

3. Deux Mémoires sur *La Figure de la Terre*.

4. *Philosophical Magazine*, année 1847, p. 194. Londres.

tait l'avis que l'allongement du jour sidéral a très probablement provoqué une altération de la forme de la terre.

En 1860, Rogers concluait que les strates entre le lac Ontario et la région houillère de la Pensylvanie avaient dû se déposer sur un fond de mer en voie d'affaissement progressif. Il expliquait ainsi l'énorme épaisseur de ces couches. Agassiz était d'une opinion diamétralement opposée.

Théorie pentagonale. — Elie de Beaumont rattache les dislocations du globe à son refroidissement spontané [1]. « Le refroidissement séculaire, dit-il, c'est-à-dire la diffusion lente de cette chaleur primitive à laquelle les planètes doivent leur forme sphéroïdale et la disposition généralement régulière de leurs couches du centre à la circonférence par ordre de pesanteur spécifique, présente un élément auquel il me semble depuis longtemps que des effets extraordinaires pourraient être rattachés. Cet élément est le rapport qu'un refroidissement aussi avancé que celui des corps planétaires établit sans cesse entre la capacité de leur enveloppe solide et le volume de leur masse interne. Dans un temps donné, la température de l'intérieur des planètes s'abaisse d'une quantité beaucoup plus grande que celle de leur surface dont le refroidissement est aujourd'hui presque insensible. Nous ignorons sans doute quelles sont les propriétés physiques des matières dont l'in-

---

1. D'après le témoignage de La Bèche qui a intercalé dans son *Manuel de Géologie*, traduit par Brochant de Villiers (1 vol. in-8°, Paris, 1833, p. 616 à 665) un chapitre spécialement écrit pour lui de la main d'Elie de Beaumont et daté du 13 août 1833. Les travaux de Léopold de Buch, qui datent des environs de 1825-1830, ne sont certainement pas étrangers à ceux d'Elie de Beaumont sur les systèmes de montagnes.

térieur de ces corps est composé ; mais les analogies les plus naturelles portent à penser que l'inégalité du refroidissement, dont on vient de parler, doit mettre leurs enveloppes dans la nécessité de diminuer sans cesse de capacité, malgré la constance presque rigoureuse de leur température, pour ne pas cesser d'embrasser exactement leurs masses internes dont la température décroît sensiblement. Elles doivent, par suite, s'écarter légèrement et d'une manière progressive de la figure sphéroïdale qui leur convient et qui correspond à un maximum de capacité ; et la tendace graduellement croissante à revenir à une figure à peu près de cette nature, soit qu'elles agissent seules ou qu'elles se combinent avec les autres causes intérieures de changement que les planètes peuvent renfermer, pourrait peut-être rendre complètement raison de la formation subite des rides et des diverses tubérosités qui se sont produites par intervalles dans la croûte extérieure de la Terre et probablement aussi de tous les corps planétaires. »

C'est en 1829 qu'Elie de Beaumont présenta à l'Académie des Sciences un mémoire qui fut le point de départ de ses recherches. Après avoir adopté l'idée de Cuvier sur les révolutions subites et violentes de la surface du globe, il déclarait que chacune de ces révolutions a coïncidé avec l'apparition d'un ensemble de chaînes de montagnes offrant toutes la même direction et formant un seul et même système.

Il constatait alors quatre systèmes de soulèvement et par conséquent autant de révolutions géologiques. Ces systèmes étaient ceux de la Côte-d'Or, des Pyrénées, des Alpes occidentales et des Alpes principales.

L'année suivante, il y ajoutait la considération de cinq autres systèmes ; ceux des Pays-Bas, du Rhin, du Thuringerwald, de la Corse et du Hundsrück.

Et successivement, il augmenta le nombre de ces systèmes jusqu'à 23 [1].

La marche des idées qui ont conduit un esprit orienté avant tout vers les considérations mathématiques, à la conception du réseau pentagonal est facile à reconstituer.

Le point de départ, c'est la constatation dans tous les pays du monde des cassures profondes ou géoclases parcourant l'écorce terrestre dans tous les sens. Et la conclusion c'est que les failles se recoupant en tous les sens dessinent un réseau à la surface de la Terre.

Tout le monde est d'accord jusque-là ; mais où commence l'hypothèse et en même temps la difficulté, c'est alors que l'auteur proclame que ce réseau de cassures est régulier.

Constater cette régularité, en dehors de régions limitées comme les champs de fracture de la Saxe, est évidemment impossible. Et pourtant Elie de Beaumont est tombé dans cette illusion dont est si souvent victime le théoricien qui croit voir partout des confirmations de ses idées.

Élie de Beaumont prétendait être parvenu à la conception du réseau pentagonal par l'observation des angles que font certaines directions naturelles des chaînes montagneuses avec certains grands cercles de comparaison qu'il a tracés sur la sphère d'après des considérations spéciales.

1. *Notice sur les systèmes de montagnes,* 4 vol. in-8º, Paris, 1852.

« Il m'a paru, dit-il, que je n'avais rien de mieux à faire que de mettre mon imagination en campagne pour tâcher de trouver sur la sphère un réseau systématique de grands cercles dont les intersections mutuelles reproduisent les angles que l'observation m'avait indiquée.

« D'après ces considérations, au lieu d'essayer un réseau symétrique mais de forme arbitraire, dans lequel j'aurais pu introduire quelques-uns des angles donnés par l'observation, j'ai d'abord essayé purement et simplement, l'assemblage des plans qui constituent le système régulier de la cristallographie ; mais je n'en ai rien pu tirer de satisfaisant et je n'ai pas tardé à l'abandonner. Ce système qui dérive de trois plans rectangulaires, est sans doute le mieux approprié à la division de l'espace solide que remplissent les molécules équidistantes des cristaux réguliers, mais il n'a pas des avantages aussi décisifs pour la division de l'espace angulaire, ni pour celle d'une enveloppe sphérique. C'est alors que j'ai pensé au réseau dont la partie essentielle est constituée par 15 grands cercles se coupant de manière à dessiner 12 pentagones sphériques réguliers [1]. On remarque, en effet, qu'on peut assembler autour d'un point de la sphère trois triangles équilatéraux ayant des angles de 120°, puisque $3 \times 120 = 360°$, ou bien quatre triangles équilatéraux ayant des angles de 90°, puisque $4 \times 90° = 360°$; ou enfin cinq triangles équila-

---

1. Ces considérations se rattachent à celles qui sont intervenues pour expliquer la réduction par retrait des nappes de basalte en prismes hexagonaux. A cause de l'excès sphérique, la sphère n'est pas divisible comme le plan en hexagone et le pentagone joue à son égard le rôle de celui-ci vis-à-vis du plan.

téraux ayant des angles de 72°, puisque 5 × 72 = 360°. De là trois réseaux différents qui se rattachent l'un à l'autre pour former un réseau compliqué où domine la symétrie pentagonale. »

Ainsi que nous l'avons dit dans l'introduction, le succès de la doctrine d'Elie de Beaumont fut prodigieux. On en fit les bases, que l'on a cru définitives, de la Géologie tout entière.

Arago [1] ayant à exposer les résultats obtenus par Elie de Beaumont s'exprime ainsi :

« Cicéron disait qu'il ne concevait pas comment deux augures pouvaient se regarder sans rire. Ce mot, il y a un certain nombre d'années, aurait été appliqué aux géologues sans qu'ils eussent trop le droit de s'en plaindre ; car la science qu'ils professaient était alors une simple collection d'hypothèses bizarres et dont aucune observation précise ne montrait la nécessité. Aujourd'hui. au contraire, la Géologie a pris rang parmi les sciences exactes. »

Beguyer de Chancourtois a qualifié le réseau pentagonal de « condensation des propriétés des cinq solides réguliers qui, restés sans usage depuis leur découverte par Pythagore et Platon, apparaissent, grâce à un nouvel effort du grand génie comme les principes de la configuration du globe terrestre » [2].

Les confirmations de la théorie furent de tous les jours, depuis celles concernant les faits les plus généraux jusqu'à celles concernant les plus minces détails.

---

1. *Annuaire du bureau des longitudes* pour l'année 1830. — *Astronomie populaire*, III, 72.

2. *Comptes rendus de l'Académie des Sciences.*

De Boucheporn est un des auteurs qui ont prétendu trouver le plus de confirmations d'un parallélisme dans tous les accidents de la surface du sol [1].

En 1863, Beguyer de Chancourtois publia un mémoire intitulé : « *Application du réseau pentagonal à la coordination des sources de pétrole et des dépôts bitumeux.* » On pourrait indéfiniment multiplier ces exemples.

Pourtant les objections surgirent.

Déjà en 1830 Sedgwick a fait remarquer que les changements de caractère zoologique des dépôts, c'est-à-dire des fossiles, n'ont pas toujours coïncidé avec les dislocations des couches.

Ami Boué qui avait émis des idées analogues à certains égards, publia en 1831 dans le *Journal de Géologie*, une série d'objections au mémoire d'Elie de Beaumont [2]. Suivant lui, rien ne prouve, et au contraire, que toutes les fractures terrestres dues à une « même révolution fussent toujours parallèles entre elles » ; rien ne prouvait non plus que des fractures parallèles les unes aux autres ne puissent être cependant contemporaines.

Constant Prévost fut aussi parmi les rares adversaires de la célèbre théorie qui, aujourd'hui, ne compte plus un seul adhérent.

Dans une direction parallèle à celle des spéculations précédentes, il nous faut mentionner les vues relatives à l'orientation relative des principales chaînes qui, en Eurasie par exemple, semble obéir à certaines lois non pentagonales. Breislak

---

1. D'ARCHIAC. *Histoire des Progrès de la Géologie*, I, 47.

2. *Journal de Géologie*, par BOUÉ, JOBERT et ROZET, n° 2, 1831. — *Bull. de la Soc. Géol. de Fr.*, II, 307 et V, 216.

la rattache au mouvement de rotation de la Terre, et y voit la trace des torrents immenses de gaz qui, selon lui, se dégageaient du globe au moment de sa consolidation. Ces torrents avaient, dit-il, « une tendance de l'Est à l'Ouest parce que le mouvement de la Terre à laquelle ils appartenaient s'opérait dans cette direction » [1].

Dans les temps beaucoup plus voisins de nous il faut s'arrêter un instant aux vues magistrales de Suess [2] sur l'allure générale du ridement orogénique en Europe. C'est lui, en effet, qui a signalé la situation des diverses chaînes du vieux monde relativement à l'âge de production de chacune d'elles. Il pense que la surface a subi depuis l'origine les effets de refoulement uniformément orientés vers le Nord ; et il distingue en particulier : le ridement archéen qui se serait fait à l'époque anté-cambrienne ; le ridement calédonien datant du silurien, le ridement armoricain qui est carbonifère, le ridement alpin qui est tertiaire et le ridement apennin qui est en voie actuelle d'élaboration.

Théorie tétraédrique. — Le sort du réseau pentagonal pourrait bien présager le destin réservé à la théorie tétraédrique, si fort en honneur aujourd'hui et que nous ne pouvons passer sous silence.

Son principe, c'est qu'une sphère qui se contracte tend à devenir une pyramide triangulaire, et tout de suite on peut s'étonner que des mathématiciens aient prétendu l'étayer par l'expérience qui montre

---

1. *Introduction à la Géologie*; trad. BERNARD, 1 vol. in-8°, Paris, 1812. p. 303.

2. *La Face de la Terre*, t. I.

qu'un tube de caoutchouc qu'on vide d'air tend à prendre une section triangulaire. Car, sans insister sur ce que le même tube dans les mêmes conditions peut prendre des sections variées, on ne voit pas du tout que l'application à la sphère du résultat accepté pour vrai, soit légitime.

En effet, malgré l'apparence de compétence des personnes qui prétendent réaliser par ce moyen une démonstration du système, on peut hardiment proclamer qu'elles se sont trompées.

Au lieu de citer directement à cet égard M. Lowthian Green qui est l'auteur de l'hypothèse[1], nous préférons emprunter à Lapparent[2] l'exposé que celui-ci en a fait et qui constitue un véritable acquiescement.

« M. Grenn, dit-il, a pensé qu'en considérant une sphère comme formée par la juxtaposition d'une infinité d'anneaux cylindriques de diamètre décroissant, on pourrait s'autoriser des expériences de Fairbairn sur l'écrasement des tubes à section circulaire. Il paraît que le plus souvent, la section des tubes tend à prendre, sous l'influence de l'effort exercé, la forme d'un triangle équilatéral à côtés concaves. Dès lors, il peut sembler admissible que l'écrasement d'une écorce sphérique y fasse naître ce qui, pour un sphéroïde est l'équivalent d'un triangle équilatéral, c'est-à-dire une forme tétraédrique. M. Green a d'ailleurs observé que telle est à peu près la figure d'une bulle de gaz en se dégageant au sein de l'eau, et le même résultat aurait été obtenu dans des expériences faites en dégonflant avec les pré-

---

1. *Vestiges of the mollen Globe*, 1 vol. in-8°, Londres, 1875.
2. *Traité de Géologie*, 5ᵉ édit, Paris, 1909.

cautions voulues, de petits ballons de caoutchouc. On peut encore remarquer que si la sphère est, de tous les solides réguliers, celui qui embrasse le plus grand volume sous la plus petite surface, le tétraèdre est, au contraire, celui pour lequel le rapport de la surface au volume est un maximum. Il est, par conséquent, tout naturel qu'une écorce sphérique mal soutenue cherche à prendre la figure tétraédrique destinée à lui assurer le plus longtemps possible la conservation de sa superficie. »

Or, des naturalistes, — c'est-à-dire des observateurs dont l'esprit est tourné ailleurs qu'à la géométrie — se disent qu'une fois la sphère réduite en une « infinité d'anneaux cylindriques » le diamètre de ceux-ci ne pourra « être décroissant » qu'à partir d'un équateur, et qu'alors il le sera dans deux sens opposés, le cercle équatorial étant le plus grand de tous. En conséquence le solide consécutif à la substitution aux cercles parallèles d'autant de triangles équilatéraux, possédera non pas quatre faces, mais six faces pouvant être par la pensée décomposées en deux tétraèdres opposés base à base. Dès lors la démonstration si laborieusement échafaudée, au lieu d'aller à son but, est radicalement à l'encontre de la déformation tétraédrique.

Il est à remarquer que l'examen du globe terrestre fait très naturellement surgir devant l'esprit l'idée d'une symétrie ternaire d'ailleurs très rudimentaire et très incorrecte dans les grands traits de l'économie planétaire. Aussi trouve-t-on plus d'un prédécesseur de M. Green.

L'un d'eux est l'illustre philosophe Jean Raynaud, qui dans un ouvrage un moment fort célèbre [1] a inséré une dissertation « sur les anomalies de la figure de la Terre ».

Il y représente l'aspect du globe terrestre vu du pôle Sud et y fait ressortir la symétrie des trois caps : Horn, de Bonne-Espérance et de Van Diémen. Il montre comment, en faisant corps avec l'Australie et en se séparant de l'Asie occidentale, la Malaisie et les régions qui sont au nord de cette presqu'île feraient une masse comparable à celle des Amériques et à celle de l'Europe jointe à l'Afrique.

« Les distances respectives des trois caps étant, ajoute-t-il, à peu près dans les mêmes rapports que les nombres 7, 8 et 9, les trois terres deviennent dès lors équidistantes, comme il devrait arriver dans le cas où le sphéroïde aurait subi trois ondulations sur la périphérie de l'équateur et donne ainsi naissance à trois côtes de melon. »

Voilà donc la doctrine du tétraèdre qui se trouve avoir une origine française !

Mais Jean Reynaud a usé dans la question d'une prudence dont on s'est singulièrement départi après lui.

Il est très remarquable que les liens purement géométriques de la sphère avec le tétraèdre régulier, aient été invoqués, bien que dans des conditions diamétralement opposées par l'un des plus grands naturalistes, Richard Owen, préoccupé de reconstituer les conditions de formation de la Terre.

Suivant lui, la planète, lors de quelqu'une de ses périodes initiales, occupait un volume plus

---

1. *Ciel et Terre*, 1 vol. in-8°, Paris, 1854, p. 401 et suiv.

petit que celui dont elle jouit depuis que les continents se sont élevés au-dessus de la mer, et avant aussi que diverses formations récentes se soient déposées sur des substratum plus anciens.

Plus tard, « le noyau primitif de la Terre prit la forme d'un cube ou d'un tétraèdre et les roches des diverses périodes géologiques successives se présentèrent de moins en moins denses à mesure qu'elles s'éloignaient des pôles et s'approchaient de l'équateur. Quand les lits furent élevés, les bords de formations apparurent comme ayant été amenés à la surface le long de lignes concentriques qui sont des portions de grands arcs s'entrecoupant les unes les autres de façon à former des triangles sphériques équilatéraux sur la surface de la Terre, chaque angle d'intersection étant à égale distance du pôle Nord actuel [1] ».

Les forces agissant pour soulever les plans ci-dessus furent supposées dériver d'un fluide interne, les matériaux étant poussés en vagues périodiques par l'attraction du Soleil et de la Lune, créant ainsi des perturbations électriques. En fait, Owen regarde la Terre entière comme un gigantesque aimant, rendue telle par la chaleur du Soleil. Il suppose qu'avant que la séparation des continents se produisît, les couches coupant le continent sud-américain, gisaient sur les assises de l'Afrique submergée ; que l'Australie a été superposée à l'Arabie et l'Amérique du Nord à une portion de l'Europe. Owen, en outre, appelle l'attention sur ce fait que les lignes de côtes des continents, aussi bien que celles de beaucoup d'îles, tendent à se conformer à l'axe de l'éclip-

1. *Key to the Geology of the globe.* 1 vol., Nashville, 1857.

tique et il regarde la distance angulaire de 23°5 qui marque l'écart vers le nord du Soleil en été, comme l'unité naturelle de mesure dans la structure de la Terre.

Des idées analogues à celle d'Owen ont été développées peu de temps après par Pearce.

Comme pour le réseau pentagonal, on mit de l'émulation à fournir des arguments à la doctrine tétraédrique.

L'un fait valoir la découverte par Nansen d'une mer libre au nord, en oubliant d'ailleurs que le diamètre de cette dépression n'a aucun rapport avec la largeur de la face tétraédrique. L'autre spécule sur l'existence des montagnes de l'Antarctique.

Celui-ci insiste sur l'existence de trois boucliers archéens dans le nord des continents en oubliant d'ailleurs que ces trois boucliers qui devraient marquer des sommets sont dans le périmètre de la face septentrionale, et ne devraient aucunement faire saillie.

D'ailleurs les continuateurs de M. Green ont parfois proposé des modifications qu'ils considèrent comme des perfectionnements à la théorie initiale. M. Michel Lévy [1], par exemple, a déplacé considérablement le tétraèdre, en se basant sur la considération des gisements éruptifs.

Marcel Bertrand [2] est allé beaucoup plus loin en supposant qu'au cours des périodes géologiques et en conséquence du déplacement du pôle, le tétraèdre change constamment de situation. Il a même tracé la trajectoire de chacun

---

1. *Bull. Soc. Géol. Fr.,* 3ᵉ, XXVI, 105.

2. *Comptes rendus de l'Académie des Sciences,* 1895.

des sommets à la surface du sol, ce qui autorise à dire que si le tétraèdre n'est pas plus défini, la déformation de la Terre ne peut pas se produire comme Green le supposait et la *Terre en toupie* est un mythe. Ce serait là un des exemples de causes antagonistes dont la coexistence maintient l'équilibre des choses.

L'opinion humoristique de Whitaker : qu'il est « désagréable de penser qu'au lieu de se trouver sur un confortable globe, comme on se le figurait, on est placé sur un anguleux tétraèdre[1] », pourrait faire la conclusion de ces hypothèses.

En tout cas, le système tétraédrique, tel que le décrit M. Lothian Green, offre avec la conception de Jean Reynaud une ressemblance générale : la pyramide triangulaire reçoit la même orientation dans la sphère et l'un de ses sommets est au pôle Sud.

L'accord avec lequel tous les partisans de l'hypothèse de M. Green ont orienté le tétraèdre dans la sphère, de façon à placer l'un de ses quatre sommets au pôle Sud, a de quoi surprendre. En effet, ce qu'il y a lieu de déterminer, avant tout et étymologiquement, pour définir un tétraèdre, ce sont ses quatre faces et celles-ci étant des dépressions doivent se reconnaître à l'existence de quatre grands océans. Or, ces quatre océans, on les voit tout de suite : l'Atlantique, le Pacifique, l'Océan Indien et l'Océan Antarctique. C'est ce dernier qui devrait signaler la face méridionale du tétraèdre et non son sommet. Les trois pointes des continents austraux le limitent par un triangle ; les trois autres faces, en pointes vers le Nord,

---

1. *Royal geographical Society*, Londres, 23 janvier 1899.

sont ainsi délimitées. Quant à dire qu'il y a des terres dans l'Océan Antarctique, c'est répéter ce dont il faut convenir pour l'Océan Pacifique, par exemple, et il n'y a pas de conséquences plus graves à en tirer.

Le lieu des boucliers, scandinave, canadien et mandchourien de Suess devrait être des points en mer très profonde.

On admet d'ailleurs que dans les premières périodes de son évolution, la Terre ne manifestait aucune tendance vers le tétraèdre... On pense aussi que les effets de la contraction tétraédrique sont atténués par la force centrifuge développée par la rotation de la Terre.

Enfin, on en arrive à l'hypothèse d'une alternance des périodes pendant lesquelles le globe tend à la forme tétraédrique et à la forme sphéroïdale.

Il faut pourtant reconnaître que le caractère le plus essentiel de la symétrie tétraédrique manque à la Terre, car ce qui définit le tétraèdre, c'est d'appartenir au système cubique : c'est-à-dire de posséder trois axes égaux et rectangulaires. Si l'on pouvait déceler dans l'économie du globe terrestre trois directions où des diamètres mutuellement rectangulaires auraient leurs extrémités en régions continentales et surtout montagneuses, on pourrait dire qu'on a mis la main sur un caractère tétraédrique.

Après cette revue rapide des doctrines d'après lesquelles la Terre s'acheminerait, par une déformation continue, vers un profil nettement différent de celui du sphéroïde, il nous sera permis de faire remarquer l'oubli dans lequel on est généralement resté, du fait véritablement dominateur de la Géologie tout entière : à savoir que, nécessairement une action qui, agissant seule, conduirait à un état de chose accentué et bien défini, trouve devant elle une ou plusieurs influences antagonistes qui, en se composant avec la première, maintiennent l'équilibre moyen. Le tout, bien entendu, sans préjudice des progrès de l'évolution générale : si réellement quelque influence agit pour déformer la Terre on est sûr d'avance que d'autres influences s'appliquent à lui conserver son profil sphéroïdal. Reste à déceler les indices de déformation et c'est bien certainement ce qui n'a pas été encore fait jusqu'ici.

CHAPITRE V

LES THÉORIES SÉISMOLOGIQUES

Le tremblement de terre a souvent été considéré tout simplement comme une punition du ciel. M. Milne, dans une conférence faite en 1888 devant la société des Sciences (Rigaka Kiotai) de Tokio, racontait que les nègres de Charleston voyaient dans le séisme qui a ravagé cette ville le 31 août 1886, la conséquence de la méchanceté du cœur humain.

C'est dans le même ordre d'idées qu'il faut classer le procédé auquel recourut en 1862 le roi de Dahomé pour faire cesser des tremblements de terre : « le sol est violemment agité, raconte Alexis Perrey[1], M. Euschart fut appelé sur le marché où il trouva le roi assis sur une estrade et entouré de ses amazones sous les armes. Le roi lui dit que c'était l'esprit de son père qui agitait la Terre, parce que les coutumes n'étaient plus observées. Trois chefs Ishagga faits prisonniers dans la dernière guerre, furent amenés devant lui et lui dirent qu'ils allaient annoncer à son père que les coutumes seraient mieux observées que jamais. Chaque chef but alors à la santé du roi et fut décapité ».

Les naturels des îles Andaman adorent, sous

1. *Sur les Tremblements de terre en* 1862, in-8°, Bruxelles, 1864.

le nom d'Erenchangala, un démon des forêts qui cause les tremblements de terre [1].

C'est à des tendances analogues qu'il faut attribuer la responsabilité attribuée si souvent à des divinités ou à des saints, lors des tremblements.

Dans son mémoire *Ueber Erdbeben und Vulcanaus-brüche* [2] Edm. Neumann rapporte qu'un tremblement de terre ayant renversé le 15 septembre 1506, à Kioto, un grand nombre de maisons et le château de Fushimi, le guerrier Taiko Toyotomi Hideyoshi se rendit au temple du dieu Daibuzu dont la statue venait de tomber, lui reprocha dans une apostrophe vigoureuse sa faiblesse et son incapacité et, comme sanction de son mépris, lui lança une flèche.

Dans la mythologie scandinave, Loki ayant tué son frère Balouwin, la justice céleste le lia sur un rocher, la face tournée en haut, de façon à recevoir le venin corrosif d'un serpent établi au-dessus de lui. La femme de Loki s'imposa la tâche d'intercepter la pluie douloureuse en interposant une écuelle entre le reptile et le coupable. Mais il lui faut aller vider l'écuelle quand elle est pleine, et c'est pendant sa courte absence que les convulsions du patient ébranlent la Terre.

Les aborigènes du plateau Colombien racontaient comment, en punition d'un crime, Bochica la bonne déesse, avait condamné le géant Chibchacum à porter sur ses épaules la masse de la Terre qui reposait auparavant sur des piliers de bois de Gayac. Ces tremblements de terre n'ont

---

1. M. V. PORTMANN. *Journal of the royal asiatic Society*, new series. XIII, 475, 1881.

2. *Mittheilungen deutschen Gesselschafften für Natur- und Vollkeskunde ost Asiens*, 15ª livraison, p. 17, in-4º, Yokohama, 1877.

d'autre cause que les mouvements de fatigue et d'impatience de cet atlas du Nouveau Monde.

Dans bien des pays, le tremblement de terre est attribué à l'existence d'êtres vivant sous le sol.

Au Japon, d'après Milne, c'est un insecte des tremblements de Terre dont le corps est couvert d'écailles et qui est porté par huit pattes ; ou bien encore un grand poisson.

Dans l'Inde, le pilier du monde est un éléphant; dans l'Amérique du Nord, c'est une tortue ; à Célèbe, c'est un cochon.

La trouvaille des squelettes fossiles de mammouths et de rhinocéros, a inspiré aux habitants de la Sibérie la supposition d'animaux souterrains dont les tremblements de terre trahissent les piétinements.

Pour les populations du Kamtshatka, le dieu Thuil se livre fréquemment au plaisir de la chasse : ses chiens fouillent-ils le sol pour déloger le gibier, on en ressent le contre-coup en tremblements de terre.

Les philosophes chinois disent que Yang, l'esprit viril, s'étant introduit dans la Terre, il force celle-ci à se dilater et ébranle le sol dans ses tentatives pour s'échapper. Ses efforts étant plus violents sous les montagnes que sous les plaines, à cause de la surcharge, les séismes sont bien plus intenses dans le nord de la Chine, qui est montagneuse, que dans la partie méridionale de l'Empire.

Au dire de Pline[2] les Babyloniens plaçaient

---

1. BOLLAERT. *Antiquaria researches*, p. 12. Cité par SIMONIN. *La Terre*, I. p. 56.

2. « Babyloniarium doctores existimant terrae motus... vi side-

dans les astres le principe des tremblements de terre.

Et de nos jours, Alexis Perrey a consacré de longues années à démontrer les relations entre les tremblements de terre et l'âge de la Lune. Selon lui, les secousses sont plus fréquentes au moment de la pleine Lune et à l'époque du périgée qu'à tout autre moment. Les observations ultérieures n'ont d'ailleurs pas confirmé cette supposition.

En 1756, un auteur du nom de Gautier avait publié à Paris des cartes en couleur représentant la situation des lieux sujets aux tremblements de terre. Il concluait de la distribution de ceux-ci que le Soleil a une influence décisive sur le phénomène[1].

On a été jusqu'à attribuer les secousses de tremblements de terre à l'arrivée dans notre atmosphère de matériaux extra-terrestres[2]. Il s'agit de séismes observés plus ou moins en même temps que des pluies d'étoiles filantes ou que des explosions de bolides, car l'auteur ne se donne pas la peine de distinguer les deux phénomènes, cependant essentiellement différents. « Pour expliquer, dit-il, cette influence des astéroïdes, l'hypothèse qui se présente le plus naturellement à l'esprit est que ces corps exercent une action mécanique directe sur la surface

---

rum fieri, sed illorum trium (c'est-à-dire Saturne, Jupiter et Mars) quibus fulmina assignant. » *Historia naturalis.* Lib. II, chap. LXXIX.

1. Cité par E. BERTRAND. *Recueil de divers traités sur l'Histoire naturelle de la Terre et des fossiles.* 1 vol. in-4°, Avignon. 1766.

2. *Aperçu sur le rôle des astéroïdes inférieurs dans la physique du globe,* par F. CHAPEL, ancien élève de l'Ecole polytechnique. 1 vol. in-8°, Paris, 1883, p. 61, ch. VIII.

externe du globe et que les secousses ne sont que l'effet dynamique du choc des bolides contre le sol, ou le contre-coup de l'ébranlement qu'ils déterminent dans l'atmosphère. »

Hales[1] rattache les tremblements de terre a une influence atmosphérique.

Le physicien Kluge, et bien d'autres, pensent que les brusques variations du baromètre peuvent occasionner des tremblements de terre, surtout en amenant des pluies qui font écrouler des cavernes dont la chute agite la surface du sol[2].

L'apparition d'aurores boréales et de phénomènes magnétiques pendant certains tremblements de terre a fait penser à Ami Boué que le magnétisme terrestre est le principe moteur de ces commotions. Il ajoute que celui-ci détermine des causes secondaires telles que le développement de gaz souterrains.

Aristote rapporte, et d'ailleurs pour le réfuter[3], qu'Anaxagore attribuait les tremblements de terre au feu et à l'éther : il aime mieux substituer à ces deux agents l'activité des vents souterrains. Cette opinion qui était aussi celle de Pline[4], fut ressuscitée au XVIIᵉ siècle.

L'abbé Bertholon a rattaché les tremblements de terre à des actions purement électriques[5]. Cette opinion avait déjà été émise vers 1760, par plusieurs physiciens tels que Percival, Priestley,

---

1. *Réflexions physiques sur les causes des Tremblements de terre présentées à la Société royale de Londres*, le 5 avril 1750.

2. D'après Boscowitz. *Les volcans et les tremblements de terre*, 1 vol. gr. in-8º, Paris, sans date, p. 598.

3. ARITOTELES, Lib. II, *Meteorologicum*, cap. VII, 4, lib. II.

4. *Histoire naturelle.*

5. *De l'électricité des météores.* 1 vol. in-8º, Paris. 1787.

Stukely et d'autres, qui cherchèrent à démontrer que les tremblements de terre résultent de décharges électriques. Comme on a tenté de ressusciter ce point de vue en Californie où l'on prétendait, un moment, que le réseau des voies ferrées protège le sous-sol des accumulations d'électricité, Milne a cru utile de constater qu'au Japon les nombreux chemins de fer construits maintenant n'ont eu, en aucune façon, cette sorte d'influence.

Ces diverses suppositions sont contredites par la localisaiion des séismes en des régions d'élection.

Bernard Palissy écrivait[1] : « Les tremblements de terre ne peuvent estre engendrez que premièrement il n'y ait le feu, l'eau et l'aër joints ensemble. Et lors que les dits tremblements de terre ont ieté bas, villes, chasteaux et montaignes, ça été lors que les trois matières susdites estant en leur grand combat, ne pouvoient avoir une haleine... Les fourneaux auxquels ie cuis ma besongne, m'ont donné beaucoup à connoistre la violence du feu ; mais entre les autres choses qui m'ont fait connaître la force des éléments qui engendrent les tremblements de terre[2], i'ay considéré une pomme d'airain, qu'il n'y aurait qu'un petit d'eau dedans, estant eschauffée sur les charbons, elle poussera un vent très vivement qu'elle fera brusler le bois au feu, ores qu'il ne fut coupé que du iour même. »

Gassendi[3] (1592 à 1655) attribue tous les trem-

---

1. *Des Eaux et Fonteines.* etc., p. 23, Paris, 1580.

2. « Sçavoir le soufre, le charbon de terre, les mottes de terre et le bitume. »

3. *Vie d'Ebicure.*

blements de terre à une inflammation souterraine.

Hopkins [1], dans sa théorie analytique des phénomènes volcaniques, considère les tremblements
de terre comme étant produits par la chute de
la partie supérieure d'une cavité souterraine.

« J'attribue, dit Boussingault [2], la plupart des
tremblements de terre dans la Cordillère des
Andes à des éboulements qui ont lieu dans l'intérieur de ces montagnes par le tassement qui s'y
opère en conséquence de leur soulèvement. Le
massif qui constitue ces cimes gigantesques n'a
pas été soulevé à l'état pâteux ; le soulèvement
n'a eu lieu qu'après la solidification des roches.
J'admets par conséquent, que le relief des Andes
se compose de fragments de toutes les dimensions,
entassés les uns sur les autres. La consolidation
des fragments n'a pu être tellement stable dès le
principe qu'il n'y ait des tassements après le soulèvement et des mouvements intérieurs dans la
masse fragmentaire. »

Mallet [3] a rattaché les tremblements de terre
les plus violents à l'éruption de volcans sous-
marins situés à une distance variable. Il pense
qu'une éruption de matière en fusion se manifestant sous la mer, elle doit ouvrir dans le fond
rocheux, d'énormes fissures à travers lesquelles
l'eau arrive à la surface de la lave incandescente.
A la suite de ce contact, une immense quantité
de vapeur s'échappe avec explosion et disparaît
dans l'eau froide et profonde de la mer, dans

---

1. *Philosophical transactions*, année 1839.

2. *Voyages dans l'Amérique du Sud.*

3. V. ARNOLD BOSCOWITZ. *Les volcans et les tremblements de terre,*
1 vol. gr. in-8°, Paris, sans date, p. 596.

laquelle elle se condense. Une secousse formidable serait dès lors imprimée au foyer volcanique et cette commotion se répandant dans toutes les directions, serait ressentie comme tremblement de terre à la surface.

Pour le célèbre géologue Rogers [1], les séismes seraient des contre-coups de pulsations éprouvées par la matière fluide sous-jacente à la croûte terrestre.

Benjamin Franklin, dans une lettre écrite en 1799 [2], rattache la cause des tremblements de terre à des vagues qui prendraient naissance dans la masse fluide faite d'air comprimé, sous-jacente à la croûte terrestre. Il cite à l'appui de cette thèse le cas d'un grondement souterrain accompagnant un séisme et qu'on aurait entendu, à des moments successifs, dans tous les points compris entre le nord de Lima, au Pérou et de Buenos-Ayres, dans la République Argentine.

Le Dr Isaac Lea [3] (de Philadelphie) exposa en 1828 sa manière de comprendre les tremblements de terre. Rejetant l'opinion émise en 1740 par le Dr Stukley, que les séismes sont des contrecoups des orages électriques, il les rattacha au phénomène volcanique, pensant en même temps qu'il n'y a pas de lien nécessaire entre les décharges électriques des volcans et les tremblements, car pour lui ces décharges étaient plutôt des effets que des causes.

Il admit qu'une notable partie de l'intérieur de

1. *Report on Geology of Pennsylvania.* 1858.

2. A M. Bodoin. Cette lettre est citée par Merrill. *Contribution to the history of american geology*, 1 vol. in-8°, Washington, 1906. p. 212.

3. *American Journal,* année 1828.

la Terre est dans un état constant d'incandescence et qu'il existe sous la surface de grandes cavités et des canaux de communication d'un volcan à un autre. C'est la circulation des matières souterraines qui produit les roulements caractéristiques des tremblements de terre : c'était d'ailleurs se conformer aux enseignements de Humboldt et de Newton. Ces canaux étaient en relation avec la mer, ce qui expliquait la présence du sel dans les émanations volcaniques.

Une opinion qui a séduit beaucoup de personnes est que les phénomènes séismiques « sont le résultat de la libération des compressions orogéniques des couches terrestres, lorsque quelque partie de ces mêmes couches finit par céder sous l'effort[1] ».

Mais cette hypothèse n'est pas complète ; elle oublie qu'une partie (et sans doute la plus notable) de l'énergie ainsi emmagasinée provient du réchauffement de roches recouvertes par des roches plus chaudes à la suite des refoulements venant d'en bas et déterminant le changement d'état des corps fluidifiables préalablement introduits dans leurs pores.

D'ailleurs, cette énergie ne saurait rester perpétuellement emmagasinée et elle doit nécessairement subir une déperdition plus ou moins lente. Si le refroidissement se déclare et s'accentue dans la partie intéressée les éléments atteignent peu à peu un état d'équilibre qui ne se manifeste plus au dehors par des mouvements, et le sol profond conserve les témoignages de

---

1. De Montessus de Ballore. *La Science séismologique*, p. 345. 1 vol. in-8°, Paris, 1907.

véritables *séismes avortés*. Nous verrons plus loin, par l'histoire des laccolithes, que l'écorce terrestre a révélé de même les indices de volcans manqués, c'est-à-dire dans lesquels l'énergie emmagasinée s'est peu à peu dissipée sans donner lieu à des effets violents.

On s'est préoccupé aussi d'expliquer certains phénomènes accessoires du séisme. Par exemple, la répétition des secousses si différentes d'un cas à l'autre et aussi le déplacement du centre d'ébranlement selon une direction déterminée [1].

A cette occasion, il faut remarquer que le siège des secousses étant fort profond et le travail mécanique s'atténuant avec la distance, comme le fait de son côté, la modification calorifique ou métamorphique des roches, il n'est pas étonnant que la surface ne manifeste d'ordinaire aucun déplacement permanent sensible. C'est plus tard, quand, à la suite de bossellements généraux, la dénudation pluviaire de la région devenue continentale aura fait son œuvre, que les noyaux montagneux produits souterrainement par ces seismes apparaîtront et s'accentueront progressivement.

1. STANISLAS MEUNIER. *Comptes rendus de l'Académie des Sciences*, t. CXVIII. r5 mai 1894.

CHAPITRE VI

LES THÉORIES MÉTAMORPHIQUES

Le nom du *Métamorphisme*, inauguré en 1825 par Ch. Lyell, désigne un ensemble de phénomènes dont l'importance s'est constamment accrue à mesure que les études se sont multipliées à son égard.

Les théories dont le métamorphisme a été l'objet lui ont avec le temps attribué de plus en plus d'ampleur et, aujourd'hui, elles conduisent à admettre que toutes les roches sont métamorphiques, puisqu'à peine déposées, elles commencent à subir des modifications, qui iront constamment en s'accentuant, de la part des agents qui circulent sans relâche dans les régions souterraines.

La première notion du métamorphisme date du début même de la Géologie positive et on peut dire qu'elle est due à James Hutton qui, en 1726, la formula dans un ouvrage capital [1].

1. *Theory of the Earth or an invertigation of the laws observable in the composition, dissolution and restauration of the land upon the globe, by*, JAMES HUTTON, 1 vol. in-4°, Edimbourg, 1785. La deuxième édition de cet ouvrage est intitulée *Theory of the Earth with proofs and illustrations in four parts*, Edimbourg, 2 vol. in-8°, 1795. C'est un ouvrage de lecture très difficile; mais il fut divulgué par les commentaires dont l'accompagna John Playfair qui publia : *Explication on the Huttonian theory*, 1 vol. in-4°, 1802. Cet excellent livre a été traduit par C. A. BASSET en 1 vol. in-8°, Paris et Londres, 1815.

En 1779 Arduino, recherchant l'origine des dolomies de Lavina (Vicentin) découvrit qu'elles sont des calcaires modifiés en profondeur par une action ignée.

Cependant plusieurs auteurs ont nié le métamorphisme. Buffon pensait que les mêmes causes sont moins efficaces maintenant que par le passé, parce qu'à l'origine la croûte du globe étant moins tassée, elle devait moins leur résister[1].

C'est par des observations accidentelles et décousues que les géologues se sont successivement trouvés en présence des manifestations métamorphiques. C'est ainsi que Hutton remarqua que dans l'île de Sky le lignite recouvert par le basalte a pris les caractères de la houille et il en conclut que la houille est un produit de transformation de la matière végétale.

Il faut remarquer que le système de Hutton s'est appuyé sur la chaleur interne du globe, avant que la réalité de cette chaleur n'ait été constatée d'une manière évidente. On n'avait que des observations vagues rapportées par Kircher en 1664 sur la haute température des mines, et les observations de Gensanne en 1749 sur les mines de Giromagny.

Les travaux de Hutton furent d'abord continués, en Écosse même, par Macculoch qui, en 1819, dans sa *Description des îles occidentales de l'Ecosse* (en 3 volumes), apporta de nombreuses confirmations aux vues du maître, celles, par exemple, que les schistes amphiboliques peuvent résulter de la transformation de l'argile.

---

1. BUFFON. Second discours. *Histoire et théorie de la Terre*, datée de Montbard, le 3 octobre 1744.

Il est remarquable qu'il se passa longtemps avant que ce bel ensemble de travaux fût connu sur le continent par les naturalistes, et même par ceux qui furent le plus opposés à Werner, comme Dolomieu, Giraud Soulavie, Faujas Saint-Fond, d'Aubuisson de Voisin. Cuvier dans son rapport de 1808 ne cite Hutton que pour signaler son opinion sur la nature du basalte. C'est seulement en 1815, au rétablissement de la paix en Europe, que les savants du continent paraissent avoir été enfin mis au courant.

Ils furent informés en France par l'ouvrage explicatif de Playfair. Ainsi Boué [1], qui avait étudié la constitution géologique de l'Écosse se fit l'avocat de la nouvelle doctrine, que Necker défendit aussi [2].

Elie de Beaumont, lors de son exploration en 1828, dans les Alpes du Dauphiné et de la Savoie, relève une série de faits importants [3].

Au col du Chardonnet, il assigne aux roches cristallines et à l'anthracite qu'elles contiennent l'âge jurassique et y voit en conséquence des masses essentiellement métamorphiques.

Quelques années après, dans le massif de l'Oisans, il rencontre des calcaires recouverts par le granit et devenus saccharoïdes, et bientôt la conclusion est étendue au marbre de Carrare et aux talcshistes qui l'accompagnent.

D'un autre côté, les roches qui dans les Alpes ont été portées à de grandes altitudes et que

1. *Essai géologique sur l'Écosse*, 1 vol. in-8° avec 2 cartes et 7 planches, Paris (sans date).

2. *Voyage en Écosse et aux îles Hébrides*, vol. in-8°, 1823.

3. Voir *Explication de la carte géologique de France*, 2 vol. in-4°, 1847.

Werner regardait comme primitives à cause de leur composition minéralogique qui coïncide avec celle du gneiss, doivent être considérablement rajeunies, puisqu'on y rencontre des débris végétaux. Du nombre sont des blocs provenant du massif de la Grimsel où de Sismonda a décrit en plein gneiss, un tronc de conifère (?)

Dans les Pyrénées, la nouvelle doctrine reçut de très importantes confirmations. Palassou, dès 1819, Dufrénoy en 1830, trouvèrent des marbres cristallins alternant avec des couches fossilifères, au voisinage d'intrusions de granit ou d'ophite.

Depuis cette époque, les travaux qui ont contribué à asseoir les bases de la doctrine se sont multipliés prodigieusement, et aujourd'hui nous commençons à voir très clair dans ce grand sujet.

Les caractères métamorphiques des roches se rapportent à deux groupes principaux qui ont l'un et l'autre été l'objet de suppositions variées :

1° La structure générale et spécialement la schistosité et le feuilleté ;

2° La composition minéralogique qui se signale avant tout par son état cristallin.

La pression seule paraît suffisante dans un grand nombre de cas pour déterminer la consolidation des sédiments d'abord incohérents. Pour les matières argileuses, le fait est d'observation quotidienne, mais la même chose se présente pour des masses solides suffisamment rapprochées les unes des autres. C'est l'opinion que Pouillet appuya d'une expérience frappante [1].

Des glaces de verre ayant reçu leur dernier

---

[1]. *Éléments de physique expérimentale*, t. III, p. 41, 2° édit., Paris, 1832.

poli, sont déposées les unes sur les autres ; au bout d'un temps suffisant on constate qu'elles ont fait corps ensemble d'une façon si intime que non seulement il est impossible de les séparer, mais qu'on peut les travailler de compagnie, les user sur les bords et même les couper au diamant, comme on ferait d'un bloc unique.

Il est évident que les mêmes effets se sont produits maintes fois aux dépens des roches.

SCHISTOSITÉ. — L'origine de la structure schisteuse a donné lieu à beaucoup d'hypothèses. Plusieurs auteurs y ont vu un effet de l'électricité. C'est le cas pour Robert Fox [1] dont les idées ont été reprises par Robert Hunt [2]. Ces géologues affirment que l'argile humide peut devenir schisteuse sous l'influence d'un courant électrique.

D'autres ont tourné leurs préférences vers le magnétisme : de la Bêche [3] pensait que les réactions qui ont déterminé le feuilleté dans les roches sont en relation avec les pôles magnétiques du globe. Hopkins a publié un mémoire où le même point de vue est développé avec détail [4]. Scherer a suivi la même voie [5].

Le géologue américain, Michel Tuomey publia un grand traité en 1848, où l'on voit que le cli-

1. *Report on the geology of Cornwall. Polytechnical Society*, année 1837, Londres.

2. *Memoirs of the Geological Survey of great Britain*, t. I, 433, Londres, 1846.

3. *Report on the Geology of Cornwall*, p. 281, 1835.

4. *On the connexion of Geology and terrestial magnetism*, 1 vol.. 1851.

5. *Archiv für Mineralogie* (de Karsten), t. XVI, p. 109, 1842.

vage ardoisier (feuilleté) est distinct des joints et de la stratification et résulte de la tendance qu'ont eue les substances simples constituantes de la roche à s'arranger elles-mêmes sous la forme cristalline, à l'époque ou la semi-fluidité de la masse permettait à ses particules un certain degré de mouvement.

Mais l'hypothèse féconde a été émise d'abord par Baur [1] et par Sharpe [2] : la schistosité résulte d'une cause purement mécanique. Sorby pensa que cette cause est la pression à laquelle les roches sont nécessairement soumises en profondeur et, après avoir reconnu au microscope des traces manifestes de cette pression dans la substance des roches feuilletées, il en reproduisit les caractères par des expériences très concluantes [3].

On peut dire que le dernier perfectionnement à la théorie du feuilleté a été apporté par Tyndall qui fit dériver cette structure de l'écoulement des roches dans une direction perpendiculaire à celle de la pression exercée sur elles [4].

La doctrine dynamique du feuilleté parut assez avancée à plusieurs auteurs tels que Hopkins, Laugel et Houghton, pour être abordée mathématiquement.

CRISTALLINITÉ. — L'un des traits les plus

---

1. *Karten's Archiv*, t. XX, 398, 1846.

2. *Quarterly Journal of the Geological Society of London*, 1847.

3. *Edinburg new philosophical Journal*, t. V, p. 437, 1853 et *The London, Edinburgh and Dublin Philosophical Magazine*, t. XI, p. 20 et t. XII, p. 27, 1856.

4. *The London, Edinburgh and Dublin Philosophical Magazine*, t. XII, p. 35, 1856. DAUBRÉE a répété les expériences de Tyndall. (*Études et expériences sur le métamorphisme*, 1 vol. in-4°, Paris, 1860.)

remarquables des roches métamorphiques, c'est leur état cristallin : les assises stratifiées renferment des quartzites à ciment de quartz hyalin orienté, à la place de grès essentiellement clastiques ; des schistes entièrement formés de prismes de sillimanite, de séricite, de disthène et d'autres silicates alumineux, à la place de l'argile amorphe ; des marbres plus ou moins spathiques, à la place de la craie ou des calcaires terreux.

On ne s'imagine pas facilement que des auteurs soient allés chercher des explications très détournées pour expliquer ces faits.

En 1861, Hitchcock, dans son *Rapport officiel de la Géologie de Vermont*, regarde le galvanisme comme le seul agent capable d'avoir déterminé la modification dite métamorphique des roches. Pour lui, c'est encore ce même galvanisme qui a donné lieu au clivage, au feuilleté et aux joints qui pour lui résultent de quelque force polaire. Cependant il reconnaît la possibilité du métamorphisme par la pression et il entre dans de nombreux détails sur l'étirement et l'aplatissement des galets dans les conglomérats de Newport (Rhode Island).

Son idée générale relativement au métamorphisme semblera singulièrement vague quand nous dirons que, pour lui, le feldspath est toujours métamorphique. Il reconnaît l'influence de l'eau comme un constituant essentiel des roches trappéenne et il ajoute que la théorie de la fusion sèche ne saurait expliquer à ses yeux l'intrusion de la substance en lames, souvent plus minces que des feuilles de papier à lettre : « Par le moyen de l'eau, les matières dont il s'agit peuvent être introduites partout où ce liquide peut pénétrer. »

En éliminant cet exemple, on se trouve presque exclusivement en présence d'hypothèses qui rattachent aux effets de la chaleur les traits distinctifs de structure des roches métamorphiques.

Cependant on a vu tout de suite que la chaleur sèche est insuffisante : l'argile portée à la température de sa cuisson ne prend point l'apparence des schistes. Et c'est le cas de remarquer que les hypothèses pour rendre compte de ces particularités si caractéristiques ont en partie résulté des expériences de laboratoire. On peut les résumer en disant que sous l'influence de l'eau chauffée en vase clos à une pression de plusieurs atmosphères, les matières amorphes tendent à cristalliser. Il y a donc lieu d'attribuer une influence cristallogénique, ou minéralisatrice, à l'eau suréchauffée.

On sait d'ailleurs que ces suppositions ont reçu la confirmation la plus irréfutable des expériences de Sénarmont [1].

J.-D. Dana a développé en 1843 cette opinion que le métamorphisme des gneiss leur vient, non pas d'un échauffement souterrain propagé par la conduction des roches, mais par l'eau chaude de l'océan qui les imprégnait lors de leur origine. Comme argument contre l'efficacité de la « chaleur sèche », il insista sur la faible conductibilité des roches qui est telle que même à la température de la fusion, la chaleur ne peut franchir plus de quelques pouces. « Les laves, dit-il, peuvent être chauffées au rouge dans leur masse, à un

____

1. *Annales de Chimie et de Physique*, 3ᵉ série, XXXII, p. 131; 1851.

yard seulement de leur surface extérieure et cependant on peut se promener sur elles ,les pieds nus. » Il pense que des eaux souterraines ou que les eaux du fond de la mer peuvent devenir chaudes par l'action des « feux volcaniques », et métamorphiser les sédiments qu'elles imprègnent.

Mais il restait à déterminer les causes auxquelles doit être attribué l'échauffement des eaux en présence desquelles les roches ont subi les transformations métamorphiques. Les hypothèses à cet égard ont différé selon les localités dont il s'agissait d'expliquer les particularités.

John Herschel, remarquant que le fond de la mer est à une température peu supérieure à zéro, constate que, par la simple mise à sec d'une région inondée, la température du sous-sol devrait se relever et il se demande si l'effet ne serait pas suffisant pour expliquer les effets observés [1].

Mais on a objecté qu'il faut, pour faire cristalliser les argiles, par exemple, beaucoup plus de chaleur que ce procédé n'en comporte. Aussi est-ce une hypothèse fort ingénieuse que celle de Babbage [2] considérant que, par le fait seul du recouvrement sédimentaire, une couche donnée d'abord pourvue de la température sous-marine est progressivement échauffée à mesure qu'elle est enfouie de plus en plus profondément. Il y a là le germe le plus fécond de la théorie métamorphique. Il s'applique directement à la forme de phénomènes qualifiés de métamorphisme général, et qu'on appelle aussi métamorphisme

---

1. *Leonhard's Iahrbuch*, 1838, p. 96 et 1839, p. 347.
2. *London and Edinburgh philosophical Magazine*, t. V, p. 213.

régional, métamorphisme normal, métamorphisme sédimentaire ou bathydrique [1].

Historiquement, le cas le plus anciennement étudié est celui du métamorphisme dit de contact et qu'on a depuis qualifié de métamorphisme volcanique. C'est lui en effet, que James Hutton a eu le premier sous les yeux en diverses localités d'Écosse et qui se reproduit dans les localités classiques des environs d'Antrim, en Irlande.

Dans ce cas, on admet que l'échauffement de l'eau qui imprègne la roche transformée est causé par l'intrusion d'une roche éruptive dans les géoclases qui traversent le sol. On constate, en effet, que l'intensité de transformation va d'une manière générale en s'affaiblissant, à mesure qu'on s'éloigne de la masse intrusive, exactement comme elle diminuait tout à l'heure, à mesure qu'on s'éloignait du foyer de la chaleur interne, en se rapprochant de la surface du sol.

Enfin un autre groupe d'hypothèses concerne une troisième et dernière forme de métamorphisme, celle qu'on observe dans les massifs montagneux. Pour cette raison, on le qualifie de métamorphisme orogénique, ou de métamorphisme dynamique (dynamométamorphisme).

Hitchkock en 1861, étudiant des bancs énormes et contournés de poudingues quartzeux à ciment de talcschiste, faisant partie des montagnes Vertes des environs de Vermont, avance que ce furent d'abord des poudingues ordinaires mais que le ciment en fut métamorphisé et ainsi passa à l'état de talcschite. Il pense en outre, comme on

1. STANISLAS MEUNIER. *La Géologie générale*, 2ᵉ édit., 1 vol. in-8°, Paris, F. Alcan, 1909.

l'a vu plus haut, que les galets eux-mêmes acquièrent une certaine plasticité, de façon qu'ils furent allongés dans le sens des feuillets, et qu'ils sont souvent coupés avec autant de netteté que par « l'épée de quelque titan ». Ces galets se sont en outre *impressionnés* les uns les autres, de façon à ressembler à beaucoup de galets des Alpes et des Vosges.

Dans une semblable série, le métamorphisme perd graduellement de son énergie à mesure qu'on s'éloigne des lignes de travail maximum, c'est-à-dire des surfaces (géoclases) le long desquelles ont eu lieu les glissements orogéniques suivant la perpendiculaire aux plans de compression en même temps que s'atténuent les phénomènes mécaniques (seismes).

En résumé, le métamorphisme chimique — bathydrique, volcanique ou orogénique — est le résultat des opérations réalisées par les eaux, chaudes et minéralisées, qui circulent dans les profondeurs du sol.

Il faut y rattacher tous les changements de structure qui font passer les sédiments boueux à l'état de roches cristallisées, de roches concrétionnées, de roches oolithiques ou pisolithiques, etc.

Cette conséquence fait voir quelle erreur commettait « l'unanimité des géologues », quand elle croyait à l'existence d'une époque métamorphique. Elle condamne en même temps l'opinion des géologues qui tendent à restreindre le sens du mot métamorphisme, en ne l'appliquant, à l'exemple de Vézian [1] qu'aux modifications subies par des roches placées dans des conditions

---

1. *Prodrome de Géologie*, 3 vol. in-8°, Paris, 1864.

exceptionnelles, comme celles qui résultent d'infiltrations d'eaux thermales amenées à la suite des dislocations du sol, d'un afflux de chaleur déterminé par l'injection d'une roche éruptive, etc.

La théorie qui paraît rendre le mieux compte de tous les résultats de l'observation, c'est que le métamorphisme est un phénomène absolument continu.

Dès qu'un sédiment s'est constitué, il se modifie ; il se tasse et devient progressivement plus cohérent ; son recouvrement par des matériaux plus récents commence à lui constituer des conditions qui vont aller continuellement en s'accentuant, sans qu'on puisse à aucun moment tracer une ligne de démarcation.

Ajoutons que les formes cristallines ont été considérées comme caractéristiques de certaines espèces minérales par Linné [1], mais sans que cette hypothèse fût accompagnée d'une explication ou même d'une application.

En 1753, Baker publia à Londres un ouvrage intitulé *Employement of the microscope*, dans lequel, après avoir constaté la constance de la forme observée dans tous les cristaux d'un même sel, par évaporatian de sa dissolution aqueusé, il en conclut que les parties composantes de ces cristaux ont elle-mêmes une forme variable selon la nature du sel.

C'est sensiblement la conclusion formulée vingt ans plus tard par Romé Delisle et qui est devenue la base de la minéralogie [2] : « Il faut

---

1. *Systema naturæ*, 6ᵉ édition imprimée à Stockholm en 1748.

2. *Essai de cristallographie ou description des figures géométriques propres à différents corps du règne animal, connus vulgairement sous le nom de cristaux*, 1 vol. in-8º, Paris, 1784. — Dans l'inter-

nécessairement supposer que les molécules intégrantes des corps ont chacune, suivant la nature
qui lui est propre, une figure constante et déterminée, et que celles de ces molécules qui ont
entre elles quelque analogie tendent réciproquement à se rapprocher et à s'unir. »

Cette vue a reçu une apparence de confirmation dans l'expérience involontaire de Haüy sur
la réduction d'un rhomboèdre de calcite qui se
brisa en une infinité de rhomboèdres de clivage
identiques les uns aux autres.

L'illustre penseur arriva à supposer[1] que des
cristaux de même substance et de forme extérieure différente, doivent néanmoins être formés
par des molécules intégrantes pareilles les unes
aux autres. Ici il importe de citer : « Lorsque,
dit-il, les cristaux sont assez tendres pour être
divisés, on peut faire dans le noyau des sections
parallèles à ses différentes faces ; toute la matière
enveloppante se divise aussi parallèlement aux
faces du noyau, en sorte que toutes les parties
que l'on retire par ces différentes sections sont
semblables entre elles et au noyau. Il faut cependant excepter les parties situées sur le bord des
lames composantes, qui se présentent sous une
forme différente des autres. Pour concevoir que
cela doit être ainsi, supposons un cube inscrit
dans un octaèdre ; si l'on divise l'octaèdre par
des sections parallèles aux faces du cube, il est

valle BERGMANN publia dans les *Mémoires de l'Académie d'Upsal*
(année 1779), une étude sur la cristallisation de spath calcaire qui
est très remarquable.

1. *Essai d'une théorie de la structure des cristaux appliquée à
plusieurs genres de substances cristallisées*, 1 vol. in-8º, Paris, 1784.
p. 13.

clair que l'on retirera par ces sections une multitude de petits cubes de l'intérieur de l'octaèdre ; mais les parties situées près de la surface ne pouvant avoir leurs faces extérieures parallèles aux faces correspondantes du cube, n'auront pas non plus la forme cubique : en sorte que la division donnera toujours un reste... Ces considérations m'ont fait présumer que les faces des cristaux secondaires ne doivent pas être considérées comme des plans géométriques, mais qu'elles étaient *pleines de petites irrégularités :* en sorte que leurs lames, au lieu d'avoir leurs bords de niveau, les avaient disposées en retraite à peu près comme les degrés d'un escalier, et que même dans plusieurs cas indiqués par la structure, le bord de chaque lame, au lieu de former une arête continue était comme dentelé et formait alternativement des angles rentrants et saillants. Dans cette hypothèse, la plus naturelle et même, j'ose le dire, la seule raisonnable que l'on pût imaginer, les parties d'une forme en quelque sorte étrangère qui occupaient le contour des lames n'offrait qu'une apparence trompeuse ; et en supposant les divisions mécaniques du cristal poussées jusqu'à leur dernière limite, c'est-à-dire jusqu'au point d'isoler les molécules constituantes, ces pertes s'évanouissaient entièrement ; il ne restait plus alors que des molécules exactement semblables entre elles et au noyau renfermé dans le cristal, dont la structure, considérée sous ce point de vue, se trouvait ramenée à une parfaite uniformité. » On sait que cette conception s'est traduite par la *théorie des décroissements.* Elle a valu à la minéralogie géométrique d'immenses acquisitions en fournissant un procédé très simple pour suivre tous les passages d'une forme à une autre et pour expliquer les facettes qui remplacent, dans certains cristaux, les angles solides et les arêtes.

Dans la série des roches cristallines, le granit a toujours occupé une place à part et la question de son origine a fixé, depuis bien longtemps, l'attention des naturalistes.

La conclusion généralement adoptée a été que le granit représente la *roche fondamentale* et quoique l'on ait vu aussi que, suivant de nombreux avis, la matière initiale de la croûte terrestre a été toute différente, il est important de noter que Saussure admet que le granit est par excellence la roche primitive.

C'était avant lui l'opinion de Leibniz, mais pour des raisons qui ne pourraient plus être défendues [1].

Durocher attribue l'origine du granit à la solidification d'un magma ayant la composition du pétrosilex. Et il admet la viscosité de la silice qui lui a permis de mouler les grains du feldspath à la suite d'un dépôt qui isole successivement les différents minéraux [2].

Élie de Beaumont a insisté [3], à la suite des recherches de Gaudin sur la propriété de la silice fondue de rester visqueuse, tandis qu'il n'en est pas de même de l'alumine.

Cette observation parut un moment rendre compte de l'état du quartz dans les granits, état dont beaucoup de personnes se sont préoccupées

1. Protogée.

2. *Comptes rendus de l'Académie des Sciences*, XX. 479, 1875.

3. V. d'ARCHIAC, *Histoire des Progrès de la Géologie de 1834 à 1845*, t. I, p. 38, Paris, 1847.

depuis Breislak. Elle a aussi servi de base aux idées que Fournet a développées en 1844 [1].

Il voulait expliquer les empreintes de feldspath dans le quartz par la surfusion de la silice qui resterait liquide au-dessous de son point de fusion. La température s'abaissant convenablement, la pâte siliceuse cristalliserait à son tour ; et comme les corps peuvent n'avoir pas perdu toute plasticité il se serait produit des empreintes réciproques. La différence des fusibilités est cependant de plusieurs centaines de degrés, ce qui est une difficulté.

Mais déjà Buffon avait montré, et depuis longtemps, que le granit est complètement détruit par la fusion et transformé en verre, — non plus ce que Leibniz appelait du *verre*, mais le verre véritable [2].

Dès lors, on ne conçoit pas sa production par simple refroidissement du magma primitif.

C'est une sorte de voie mixte (eau suréchauffée de Sénarmont) et l'on ne comprend la genèse du granit par cette voie mixte, qu'après la constitution d'un substratum rocheux.

D'ailleurs, sous l'influence d'un échauffement convenable, un sédiment aqueux, de composition voulue et sous l'influence du métamorphisme, peut passer à l'état de roche gneissique.

Dans l'opinion de Delesse, « le granit ne présente aucun des caractères des roches ignées. Pour que ses minéraux puissent se développer, il suffirait qu'il formât un magma légèrement plastique ; l'étude de certains gisements démontre

1. *Comple rendus*, XVIII, 1056, 1884.

2. *Introduction à l'Histoire des Minéraux*.

même qu'il a pu cristalliser à un état presque solide. L'eau, secondée par la pression, a vraisemblablement contribué de la manière la plus efficace à rendre le granit plastique. La chaleur y a contribué également, mais elle devait être très modérée et certainement bien inférieure à la température rouge »[1].

De Boucheporn, dans un ouvrage intéressant à plusieurs égards[2], expose une théorie fort originale de l'origine et du mode de formation du granit. Il pense que tous les éléments minéraux de cette roche résultent d'un même dépôt qui s'est fait dans les mers primitives. Une chaleur adventice s'exerçant ensuite sur les précipités, y a déterminé la production des composés fusibles (feldspath, mica) et l'élément réfractaire (quartz) isolé à l'état naissant se serait aggloméré sur ces noyaux, fluide sans fusion complète, mais à un certain état de mollesse. Il s'agirait donc d'une sorte de précipitation par résistance à la fusion, phénomène très différent d'une consolidation.

Allant plus loin, l'auteur oppose à l'universalité du granit la salure des mers qu'il regarde comme ayant une origine contemporaine de la sienne. Il y aurait donc d'un côté la potasse et de l'autre la soude, comme il y a d'un côté le continent et de l'autre la mer.

1. *Bull. S. G. F.*, 2, XV, 728.
2. *Etude sur l'Histoire de la Terre*, 1 vol. in-8°, Paris, 1844.

CHAPITRE VII

LES THÉORIES VULCANOLOGIQUES

Il y aurait sans doute imprudence à se montrer intransigeant dans le choix des théories volcaniques, et la sagesse nous invite à admettre dans ce chapitre, comme dans bien d'autres, la possibilité de causes diverses, amenant avec plus ou moins de fréquence la manifestation d'effets analogues ou même identiques. Il ne serait pas très difficile de concevoir, à côté du grand refoulement qui donne lieu à la production de la matière foisonnante motrice des éruptions normales, des dispositions souterraines amenant en des points restreints le réchauffement d'assises hydratées, ou renfermant des éléments distillables, qui seraient ainsi pourvues du pouvoir éruptif.

Ici, comme à propos du phénomène séismique, on est autorisé à faire intervenir sur une échelle plus ou moins grande le phénomène de l'évolution souterraine des masses minérales. L'attaque des roches solides, par les fluides en circulation continue, doit inévitablement, ici ou là, engendrer des réactions gazogènes dont les produits peuvent s'incorporer dans des magmas en leur communiquant la faculté foisonnante. Ainsi s'explique la situation géographique plus ou moins aberrante au prémier aspect, d'appareils éruptifs de genres divers, et spécialement de solfatares et de mofettes.

On sait en outre que « la montagne volcanique », c'est-à-dire le cône et le cratère ne produisent pas l'éruption, mais en sont les produits ; c'est ce que Sénèque avait déjà compris « in ipso monte non alimentum habed, sed viam »[1].

Suess a émis l'opinion magistrale que « les éruptions de nos volcans, leurs cônes de cendres, leurs coulées de laves, ne sont que des retentissements superficiels et peu importants d'événements considérables qui se passent dans les profondeurs du globe »[2].

CAUSE DES VOLCANS. — Les suppositions sur la cause des volcans sont innombrables. L'un de leurs plus anciens observateurs, Empédocle aurait été victime de sa curiosité philosophique, puisqu'il ne revint pas d'une expédition qu'il fit sur l'Etna, d'où est née la légende qu'il s'était jeté dans un cratère, pour savoir ce qui s'y passait.

Les premières opinions furent d'abord des superstitions, ou des attributions à des dieux, des forces inquiétantes contenues dans les flancs de la Terre. Typhon, dans sa fuite souterraine du Caucase, en Italie, vomissait des flammes. Vulcain, fils de Jupiter, avait ses fourneaux dans les îles Éoliennes, dont l'une porte encore son nom. Et c'était dans l'Etna qu'il forgeait la foudre pour le maître des dieux.

« Les habitants de l'île d'Islande, dit Buffon, croient que les mugissements de leur volcan sont

----

1. 79ᵉ épitre, *Editio Rukhofiana*, t. III, p. 32.
2. *La face de la Terre.*

les cris des damnés et que ses éruptions sont les effets de la fureur et du désespoir de ces malheureux. » Les naturels d'Hawaï font du Mauna-Loa la résidence de la déesse Pélé et voient des mèches de ses cheveux dans la lave filée par le vent. Les habitants de l'Amérique Centrale offraient, lors de la conquête espagnole, des sacrifices humains au volcan de Massaya pour apaiser sa colère. Oviedo, le fameux chroniqueur, qui en 1520 explora la région, parle de jeunes filles attachées et abandonnées dans le cratère[1]. A Naples, quand une éruption du Vésuve devient menaçante, on promène solennellement la statue de saint Janvier.

Parmi les savants qui ont cherché à établir un lien de cause à effet entre les périodes de taches solaires et les éruptions volcaniques, il suffira de mentionner le Dr Zenger qui, à diverses reprises, a entretenu l'Académie des Sciences des coïncidences qu'il croyait constater[2].

Beaucoup d'autres ont prétendu résoudre le problème à l'aide de moyens météorologiques. Parmi eux nous relèverons des noms fort anciens.

Strabon[3] dit que « par le secours des observations, on est venu jusqu'au point de croire que les vents fomentent des exhalaisons de feu qu'on voit jaillir des îles Éoliennes ou des gouffres de l'Etna ; et quand les vents s'apaisent, les mêmes exhalaisons s'apaisent aussi. »

Suivant la remarque de Humboldt[4] l'hypothèse

---

1. Ch. Vélain, *Les volcans, ce qu'ils sont et ce qu'ils nous apprennent*, 1 vol. in-8°, Paris, 1884. p. 111.

2. *Comptes rendus de l'Académie des Sciences*, t. CXV, p. 268 et t. CXX, p. 1133, 1895, etc.

3. *Géographie*, liv. VI, p. 453.

4. *Cosmos*, I, p. 533.

que l'air joue un rôle dans les éruptions était sans doute née de l'influence attribuée à certains vents sur l'activité volcanique de l'Etna, de Hiéra et de Stromboli.

L'île de Stromboli (Strongyle) passait pour la demeure d'Éole[1] « le régulateur des vents » parce que les navigateurs prévoyaient les changements de temps d'après le degré de violence des éruptions du volcan qui s'y trouve.

On a fait une hypothèse nouvelle pour expliquer cette variation du volcan, qui a été très bien constatée par Léopold de Buch[2]. La pression atmosphérique influerait sur la vitesse de dégagement des gaz occlus dans les laves au fond du cratère. Le nombre des éclairs produits par les bulles de vapeur venant crever à la surface et que les observateurs non préparés prennent pour des flammes, varierait avec la hauteur du baromètre.

Humboldt a opposé du reste une intéressante objection à la supposition de combustions souterraines. « Veut-on, dit-il, pour étayer l'hypothèse d'une combustion souterraine, recourir à l'introduction de l'air dans l'intérieur des volcans, ou, comme on l'a dit par métaphore, à une inspiration de notre planète ? On rencontre cette difficulté que l'azote manque à peu près complètement dans les émanations volcaniques[3]. »

C'est en partant d'une conception très analogue qu'on a prétendu voir une coïncidence entre les éruptions volcaniques et les explosions de grisou[4].

<hr>

1. STRABON, liv. VI, p. 460 (traduction Tardieu).
2. *Description physique des îles Canaries*, p. 334.
3. *Cosmos*, I, p. 271.
4. FRANCIS LAUR. *Comptes rendus de l'Académie des Sciences*, t. CXXXIV, p. 1258.

Le rôle de la pluie a également été invoqué dans diverses théories volcaniques. Ainsi, on a noté que pendant tout le temps de l'éruption du Vésuve, en 1631, il plut sans discontinuer [1].

Le chevalier Hamilton [2] pense que les détonations souterraines du Vésuve peuvent être produites par la rencontre de quelque amas souterrain d'eau de pluie avec la lave incandescente. « J'ai remarqué, dit-il, que la fumée du volcan était beaucoup plus abondante quand il faisait mauvais temps. » Et il ajoute : « C'est l'opinion généralement reçue à Naples (et selon mes remarques je la crois bien fondée) que quand le Vésuve mugit, le mauvais temps s'approche. »

Spallanzani rapporte des remarques analogues à propos du Stromboli [3].

Les éruptions du Vésuve en mai 1900, ont été rattachées par M. de Lorenzo [4] aux fortes pluies qui les ont précédées. D'après lui, l'eau tombée sur le cône qui est formé de matériaux très perméables, parvient à la colonne ascendante de lave et y provoque des explosions.

M. Semnola a combattu cette théorie en lui opposant de très nombreux arguments [5].

1. *Comptes rendus de l'Académie des Sciences*, t. LXXXIX, p. 456.

2. *Œuvres complètes* de M. le Chevalier HAMILTON, ministre du roi d'Angleterre à la cour de Naples, commentées par M. l'abbé Giraud Soulavie, 1 vol. in-8º, Paris, 1781.

3. *Voyage dans les Deux-Siciles*, traduction Toscan, t. II, p. 4. — 6 vol. in-8º, Paris, an VIII.

4. *Sulla probabile causa dell'attuale aumentata attivita del Vesuvio. Accademia di Napoli*, 3º série, t. VI, p. 127. V. aussi : du même auteur, un article sur le Vésuve dans la *Revue du mois* du 10 octobre 1906, t. II, p. 385.

5. *Rendiconti dell Accademia dei Scienze fisica di Napoli*, t. VI (3º série), p. 232.

L'abbé Bertholon, voit la cause des volcans dans la tendance de l'électricité souterraine à venir neutraliser l'électricité atmosphérique. Si le sol est continu dans la région considérée, il n'y aura qu'un tremblement de terre ; mais « on aura un volcan, lorsque des issues auront été faites ou pourront se former ».

Il était impossible que la notion de la chaleur interne propre du globe ne suggérât pas l'idée de son intervention dans les manifestations volcaniques. Les théories les plus modernes sont basées sur son concours. Platon dans le Phédon, voit la cause des volcans dans le Pyriphlégéton. L'opinion que l'intérieur de la Terre conserve un reste de chaleur originelle a été émise pour la première fois par Whiston[2]. Des raisons avancées par l'auteur, il ne subsiste d'ailleurs absolument rien ; mais la conclusion s'est représentée inévitable à la suite des travaux plus récents Leibniz, Descartes, Buffon ont repris cette thèse qui, entre les mains de Hutton et de Playfair, est devenue l'une des bases de la Géologie tout entière[3]. Laplace et Kant ont établi sur elle leur immortelle hypothèse cosmogonique, perfectionnée récemment par Faye[4]. Depuis lors, le nombre des travaux s'est extraordinairement multiplié. Lagrange, Fourier, Poisson, Cordier, Humboldt, Élie de Beaumont, Ch. Sainte-Claire Deville, Fouqué, Stübel, Lowthian Green, Brun, Ar-

---

1. *De l'électricité de Météores*, 1 vol. in-8º, Paris, 1787.

2. *A new theory of the Earth*, 1 vol. in-4º, Londres, 1708.

3. *Illustration of the Huttonian theory of the Earth*, 1 vol. in-4º, Edinburg. 1802.

4. *Essai sur l'Origine du Monde*, 1 vol. in-4º, Paris, 1884.

mand Gautier peuvent être cités parmi beaucoup
d'autres chercheurs.

Il est absolument impossible de les suivre dans
leurs conceptions relatives tantôt à l'ensemble
du phénomène et tantôt à certaines particularités
plus ou moins importantes.

Les phénomènes volcaniques paraissent être à
Cordier un résultat simple et naturel du refroidissement extérieur du globe[1]. La masse fluide
intérieure soumise à une pression croissante qui
est occasionnée par deux forces dont la puissance
est immense : d'une part, l'écorce solide se contracte de plus en plus; de l'autre, cette même
enveloppe, par suite de l'accélération séculaire
du mouvement de rotation, perd sa capacité intérieure à mesure qu'elle s'éloigne davantage de la
forme sphérique. Les matières fluides internes
sont donc contraintes à s'épancher au dehors
sous forme de laves par les évents habituels qu'on
a appelés volcans. « En termes exacts, dit-il, si
l'on suppose à l'écorce de la Terre une épaisseur
moyenne de 20 lieues de 5.000 mètres, il suffirait
dans cette enveloppe, d'une contraction capable
de raccourcir le rayon moyen de 1/494e de millimètre, pour produire la matière d'une éruption. »
Sans nous attarder à discuter cette conception
qui a eu son moment de succès, il suffira de constater que rien de ce qui concerne la distribution
géographique des volcans n'y est pris en considération et cette remarque est suffisante pour lui
retirer tout crédit.

Bien des géologues, Hopkins, Sterry-Hunt,

---

1. *Essai sur la température de l'intérieur de la Terre* dans les
Mémoires du Muséum d'histoire naturelle, 8ᵉ année, t. XV, 3ᵉ cahier,
p. 161.

Poulett-Scrope, etc., ont imaginé pour expliquer le phénomène volcanique, l'interposition, entre le magma terrestre et l'écorce solide, d'une couche intermédiaire de roches imprégnées d'eau et qui se trouvent dans un état de fusion aqueuse : celle-ci donnerait naissance aux laves.

Mais comment comprendre la formation de cette couche ?... On n'a même pas essayé.

Parmi les auteurs modernes, M. Stübel[1] a fixé particulièrement l'attention. Pour lui, la conséquence du refroidissement progressif de la Terre vers la fin de son évolution solaire, fut, comme on sait, la formation d'une écorce solide. M. Stübel suppose qu'il y eut en même temps déversement à la surface de cette écorce, d'énormes amas de magma d'origine interne : cette émission recouvrit le globe d'une enveloppe de matériaux fondus à laquelle convient la qualification de *cuirasse*. A chaque progrès de la solidification centripète du noyau, correspondit un épanchement chaque fois plus difficile et moins abondant. A un certain moment, les cheminées d'éruption traversant l'écorce et la cuirasse, s'obstruèrent pour le plus grand nombre. Par une compensation dont on n'explique pas la raison, celles de ces cheminées qui restaient libres fonctionnèrent d'autant plus largement et déversèrent de tous côtés des masses énormes de roches fondues. Désormais la croûte, redoublée de la cuirasse, put résister aux réactions du foyer central. Dans la suite, la cuirasse atteignit une épaisseur de 50 kilomètres et alors le règne exclusif du feu toucha à sa fin.

---

1. Voir : notice jointe par M. W. Spring à l'édition française des profils représentant *La Genèse et Structure de l'écorce solidifiée du globe* de M. Stübel, in-4°, Leipzig, 1908.

Les agents aqueux atmosphériques, pouvant alors se condenser, se précipitèrent sur la cuirasse encore brûlante, dont ils accélérèrent le refroidissement et à laquelle ils empruntèrent une longue série de corps solubles. C'est à ce moment que se constituèrent les roches cristallines. Les phénomènes geysériens allèrent en se localisant et en diminuant, tandis que l'eau froide et douée d'activité chimique très atténuée, permit l'éclosion de la vie. Par le remaniement des matériaux déjà constitués, s'élaborèrent les premières strates fossilifères. Les foyers périphériques diminuèrent d'ampleur et certains d'entre eux, enfouis dans les sédiments, alimentent les foyers actuels.

Parmi les hypothèses d'après lesquelles le volcan n'est que l'évent d'une localité souterraine où s'opère quelque combustion violente, celle du chimiste Lémery [1] fut des plus célèbres, et cependant elle ne saurait résister au plus léger examen. Lémery remarqua que le mélange de la limaille de fer et de la fleur de soufre, à poids égaux, convenablement humecté d'eau, s'échauffe spontanément au point de donner lieu à de violents dégagements de vapeur, de projeter une portion de la matière à une distance plus ou moins grande et même de briser le vase dans lequel on procède à la manipulation.

« Cette opération, ajoute l'auteur, peut fort bien servir à expliquer de quelle manière les soufres se fermentent dans la terre, pour y causer des tremblements et les embrasements qu'on

---

1. *Explication physique et chimique des feux souterrains, des tremblements de terre, des ouragans, des éclairs et du tonnerre*, Paris, 1700. — Voir aussi son *Cours de Chymie*, 1 vol. in-4°, Paris, 1756, p. 149.

appelle volcans, comme il n'arrive que trop souvent dans plusieurs pays et entre autres au mont Vésuve et au mont Etna, car ces soufres se mêlant dans des mines de fer pourront pénétrer le métal, produire de la chaleur et enfin s'enflammer de la même manière qu'il se fait dans notre opération. »

Et il est admirable de voir comment de cette petite expérience, l'auteur est ingénieux à déduire, outre la cause des tremblements de terre, celle des ouragans, celle des trombes (qu'il appelle *pompes de mer*), celle de la foudre et même celle des météorites.

Inutile d'insister sur l'absence de toute analogie avec les conditions du phénomène à expliquer. Personne aujourd'hui n'attache plus la moindre importance à la supposition de Lémery, que le célèbre chimiste Rouelle (le Cadet) combattit très energiquement en faisant remarquer que le fer ne se trouve pas dans les mines à l'état métallique, mais seulement sous la forme de minerai, dont le mélange avec l'eau et le soufre ne peut aucunement produire les effets décrits.

Pourtant dans son célèbre ouvrage intitulé *Preuves de la théorie de la Terre*, Buffon qui y consacre l'article 16 aux volcans et aux tremblements de terre, commence par y donner l'acquiescement le plus complet à la théorie de Lémery. « Il se trouve dans une montagne, dit-il, des veines de soufre, de bitume et d'autres matières inflammables ; il s'y trouve en même temps des minéraux, des pyrites qui peuvent fermenter, et qui fermentent en effet toutes les fois qu'elles sont exposées à l'air et à l'humidité ; il s'en trouve ensemble une très grande quantité ; le feu s'y met et cause une explosion proportionnée à la quantité de matières enflammées et dont les effets sont aussi plus ou moins grands dans la même proportion : *voilà ce que c'est qu'un volcan pour les physiciens.* »

Les « académiciens de Naples [1] » sont d'avis que les « incendies du Vésuve » proviennent du « mélange étroit du soufre, du bitume, du nitre, de l'alun, du vitriol et des autres sels, aussi bien que d'autres minéraux plus nobles qu'on trouve partout en grande quantité dans le sein du territoire de Naples ». « C'est, ajoutent-ils, de quoi l'on ne saurait douter, pour peu qu'on soit initié dans les opérations chimiques et que l'on connaisse leurs étranges effets. Ne pourrait-on pas soutenir que la terre du royaume de Naples est pleine, sinon d'un feu vif, au moins de semence de feu ? »

Bien que Guettard (1715 à 1786) commît l'erreur de voir dans les volcans des résultats de la combustion du pétrole, il peut être considéré, selon l'expression de Sir Archibald Geikie (*The founders of Geology*) comme l'initiateur de la géologie volcanique. D'après Bernardin de Saint-Pierre [2], l'eau de la mer jouit de la propriété que lui communique sa salure, de dissoudre les matières organiques et principalement les huiles, les bitumes, les « nitres de végétaux et d'animaux » qui lui sont amenés par le concours des fleuves et des pluies. L'océan serait de la sorte promptement pollué d'une manière complète et

1. *Histoire du Mont Vésuve avec l'explication des phénomènes qui ont coutume d'accompagner les embrasements de cette montagne,* 1 vol. in-12, Paris, 1741.

2. *Étude de la Nature,* 3 vol. in-12, Paris, 1786.

là vie n'y serait plus possible, s'il n'existait des organes de dépuration tout à fait efficaces. Ceux-ci ne sont autres que les volcans, vastes fourneaux allumés sur le rivage et dans le foyer desquels les courants sous-marins amènent les substances combustibles dont nous venons de parler. Les premiers volcans se sont allumés par les fermentations végétales et animales dont la Terre fut couverte après le déluge universel.

Werner prêta vers le milieu du XVIII⁺ siècle l'appui de son autorité à une opinion dont on ne connaît pas le premier auteur et qui a eu de nombreux partisans : les volcans résulteraient de l'embrasement des couches de houille et de pyrite, sous l'influence des infiltrations aqueuses. Il y a, en effet, dans de nombreuses localités, des houillères en combustion : par exemple, en France, à Saint-Étienne, à Decazeville, à Commentry et ailleurs [1]. Il est incontestable qu'aux yeux de personnes non suffisamment renseignées, l'aspect de quelques-unes de ces régions peut rappeler celui des pays volcaniques. On trouve même dans les entrailles de ces exploitations des produits de fusion de roches sédimentaires qui ont acquis des caractères de composition et de structure singulièrement ressemblants à ceux des laves volcaniques [2]. Cette théorie a été émise à diverses reprises. C'est ainsi qu'en 1822, un ouvrage parut à Berlin [3] où l'auteur déclare que les volcans doivent leur activité au contact du

---

1. *Étude sur le terrain houiller de Commentry*, par HENRI FAYOL, etc. Saint-Etienne, 1887.

2. MALLARD. *Bulletin de la Société de Minéralogie*. t. IV. p. 230, Paris, 1880.

3. RODOLPHE DE PRYSTANOWSKI. *Origine des volcans dans l'Italie.*

soufre, de l'asphalte, de la houille, de minerais métalliques qui forment des traînées N.-O.-S.-E. dans le sous-sol de l'Italie, avec l'air et l'eau qui pénètrent par des crevasses. L'année suivante, il parut à Naples un mémoire sur le même sujet [1] où les « feux volcaniques » sont expliqués par l'embrasement souterrain du charbon fossile et du bitume animal. L'auteur croit que tous les volcans ont commencé par être sous-marins.

Ces suppositions sont entièrement abandonnées.

Dolomieu développe l'idée que le soufre intervient dans les phénomènes volcaniques en abaissant considérablement le point de fusion des roches auxquelles il est associé et qui sont les laves des volcans. En outre, ce même soufre, en brûlant au contact de l'air, conserve la chaleur des laves et leur permet de rester fluides tout le temps nécessaire à leur écoulement sur le sol.

Patrin, qui s'est signalé par la singularité de ses conceptions, tire du voisinage ordinaire des volcans avec la mer la conclusion que le principal aliment qui les nourrit, c'est « l'acide muriatique » [1]. Sans dire comment, il voit dans la mer une source permanente de ce composé qui, suivant lui, à cause de sa forte densité, forme une couche au fond du bassin océanique. Cet acide s'introduit alors dans les feuillets des schistes primitifs qu'il y rencontre, et y trouvant beaucoup d'oxydes métalliques, il leur enlève leur oxygène pour devenir acide muriatique oxygéné

---

1. MÉLOGRANI. *De l'origine et de la formation des volcans*, dans *Atti del reale Istituto di Napoli*, I, 162, 1823.

2. *Journal de Physique*, mars 1800. Paris et *Nouveau Dictionnaire d'Histoire naturelle*, 1re édition, Paris, 1804.

(c'est-à-dire du chlore). Ce dernier corps, circulant par capillarité dans les interstices des roches schisteuses, arrive plus ou moins loin au contact d'amas de pyrite et les décompose énergiquement. De là, chaleur intense, formation d'acide sulfurique et décomposition de l'eau. L'hydrogène mis en liberté se combine à des matières charbonneuses et il en résulte de l'huile qui devient du pétrole « par sa combinaison avec l'acide sulfurique ». L'inflammation de ce pétrole commence la déflagration souterraine ; mais celle-ci reçoit une énergie nouvelle de l'intervention du « fluide électrique » grâce auquel l'auteur explique tous les détails du phénomène de la manière la plus fantaisiste.

En résumant le travail de Patrin, J. Girardin ajoute cette remarque[1] : « Cette hypothèse, ridicule d'un bout à l'autre, semble être le produit d'un cerveau dérangé. C'est pourtant le fruit des méditations d'un naturaliste qui a concouru à la rédaction du premier dictionnaire d'histoire naturelle bien fait publié en France. »

Certainement Breislak est un des esprits les plus remarquables parmi les savants de la fin du XVIIIᵉ siècle : plusieurs de ses publications sont riches en vues et en observations dont l'intérêt n'a pas faibli[1]. Cependant nous ne pouvons plus souscrire à sa théorie des éruptions du Vésuve. Suivant lui les houilles pyriteuses gisant dans la

---

1. *Considérations générales sur les Volcans*, 1 vol. in-8°, Rouen, 1831, p. 99.

2. Signalons spécialement : *Introduction à la Géologie ou Histoire naturelle de la Terre*, traduit de l'italien par BERNARD. 1 vol. in-8°, Paris, 1812 et *Institutions géologiques*, traduit de l'italien par CAMPAS, 3 vol. in-8°, avec un atlas de 56 planches, Milan, 1818.

chaîne des Apennins, subissent une sorte de distillation souterraine qui engendre du pétrole : celui-ci s'écoulant des fissures, arrive vers les profondeurs du Vésuve, situé sur le littoral maritime. Le pétrole, grâce à sa faible densité, relative, surnagera l'eau de mer et comme il est combustible, si un courant de matière électrique fulminante se répand dans les cavernes du volcan, il enflammera le pétrole : de là l'éruption du volcan.

En 1825, le docteur Lea (de Philadelphie) développa [1] l'opinion que sous la surface de la Terre se trouvent des canaux qui relient les volcans les uns aux autres et qui sont même comme des volcans horizontaux. Ces canaux débouchent dans la mer dont l'eau, en se décomposant, fournit de l'oxygène, grâce auquel les métaux contenus dans les roches (potassium, sodium, etc.), peuvent brûler et entretenir ainsi la chaleur souterraine.

M. Stuart Menteath pense que les volcans sont en relation avec des substances oxydables situées au-dessous. Le volcan d'Olot (Espagne) semble être sur la houille qui se prolongerait à 20 kilomètres de distance de la mine de San Juan de las Abaderas [2].

Le radium existant à l'état de traces dans toutes les roches éruptives, le major Dutton [3] a supposé que la radioactivité est la source de l'énergie volcanique, en échauffant les roches à 3 ou 4 milles de profondeur, en les faisant fondre et en les rendant explosives, et en incor-

1. *American Journal of Science for* 1825.
2. *Bull. Soc. Géol. Fr.*, 3°, XXVI, 679.
3. *Journal of Geology*, XIV, 219, 1906.

porant dans le magma ainsi produit l'eau d'imprégnation du sol. Il est vrai qu'on n'explique pas alors pourquoi il n'y a pas en même temps des volcans sur toute la surface de la Terre. C'est d'ailleurs presque un retour aux plus anciennes suppositions minéralogiques qui faisaient intervenir des « esprits » dans la génération des gîtes minéraux et spécialement dans ceux d'étain qui sont d'origine volcanique et dont les gangues consistent surtout en pierres précieuses.

Vers le milieu du XVIe siècle, Bembo[1] développa la théorie de l'introduction des eaux de la mer dans le foyer des volcans. Il chercha à prouver que le voisinage de la mer est une condition nécessaire de la production des montagnes ignivômes.

Le chevalier Hamilton[2] admet la pénétration de la mer dans le laboratoire du Vésuve : « La mer de la baie de Naples, dit-il, étant singulièrement agitée et se gonflant quelques heures avant l'arrivée d'un orage, peut très probablement entrer, par force, dans les crevasses qui conduisent aux entrailles du volcan, et en y causant une nouvelle fermentation y produire les explosions et les mugissements. »

Alexandre Brongniart rattache les éruptions volcaniques à la pénétration de l'eau de la mer au moyen des crevasses qui traversent le sol jusqu'au contact des masses souterraines renfermant des métaux à l'état métallique, chlorurés ou sulfurés, avides d'oxygène. La réaction dégage assez de chaleur pour fondre les roches et les gaz dégagés ébranlent la terre et la soulèvent de façon à

---

1. *Ætna dialogus*, cité par HUMBOLDT, *Cosmos*, I, 534.
2. *Œuvres complètes*, p. 31, 1 vol. in-8°, Paris, 1781.

ouvrir des communications par lesquelles les matières produites sont rejetées à l'extérieur [1].

Dans un mémoire qui a eu beaucoup de retentissement [2] Gay-Lussac établit en principe que la cause décisive des phénomènes volcaniques est une affinité très énergique et non encore satisfaite entre des substances qui y obéiraient à la suite d'un contact fortuit. Il résulterait de semblables rencontres une chaleur suffisante pour fondre les laves et pour donner aux fluides élastiques la force nécessaire pour amener ces mêmes laves à la surface de la Terre. Or, l'auteur assure que ces conditions sont réalisées par la rencontre souterraine de l'eau et spécialement de l'eau de mer sur les chlorures des métaux les plus abondants dans les roches.

L'illustre chimiste a appuyé ses conclusions sur d'innombrables et intéressantes expériences de laboratoire, et il se trouve que ses travaux ont eu des conséquences définitives pour la compréhension de certains phénomènes volcaniques. Nous avons vu, par exemple, que la réaction au rouge de la vapeur d'eau sur celle de sesquichlorure de fer jette la lumière la plus vive sur l'histoire des incrustations de fer oligiste qui recouvrent si fréquemment les scories volcaniques. Nous avons reconnu que la même expérience est décisive quant aux gîtes stannifères qui deviennent du même coup des gîtes fumarolliens. Mais il s'en faut de beaucoup que les conséquences du beau travail que nous rappelons soient appli-

---

1. *Dictionnaire des Sciences naturelles*, article Volcans, t. LVIII, p. 442.

2. *Réflexions sur les Volcans*, Annales de chimie et de physique, t. XXII, p. 145.

cables à l'étude du phénomène volcanique considéré dans son ensemble. Ici les objections abondent et la composition des émissions volcaniques est très loin de cadrer avec la théorie.

Une objection décisive vient de la contradiction flagrante entre la supposition que l'eau peut pénétrer dans les crevasses de régions assez chaudes pour qu'elle en soit violemment chassée. Daubrée a essayé, mais sans succès, de substituer à l'écoulement par des fissures la pénétration par les interstices capillaires entre les grains constitutifs des roches poreuses [1].

Bien que certaines personnes continuent à adopter la théorie de l'infiltration marine, et, par exemple, Fuchs [2] qui persiste à dire : « C'est la mer qui fournit principalement au foyer volcanique la quantité d'eau nécessaire à la formation des vapeurs », — cependant des objections très nombreuses lui ont été faites. Malgré les assertions de Daubrée, il y a contradiction entre les fortes pressions nécessaires dans la profondeur et le fait de la pénétration de l'eau [3]. Breislak [4] et Humboldt [5] ont accumulé les suppositions pleines de difficultés. Plus récemment, M. Brun [6] a voulu

---

1. *Études synthétiques de Géologie expérimentale*, 1 vol. grand in-8°, Paris, 1879.

2. *Les Volcans*, p. 102, 1 vol. in-8°, Paris, 1887.

3. *Loc. cit.*, p. 235. — Selon la juste remarque de POULETT SCROPE (*Les Volcans*, p. 218 en note), même si cette infiltration capillaire était réelle, « elle ne rendrait compte que de l'arrivée de la vapeur à la surface d'une masse souterraine et non de la pénétration intime de la masse tout entière par cette vapeur, ce que les phénomènes volcaniques démontrent jusqu'à l'évidence ».

4. *Essais minéralogiques sur la solfatare de Pouzzoles*, 1 vol. in-8°, traduit par FRANÇOIS POMMEREUL, Naples, 1792, p. 78.

5. *Cosmos*, t. I, p. 277.

6. *Quelques recherches sur le Volcanisme*, Archives des Sciences

démontrer que l'éruption volcanique ne suppose pas nécessairement la présence de l'eau.

L'isolement à l'état métallique du potassium et du sodium, connus seulement à l'état d'oxydes, a été, comme on sait, l'un des plus grands événements scientifiques du XIXe siècle. L'auteur de cette immense découverte, Humphry Davy, s'est laissé tout naturellement aller à rechercher les diverses conséquences auxquelles elle se prête et il a édifié une théorie volcanique qui eut un moment de très grand crédit[1].

Davy regarde les éruptions volcaniques comme le résultat de l'action de l'eau de la mer et de l'air sur les métaux des terres et des alcalis. Suivant lui, le sol renferme au-dessous des volcans, d'immenses cavités où l'air et l'eau de mer peuvent pénétrer sur les substances actives, longtemps avant que celles-ci n'atteignent la surface extérieure. Le tonnerre souterrain qui accompagne les éruptions, au Vésuve, par exemple, démontre, pour l'illustre chimiste, l'existence des grandes cavités dont il s'agit. D'un autre côté, on peut conclure à l'intervention de l'eau de la mer de ce fait que presque tous les grands volcans occupent une situation littorale, et que lorsqu'ils sont plus éloignés de l'océan, comme sur le plateau de Quito, l'eau des lacs remplit le même office, comme le démontre la rencontre par Humboldt de poissons dans l'eau rejetée par certains volcans.

En somme, l'hypothèse de Davy est, avant

physiques et naturelles, mai et juin 1905, novembre 1906, février 1908, février et juillet 1909, Genève.

1. *Mémoire sur les phénomènes des Volcans*, lu à la Société royale de Londres le 20 mars 1828.

tout, une hypothèse de chimiste. On conçoit son succès à cause de l'éclat des découvertes chimiques sur lesquelles elle a prétendu s'établir. Mais on ne peut méconnaître les difficultés insurmontables contre lesquelles elle est venue se heurter et qui l'ont fait définitivement abandonner par tout le monde, — et par son auteur luimême qui, peu de temps avant sa mort, a substitué à son hypothèse un acquiescement complet à la théorie du foyer de chaleur propre de la Terre [1].

« La densité moyenne de la Terre (5,44), dit Humboldt, comparée au poids spécifique beaucoup plus faible du potassium (0,865), du sodium (0,472) et des métaux terreux (1,2) ; l'absence d'hydrogène dans les émanations gazéiformes des fissures volcaniques ou des laves encore chaudes et bien d'autres considérations chimiques, sont en contradiction manifeste avec les anciennes idées de Davy et d'Ampère [2]. »

Comme annexe à l'hypothèse de Davy, on peut mentionner celle de Longo [3] qui tout en étant favorable au chimiste anglais, pense que le potassium, le sodium et le calcium ne doivent pas se trouver assez abondamment dans la région souterraine pour expliquer l'ampleur des phénomènes. Selon lui « c'est l'eau ou l'humidité souterraine qui, en se décomposant, cède son oxy-

---

1. Voir à ce sujet un article posthume de Davy, intitulé : *Sur la formation de la Terre ; New Edinburgh philosophical journal*, avril 1830, p. 320. — Voir aussi *Consolation in travel and last days of a Philosopher*, cité par Humboldt.

2. HUMBOLDT. *Cosmos*, I, 270.

3. *Memoria sul principio motor dei vôlcaui*, in-8° de 20 pages, Palerme, 1823.

gène au fer, acidifie le soufre et dégage le gaz hydrogène sulfuré, lequel, mêlé avec le gaz carbonique, l'eau atmosphérique et les vapeurs, sort par torrents de la bouche enflammée des volcans ».

Pour l'Anglais Thomas Cooper qui écrivait en 1822, un volcan est « un évent naturel dans la croûte de la Terre, ménagé par les feux souterrains pour constituer un canal de dégagement aux gaz, vapeurs et substances solides qui ont été exposés à une chaleur intense dans les entrailles de la Terre ». Il pense que le siège du volcan est situé au-dessous du granit le plus ancien. En action, le volcan est présenté comme dégageant de la fumée et des flammes qui proviennent du contact des matériaux précédents avec des couches charbonneuses : l'éruption est en outre accompagnée ordinairement par de la lumière électrique dont la source est considérée comme problématique. L'auteur a cependant déjà reconnu de vraies laves volcaniques dans les environs de Boston et dans les trapps triasiques des États-Unis de l'est.

Judd[1] explique l'explosion du Krakatau par l'expansion des gaz occlus dans la ponce. « Seule, dit-il, l'expansion de l'obsidienne, la libérant de ses gaz, a causé l'explosion. »

« Quand on compare attentivement la description de Silvestri spécialement en ce qui concerne la manière d'être des volcans de boue de Paterno, avec les renseignements donnés par Dutton (*Recent exploration of the volcanic pheno-*

---

1. *Volcanoes, what they are and what they teach*, Londres, 1888, cité par BRUN : Quelques recherches sur le volcanisme, 5ᵉ partie. Krakatau, p. 14,

mena of the Hawaïen Island, — American
Journal of science and arts (3ᵉ série, XXV, 222,
1883), il est bien difficile de ne pas admettre que
le bruit de l'éruption, la projection des cendres
et même certain ébranlement sont surtout attri-
buables à la présence de la vapeur d'eau [1]. »

M. A. Gautier [2] a appliqué à la théorie volcanique les résultats que lui ont procurés des recherches analytiques sur les roches cristallines [2].
Dans une série d'expériences, il a reconnu que
les roches chauffées dans le vide dégagent un
volume considérable de gaz, et il en a conclu
que, dans les régions souterraines, la haute température ambiante doit déterminer le même effet
et accumuler ainsi une énergie qui peut se traduire par des éruptions volcaniques. Il trouve
que le granit chauffé au rouge dégage un grand
nombre de fois son propre volume d'un mélange
de gaz où prédominent l'hydrogène et l'acide
carbonique et qui renferme en outre de l'oxyde
de carbone, de l'hydrogène carboné et de l'azote,
avec des traces d'acide sulfhydrique. Un déci-
mètre cube de granit fournit 20 litres de gaz
divers et 89 litres de vapeur d'eau, soit plus de
100 fois son volume.

M. Brun (de Genève) [3] a étudié la question par
une voie très voisine de celle que M. Gautier a
suivie, et son travail est encore exclusivement
chimique. L'une de ses conséquences les plus
frappantes, c'est que la vapeur d'eau ne jouerait
pas dans les explosions volcaniques le rôle

1. Suess. *La Face de la Terre*, I, 231.
2. *Comptes rendus de l'Académie des Sciences*, 22 juin 1909.
3. *Loc. cit.*

énorme que tant d'observateurs lui attribuaient, et par exemple, Fouqué. Au fond, et comme on le verra tout à l'heure, il ne s'agit là que d'une question de détail. Le principal rôle de la vapeur d'eau paraît être exclusivement physique et tenir à l'élasticité que lui procure un échauffement convenable. Beaucoup d'autres substances peuvent se comporter comme elles sous l'influence de la chaleur et, par conséquent, la remplacer sans que l'économie du volcan soit changée pour cela.

Les travaux de chimistes, tels que MM. Gautier et Brun, qui déterminent la composition des matières élastiques associées aux laves, permettent de préciser bien des détails de la théorie. Mais ils ne touchent pas au principe, c'est-à-dire à la cause initiale due au réchauffement de matériaux précédemment en état d'équilibre, par leur recouvrement, au moyen de masses plus profondes, passant au-dessus d'eux, en conséquence des mouvements orogéniques. D'après la composition de ces matériaux, les substances, capables de jouer le rôle foisonnant ou explosif varie d'un cas à l'autre. C'est tantôt l'eau seule, tantôt l'eau associée à de fortes proportions d'acide chlorhydrique ou de chlorures, tantôt les chlorures en quantité prépondérante, etc. Ce sont là des particularités secondaires au point de vue du mécanisme en œuvre.

Nous admettons par conséquent, sans la moindre difficulté, que les gaz de certains volcans ou de certaines éruptions soient complètement anhydres. Cela dépend des assises qui ont été appelées par réchauffement à fournir la matière élastique. Si c'est du granit il peut y avoir dégagement des gaz de M. Gautier. Ceux-ci contiennent de l'eau, mais dans la profondeur, l'eau peut être décomposée, son oxygène fixé en certaines régions et ses autres éléments amenés dans des points où ils entreront en occlusion dans la roche magmatique.

Une dernière hypothèse à mentionner consiste à rattacher la genèse du volcan au phénomène orogénique précédemment décrit. Elle admet[1] que le refoulement du sol le long des géoclases très inclinées, détermine le recouvrement par des roches profondes à très haute température d'assises précédemment superposées et qui ont été imprégnées par infiltration centripète d'eau et d'autres matières gazéifiables. Ces roches réchauffées se transforment, comme le prouvent les observations faites dans la houillère embrasée de Commentry[2], en un magma dans lequel les vapeurs d'eau et d'autres substances sont retenues par occlusion. Si une cassure met le bain ainsi produit en rapport de pression avec la surface du globe, l'expansion des corps élastiques détermine le foisonnement de la matière réchauffée et en conséquence toute la série des projections et des extravasements et des exhalaisons qui composent l'éruption proprement dite.

On peut rappeler qu'Hermite avait déjà supposé que l'enfoncement progressif de bassins sédimentaires pouvait comme Babbage l'avait dit[3] donner lieu à un réchauffement et constituer ainsi des foyers volcaniques. Il cite comme

1. Stanislas Meunier. *Revue scientifique*, 4ᵉ série, t. XVIII, nᵒ 5, p. 129, 1902.

2. Mallard. *Comptesrendus de l'Acad. des Sciences*, vol. de 1880.

3. Voir plus haut, p. 147.

exemple des localités paraissant offrir des caractères en rapport avec cette manière de voir : la vallée du Rhin (entre les Vosges et la Forêt-Noire) et la dépression signalée par Léopold de Buch du N.-E. au S.-O. de l'Islande.

Pour en revenir à la théorie fondée sur le recouvrement le long des cassures orogéniques, on peut remarquer qu'elle a répondu d'avance à un desideratum des vulcanistes.

En effet, dans le cours de ses recherches sur le vulcanisme[1] M. Albert Brun, parlant de l'eau qui se dégage du cratère des volcans, écrit : « Il est impossible que cette eau soit sortie du magma, puisque celui-ci n'en a pas ; elle devrait donc provenir d'ailleurs. Il n'est pas possible qu'elle provienne de régions sous-jacentes : ce serait alors supposer un magma anhydre superposé à un magma aqueux, chose bien invraisemblable ! » Or, c'est cette « chose bien invraisemblable » que le recouvrement orogénique réalise nécessairement. La difficulté était donc résolue avant même qu'elle n'eût été formulée.

Dans notre manière de voir, on part de ce fait incontestable que l'épaisseur de la croûte terrestre se divise en deux régions superposées, l'une profonde, très chaude, incandescente, l'autre, superficielle, imprégnée d'eau d'infiltration venant de la surface. Le glissement le long des géoclases orogéniques, amène nécessairement le recouvrement d'une partie inférieure de la zone hydratée par une portion supérieure de la zone incandescente. Il en résulte le réchauffement de roches hydratées et, d'après les expériences de Sénar-

---

1. Cinquième partie, Krakatau, p. 13.

mont, le point de fusion en est notablement abaissé. Quand la composition s'y prête, il en résulte la production d'un magma de roches fondues, renfermant de la vapeur d'eau par occlusion, et qui jouit de la propriété foisonnante. C'est dire que si une communication s'établit entre le laboratoire où cette production a lieu et l'extérieur, par exemple par une cassure, une éruption aura lieu avec toutes les particularités dont les volcans nous donnent le spectacle.

ORIGINE DES MONTAGNES VOLCANIQUES. — La production des montagnes volcaniques et l'origine des différents détails de leur construction ont donné lieu à diverses suppositions.

L'une des plus célèbres par le nom des hommes qui en sont les auteurs et par les discussions passionnées auxquelles elle a donné lieu, est la théorie des cratères de soulèvement.

« L'action volcanique, dit Humboldt, agit en donnant au sol, par le soulèvement, une forme et une configuration nouvelles; elle n'agit pas, comme on l'a cru longtemps d'une manière trop exclusive, comme force constructrice, en accumulant les scories et les couches de lave. La résistance que les masses incandescentes, se pressant en trop grande quantité contre la surface de la Terre, rencontrent dans le canal d'éruption, ajoute à la puissance du soulèvement. Le sol alors se gonfle comme une vessie, ainsi que l'indique l'inclinaison régulière des couches soulevées du dedans au dehors. Une explosion semblable à celle d'une mine, en faisant sauter la partie moyenne et culminante de ce gonflement, ne produit parfois que ce que M. de Buch a nommé un cratère de soulèvement... Parfois l'explosion fait sortir du milieu du cratère une montagne en forme de cône ou de dôme, et c'est seulement alors que le relief du volcan est complet[1]. »

Cette opinion de Humboldt était née de l'observation des coulées de lave, dont il avait méconnu la nature, se rattachant à la grande éruption du Jorullo en 1759.

Léopold de Buch (1774-1853) adopta la théorie du soulèvement, allant jusqu'à dire dans son livre sur les Canaries[2], que le Vésuve en 79, sortit tel que nous le voyons encore « tout formé du sein de la terre ». Il ajoute que depuis cette époque, sa hauteur n'a fait que décroître. Et de même, pour l'Etna : « On ne peut se refuser à y voir au premier abord un individu, pour ainsi dire parvenu à sa perfection, dès l'instant même de sa naissance. »

Elie de Beaumont est aussi explicite, toujours à propos de l'Etna :

« Un jour, l'agent intérieur qui fendait si souvent le terrain, l'a rompu et soulevé. Dès lors, l'Etna a été une montagne... Ce soulèvement s'est opéré subitement et d'un seul coup[3]. »

Dufrénoy, à propos de la Somma, s'exprime dans le même sens.

En 1844, Rozier écrit : « Les cirques des Champs Phlégréens résulteraient de l'action puissante des masses gazeuses concentrées près de la surface du sol. Les ampoules ainsi produites, ayant crevé par l'augmentation de la pression, leurs débris

---

1. *Cosmos*, trad. Galusky, 1859. 1re partie, p. 246, 257.
2. *Physikalische Beschreibung der Canarischen Inseln*, p. 322. 326, 327. 1826.
3. *Mém. soc. Géol. de France*, vol. IV, p. 188-193.

ont été lancés en tous sens, et c'est ainsi qu'Herculanum et Pompéi auraient été ensevelis sous l'accumulation des fragments de la partie supérieure du volcan [1]. »

Le géologue anglais Pentland, au retour d'un voyage à Ténériffe, considéra la région qui entoure le pic de Teyde comme représentant un cratère de soulèvement [2]. On pourrait multiplier beaucoup les exemples de cette manière de voir. Bornons-nous à remarquer que c'est tout au voisinage de la théorie des cratères de soulèvement qu'il faut ranger les suppositions auxquelles a donné lieu la découverte des laccolithes.

En 1877, M. G.-K. Gilbert a publié une théorie relative à la production des centres volcaniques désignés depuis cette époque sous le nom de laccolithes [3]. Ce sont des masses souterraines et lenticulaires de trachytes dont on retrouve les racines et qui ont soulevé les couches secondaires formant le sol stratifié de la partie méridionale de l'Utah.

James Dana attribue la formation de ces curieux amas à l'injection de roches fondues dans les fissures d'un terrain stratifié capable d'opposer assez de résistance à l'ascension du magma pour amener sa consolidation au-dessous de la surface. On a retrouvé des laccolithes en plusieurs régions par exemple sur le versant nord du Caucase. Il est probable que L. de Buch y aurait vu une confirmation de sa doctrine des cratères de soulèvement.

1. Voir d'Archiac. *Progrès de la Géologie*, I, 510.

2. *Comptes rendus de l'Académie des Sciences*, t. XLV, p. 761.

3. *Report on the Geology of the Henry Mountains*, 1 vol. in-8°, Washington, 1877.

Cette doctrine fut fortement attaquée par Lyell et par Constant Prévost.

Dans son mémoire sur les laves du mont Etna, formées sur les pentes rapides, Lyell déclare [1] que nulle part le soulèvement du sol n'a joué dans la formation des cônes et des cratères de l'Etna un rôle assez grand pour justifier l'emploi du terme « cratère de soulèvement » plutôt que celui de cônes et cratères d'éruption.

Quant à Constant Prévost [2], il proclame qu'un volcan, loin d'être un agent de soulèvement, n'est que le produit d'une action qui agit non pas d'une manière subite, mais successive, et son élévation au-dessus de sa base est le résultat de l'accumulation des matières ignées qui, à diverses reprises, ont été rejetées par ses ouvertures. Rien ne conduit à penser que ces ouvertures elles-mêmes ont été déterminées par les matières qu'elles rejettent : « rien dans les volcans ne montre le résultat d'une force qui aurait commencé par soulever et fracturer le sol sur une grande étendue et une grande hauteur [3]. »

Dans le mémoire sur les îles Canaries cité plus haut, L. de Buch distingue entre l'effort qui soulève et l'effort qui rompt. Au premier, il attribue les cratères de soulèvement, au second, les cratères d'éruption.

Les savants comme Lyell, Constant Prévost, Poulett Scrope, qui ont été le plus opposés à la théorie des cratères de soulèvement, se sont, au

---

1. *Archives des Sc. de la Bibliothèque Universelle*, novembre 1859, Genève.

2. *Bull. Soc. Géol. de Fr.*, IV, 20. — Voir aussi le mémoire intitulé *Théorie des cônes et des cratères de soulèvement*, C. R., XLI, 919.

3. Cité par GOSSELET : *Constant Prévost*, 1 vol. in-8°, Lille, 1896.

contraire, trouvés d'accord pour défendre l'hypothèse des cratères d'éruption.

Déjà, considérant dans l'île de Salina, l'une des Lipari, l'alternance des couches de lave et des scories descendant du bord du cratère jusqu'à la mer, Spallanzani (1729-1797) s'exprime ainsi [1] :

« On doit en conclure qu'il est sorti autant d'éruptions des points les plus élevés de la montagne que l'on compte de couches de lave. Voilà comment se sont formées la plupart des montagnes volcaniques : Dans le principe, ce n'est que l'amoncellement d'une première éruption ; il en survient une seconde, puis une troisième, et la masse va toujours en augmentant en raison du nombre et du volume des éruptions. Tel on a vu se former et s'accroître l'immense colosse de l'Etna, telle a été l'origine du Vésuve, des îles Lipari et d'autres montagnes ignivômes, sans oublier cependant qu'il en existe, comme le Monte-Nuovo et le Monte-Rosso, sur les flancs de l'Etna, qui furent l'ouvrage d'une seule éruption. »

Il n'y a, pour ainsi dire, rien à changer à cette description pour rendre compte de l'origine des montagnes à cratère, telles que la Somma, au Vésuve, les cônes parasites de l'Etna, les volcans d'Auvergne et de l'Eifel et une infinité d'autres.

Cependant, il est des cratères auxquels paraît convenir la dénomination de cratères d'explosion. Ils se présentent comme des cavités cylindroïdes ouvertes verticalement dans le sol comme au moyen d'un gigantesque emporte-pièce. Poulett-

1. *Voyage dans les Deux-Siciles*, t. II, p. 116, traduction Toscan. 6 vol. in-8°.

Scrope les a décrits avec beaucoup de détails[1] et il est porté à rattacher à ce mode de formation la plupart des orifices volcaniques. Tous les observateurs sont d'accord pour attribuer cette origine aux cratères dont le lac Pavin fournit en Auvergne un si remarquable spécimen, comme le Gur de Tazenat en Velay[2], et dont le type se retrouve dans les Maare de l'Eifel.

Daubrée[3] a rapporté au même ordre de phénomènes la théorie de formation des cavités cylindroïdes dans lesquelles on exploite le diamant à Kimberley et dans toute la région diamantifère de l'Afrique australe. Il a imposé à ces perforations le nom caractéristique de *diatrèmes* et il les a imitées par la méthode expérimentale. Il les compare à « l'âme d'une sorte de canon qui viserait le zénith ».

D'après Poulett-Scrope[4] la théorie des cratères d'effondrement a été patronnée par Ch. Lyell et par Darwin. Ces cratères résulteraient de la disparition d'une montagne à la suite d'une éruption et de son remplacement par un creux ou lac. C'est ce qui est arrivé lors de l'explosion du Coseguina en 1835, à Santorin, à Sainte-Hélène, à Ténériffe et bien ailleurs, où l'on voit un cône éruptif entouré d'un cirque qui serait les ruines basales de montagnes volcaniques effondrées.

Cette théorie a été attaquée très violemment par Poulett-Scrope qui insiste avec beaucoup de

---

1. *Les Volcans ; leurs caractères et leurs phénomènes*, 1 vol. in-8°, trad. Pieraggi, Paris, 1864.

2. Tournaire. *Bull. Soc. Géol. de Fr.*, 3e, XVIII. 1166. 1869.

3. *Comptes rendus de l'Académie des Sciences*, t. CXI, 24 novembre 1890 et 19 janvier 1891.

4. *Loc. cit.*, p. 206.

raison sur la difficulté de l'hypothèse de l'explosion dont les effets sont sensiblement les mêmes.

CONDITION DES FOYERS VOLCANIQUES. — Les opinions sont très partagées quant à la question de décider si les volcans s'alimentent à un réservoir commun.

Strabon qui, à ce sujet, cite Pindare[1], dit que « les profondeurs de la mer, dans tout l'intervalle qui sépare la côte de Cannes des rivages de la Sicile, recèlent des foyers volcaniques, en communication aussi avec le continent. »

Encore aujourd'hui bien des personnes ont la même opinion et prétendent en voir la justification dans un prétendu balancement entre le Vésuve et l'Etna. Il est vrai qu'ici au moins on pourrait trouver des exceptions : en 1892, les deux volcans ont brûlé simultanément.

On ne voit pas tout de suite comment la simultanéité prouverait plutôt la communication des foyers que leur indépendance.

Hermite remarquait que le Stromboli n'est nullement influencé par les émanations de l'Etna, qui n'en est distant que de 125 kilomètres et il en conclut à l'indépendance des foyers. Celle-ci est tout à fait conforme à la doctrine du recouvrement orogénique que nous venons de rappeler.

Diverses théories cherchent à évaluer la profondeur des laboratoires volcaniques. Bien des géologues considèrent les cheminées éruptives comme devant traverser toute la croûte terrestre et s'alimenter par conséquent dans la matière

---

1. *Géographie.* liv. V, t. Ier, p. 413 de la traduction Tardieu. Paris, 1867.

nucléaire, et la plupart des « coupes théoriques » insérées dans les ouvrages classiques témoignent de cette opinion.

Une théorie, sur la profondeur des foyers a été appuyée par Bischoff sur la fusibilité des laves résultant de ses expériences. La fusion ayant été obtenue entre 1 200 et 1 300° centigrades, on peut en conclure, en appliquant la notion du degré géothermique, que les foyers qui alimentent le Vésuve et l'Etna seraient situés à 40 kilomètres environ au-dessous du niveau de la mer[1]. Cette supposition n'est pas justifiée, car la lave associée à l'eau par occlusion de la vapeur jouit nécessairement d'une bien plus facile fusibilité qu'à l'état isolé et placée dans un creuset. C'est ce qui résulte de toutes les expériences sur l'eau suréchauffée par le procédé de Sénarmont.

Humboldt paraît attacher une grande importance à la situation de certains volcans sur le granit ou « roche fondamentale » : ce dont plus d'un puy d'Auvergne aurait pu lui fournir l'exemple. « C'est, dit-il, au pied du puissant Túnguragua, près de Pempé, sur les bords du Rio-Puela (plateau de Quito) que j'ai vu nettement pour la première fois une roche volcanique traverser une couche de micaschiste reposant sur le granit[2]. »

Mais dire que la lave traverse le granit, ce n'est pas dire qu'elle vient du noyau. Nous avons vu précédemment que des basaltes ont pu, à Ovifak, traverser les couches de la croûte initiale sans émaner de ce même noyau.

Il est en conséquence très intéressant de cons-

1. *Edimb. New. philosoph. Journal*, XXVI, n° 51, janvier 1839.
2. *Cosmos*, I. 274.

tater que de nombreux géologues crurent pouvoir conclure de leurs études que le foyer n'est pas sous la croûte, mais dans l'épaisseur de cette croûte.

C'est, par exemple, la supposition que développe M. de Lorenzo[1] dans un mémoire intitulé *Considerazioni sull'origine superficiale dei vulcani*. Suivant lui, il convient de rejeter l'hypothèse d'une masse centrale fluide qui alimente le volcan. Si on admet que le volume des matériaux rejeté est comparable à celui de la cheminée, on trouve que celle-ci ne peut pas commencer au-dessous de 1 000 à 2 500 mètres de profondeur. Le poids spécifique moyen du magma éruptif est voisin de la moitié de la densité moyenne du globe tout entier et on peut en conclure que ce magma ne renferme rien qui provienne des zones internes. « Enfin les phénomènes éruptifs sont liés intimement aux phénomènes orogéniques et puisque ceux-ci sont superficiels, il faut que les autres le soient aussi. »

De son côté, M. Prinz[2] dit qu'à son avis « les éruptions volcaniques ne proviennent nullement d'un magma central, mais plutôt d'un réservoir cortical ».

Ces conclusions sont complètement favorables à la théorie volcanique qu'on peut qualifier d'orogénique, puisqu'elle prend sa base dans les glissements selon les géoclases tectoniques des assises terrestres ainsi amenées à renverser leur première situation relative (v. p. 180).

---

1. *Atti de la Reale Accademia di Science fisiche et mathematica di Napoli*, 2° série, II, n° 7.

2. *Bulletin de la Société belge de géologie, de paléontologie et d'hydrologie*, 2° série, t. X, p. 157, 1900.

ORIGINE DES ROCHES ÉRUPTIVES. — L'origine si particulière des roches sorties des profondeurs du sol au milieu des détonations et des éclairs, a porté plus d'une fois les hommes primitifs à leur attribuer une composition exceptionnelle, ou à les rattacher à quelque fait miraculeux.

Pour beaucoup d'auteurs, les cendres volcaniques sont le résultat de la trituration des roches provenant des profondeurs, mais qui sont déjà solidifiées dans la cheminée au moment où l'éruption se déclare. Elles peuvent provenir d'une éruption antérieure. Il n'y a pas de ligne de démarcation entre les cendres, les lapillis et les gros blocs lancés : ce sont des produits de concassement plus ou moins fins de matériaux identiques.

Cependant on rencontre des cendres vitreuses, c'est-à-dire dépourvues complètement ou partiellement de la structure cristalline. Ce sont alors, dit-on, des produits de la pulvérisation de lopins de lave lancés encore liquéfiés dans l'air où ils se sont solidifiés sans avoir le temps de cristalliser. On a pensé que dans ce cas la pulvérisation s'est faite comme elle se produit dans une larme batavique dont la « queue » est brusquement brisée.

L'état cristallin des laves a donné lieu à de nombreuses interprétations et, dans le nombre, il est intéressant de mentionner celles qui ont trait à la dévitrification de matières préalablement amorphes.

Dans cette direction, Boussingault et Damour[1] ont étudié des phénomènes manifestés par l'obsi-

---

1. *Comptes rendus*, LXXVI, 1158, 12 mai 1873.

dienne. Cette roche soumise à une température comprise entre le rouge orangé et le rouge blanc, se boursoufle subitement en une masse spongieuse. Après refroidissement, on la trouve alors fort analogue d'aspect avec la ponce, remplie de vacuoles et incolore. C'est un phénomène qui dès le début du XIXᵉ siècle avait fixé l'attention d'Alexandre de Humboldt[1]. Il fit, pendant son séjour à Quito, des expériences qui montrèrent que le gonflement peut porter à cinq fois environ le volume initial. De retour en Europe et avec la collaboration de Rose et de Karsten, il échoua dans la tentative de recueillir les fluides élastiques auxquels il semblait naturel d'attribuer le gonflement.

Spalanzani[2] reprit cependant la même manière de voir et étudia spécialement l'obsidienne de Lipari. Il ne recueillit qu'un volume insignifiant d'un gaz paraissant n'être que de l'air atmosphérique. Il pensa que les bulles sont lancées par la volatilisation de l'obsidienne elle-même. Mais il retira toujours de ces échantillons une petite quantité d'eau contenant de l'acide chlorhydrique.

Boussingault et Damour[3], dans un travail très précis, concluent que la tuméfaction de la roche vitreuse est due à « une émission subite de vapeur d'eau et d'acide chlorhydrique qui se manifeste aussitôt que la cohésion de l'obsidienne affranchie par la chaleur, cesse d'être un obstacle à l'expansion des fluides ». Seulement, et sans que nous nous expliquions leur manière de voir, ils regar-

---

1. Humboldt et Bonpland. *Voyage aux régions équinoxiales du Nouveau Continent*, I, 160, 1804.

2. *Loc. cit.*, III, 232.

3. *Comptes rendus de l'Académie des Sciences*, LXXVI, 1158.

dent ce résultat comme montrant que « la tuméfaction de l'obsidienne n'est pas due à la mise en liberté des gaz occlus dans le minéral ». C'est un vrai jeu sur le mot gaz, car la vapeur d'eau a été occluse et le refroidissement la laissera dans sa situation antérieure.

En 1876, j'ai fait des expériences sur l'obsidienne de Lipari fondue [1] et j'ai formulé des conclusions qui ont été l'objet d'une opposition très vive de la part de MM. Fouqué et Michel Lévy [2]. En 1902, M. Albert Brun (de Genève) [3] a cependant confirmé mes résultats. Il trouve que l'obsidienne peut se transformer en liparite par une vraie dévitrification consécutive au départ de l'eau contenue dans la roche vitreuse. (C'est d'ailleurs de l'eau ou d'autres matières élastiques.) La seule différence de ses expériences avec les miennes, c'est qu'en chauffant longtemps (7 jours) à une température inférieure de 80° à celle où a lieu la fusion, il a obtenu la « déshydratation » sans donner lieu aux boursouflures. On voit bien que les lithophyses sont déjà des produits de cette dévitrification. En tout cas, la théorie que j'avançais sur le rôle de la dévitrification est complètement confirmée.

L'observation a montré que beaucoup de laves, même cristallines à première vue, contiennent une portion vitreuse plus ou moins abondante. Haüy était parti de là pour admettre que, durant l'ascension dans la cheminée volcanique, cer-

---

1. *Comptes rendus*, LXXXIII, 616, 1876 et LXXXVII, 737, 1878.

2. *Comptes rendus*, LXXXVII, 830, 1878. Voir mon volume : *Synthèse des Minéraux et des Roches*, in-8°, Paris, 1882, p. 138.

3. *Archives des Sciences physiques et naturelles d'avril 1902*, p. 17 du tiré à part.

taines roches contiennent des cristaux flottant au sein d'une matière liquéfiée par la fusion. C'est même en conséquence de cette théorie qu'il donna à l'un des minéraux des laves le nom de pyroxène qu'il porte encore, bien que la raison qui le lui a fait donner ait été reconnue inexacte. Ce nom, en effet, signifie littéralement « étranger au feu », Haüy considérant le minéral en question comme antérieur aux manifestations calorifiques du volcan. On a constaté depuis qu'il dérive de la fusion, c'est même un des corps qu'on a reproduits le plus facilement dans l'eau suréchauffée, suivant la féconde méthode de Sénarmont [1].

La théorie du pyroxène volcanique doit en outre s'étendre à l'explication des amas de petits cristaux complets de ce minéral qui s'accumulent parfois de façon à constituer des monticules considérables, comme aux Monti-Rossi (Etna). On peut croire que dans des laves analogues aux précédentes, la matière interposée entre les cristaux se solidifie si vite qu'elle reste vitreuse et même qu'elle se trempe de façon à se pulvériser spontanément à la façon des larmes bataviques. Réduite en particules très fines, elle est facilement entraînée par les eaux ou par le vent et laisse les cristaux seuls.

Un géologue anglais, Poulett-Scrope, qui a contribué plus que personne à l'établissement de nos connaissances sur les volcans éteints de l'Auvergne et qui a composé un ouvrage général sur

---

1. Le pyroxène se produit même par la fusion sèche, non seulement dans le laboratoire, mais même dans les laitiers des hauts fourneaux. Cette reproduction n'a qu'un intérêt très relatifs, la fusion sèche n'intervenant pas dans la nature.

les volcans [1] a fait une assez singulière supposition pour expliquer l'écoulement des laves. La plupart, selon lui, au moment de leur sortie, ne sont pas à l'état de fusion. Elles consistent en cristaux solides, glissant les uns sur les autres, à cause de la présence dans leurs intervalles d'une petite quantité d'un fluide élastique fortement chauffé. L'auteur fait cependant des exceptions pour les laves de Bourbon, de Ténériffe et de quelques autres localités qui seraient réellement fondues. Cette opinion est évidemment basée sur la présence de cristaux tout formés dans les laves coulantes, sur l'illusion par conséquent qui a conduit Haüy à imaginer le nom de pyroxène comme nous venons de le dire.

Quant à l'origine première des laves, on peut logiquement la chercher dans la transformation, sous l'influence de la chaleur avec la collaboration de solutions variées, des roches stratifiées et spécialement des schistes et des argiles. Cette hypothèse est pleinement vérifiée par la rencontre, dans les houillères embrasées, d'assises stratifiées qui ont pris la composition minéralogique de véritables laves et qui consistent, par exemple, en mélange d'anorthite et de pyroxène, ainsi qu'on l'a vu précédemment.

C'est encore à propos des roches volcaniques qu'il faut rappeler la supposition que les colonnades basaltiques, si pittoresques en tant de régions sont des assemblages de gigantesques cristaux [2].

---

1. *Considérations sur les Volcans*, traduction Pieraggi, Paris, 1864.

2. Voyez sur ce sujet : GREGORY WATT. *Observations on basalt, and on the transition from the vitreous to the stony texture wich occurs in the gradual refrigeration of basalt. Philosophical transaction*, 1804.

Guettard, qui a vu tant de choses capitales au sujet des volcans d'Auvergne, a écrit que le basalte est le résultat d'une cristallisation qui s'est opérée aux dépens d'une dissolution aqueuse. Desmarets, en 1774, corrigea cette erreur de son prédécesseur et cependant elle fut commise de nouveau à beaucoup de reprises, et Faujas Saint-Fond la développa [1].

En 1799, Thomas Smith décrit de même les cristaux de basalte auxquels il assigne une forme généralement « tétraédrique » (ce qui veut dire évidemment qu'il y voit des prismes à base quadrilatérale). Le basalte compacte, non colonnaire, est qualifié de basalte amorphe, mais, ajoute l'auteur, « il a généralement une forte tendance à cristalliser ». La forme « tétrahédrale » du granit est également décrite [2].

Trompés par les apparences, beaucoup d'observateurs ont méconnu les rapports du phénomène volcanique avec le phénomène éruptif.

Elie de Beaumont, avec un éclat spécial, qu'il tirait de son autorité personnelle, a décrété que le phénomène volcanique est un des traits distinctifs de la période actuelle, et que ce serait faire une confusion regrettable que d'en rapprocher la cause de la poussée des roches éruptives. Cependant, par une intuition qui tient du génie, Murchison avait déjà, depuis longtemps, reconnu des cendres volcaniques dans certains dépôts siluriens du pays de Galles [3]. Malgré cet éclair, la doctrine d'Elie de Beaumont fut professée par tous les géologues,

---

1. *Volcans éteints du Vivarais*, 1 vol. in-folio, Paris, 1785.

2. Merrill, *Contribution to the history of american Geology*, 1 vol. in-8°, Washington, 1906.

3. *Siluria*, 1 vol., 1839.

et il y a des ouvrages classiques qui en sont encore à l'affirmer.

Humboldt [1] distingue les roches d'éruption en deux classes suivant qu'elles sont sorties :

a. Volcaniquement, à l'état de fusion ;

b. Plutoniquement, à l'état de ramollissement plus ou moins marqué.

« La formation des volcans-actuels dont les cratères établissent une communication permanente entre l'atmosphère et l'intérieur du globe, ne remonte pas à une époque reculée, car les couches de craie les plus élevées et les formations tertiaires existaient avant ces volcans. C'est ce que démontrent les éruptions de trachyte et les basaltes qui forment souvent les parois des cratères de soulèvement... Il faut se garder de confondre les cratères actuellement actifs avec les épanchements antérieurs de granit, de porphyre quartzeux et d'euphotide, qui eurent lieu par des failles de l'ancien terrain de transition [2]. »

Poulett-Scrope écrivait [3] : « En 1821-25, la discussion était encore très animée entre les neptunistes et les vulcanistes au sujet de l'origine des floetz-trapp et ceux mêmes qui admettaient leur origine ignée, soutenaient encore que toutes les nappes aplaties de basalte qu'on trouve si souvent couronnant de hautes collines en forme de plateau ont été formées sous la mer et dans des circonstances totalement différentes de celles qui caractérisent les éruptions sub-aériennes actuelles. »

Encore en 1887, Fuchs déclare que « les vol-

1. *Cosmos*, I, 283.
2. *Ibid.*, 280.
3. *Volcans éteints*, p. 111, note.

cans n'ont apparu que dans les dernières périodes du développement de la Terre » [1].

La théorie de la continuité des phénomènes volcaniques est résultée de la découverte des roches stratifiées à composition minéralogique des roches éruptives, et dans lesquelles on trouve des fossiles et des parties charriées et roulées : par exemple, l'*euritine* de Thann (Vosges), la *pierre carrée* de la Basse-Loire, les *gores*, les *liens* et les *talourines* de Saint-Etienne, etc.

Cependant, en 1778, Fortis observant des fossiles marins dans les tufs basaltiques du val de Ronca (entre Vicence et Vérone) émit l'avis que la roche est une argile marine fondue par la chaleur interne du globe [2].

C'est principalement à la suite des études sur le gisement des roches éruptives anciennes en Écosse et dans d'autres régions analogues qu'on s'est rendu à la théorie des volcans paléozoïques, qui avait déjà paru au milieu d'un tissu d'idées controuvées [3] et qui fut reprise plus récemment [4].

La projection des cendres volcaniques s'est faite de la même façon à toutes les époques géologiques. Cependant, par une aberration qui se rattache aux doctrines primitives, on a essayé de défendre l'opinion que le phénomène éruptif, si manifeste pendant les anciennes périodes, s'était complètement arrêté durant les périodes dites secondaires. On a reconnu plus tard l'inanité de

1. *Les Volcans*, Bibliothèque scientifique internationale, Alcan.

2. D'ARCHIAC. *Paléontologie stratigraphique*, I, 38-39.

3. BREISLAK. *Institutions géologiques*, t. III, in-8°, Milan.

4. STANISLAS MEUNIER. *Les Causes actuelles en géologie*, 1 vol. in-8°, Paris, 1879.

cette conception contradictoire avec le fait de l'évolution planétaire.

La théorie d'après laquelle le « phénomène éruptif » était si nettement séparé du « phénomène volcanique » s'étayait sur la différence de composition et de structure des roches intercalées anciennes comparées aux laves modernes.

Les types lithologiques ne concordent pas entre les deux séries et les formations anciennes se montrent plus compactes que les récentes. Toutefois la multiplicité des analyses atténua les nuances et on interpréta les cavités des mélaphyres amygdaloïdes en les comparant aux bulles laissées par les vapeurs dans les parties hautes des coulées actuelles, par le dégagement de la vapeur d'eau.

C'est alors que la théorie de la différenciation des magmas prit naissance, et que put être réalisée la « synthèse du volcan type » d'après les résultats procurés par l'étude des gisements de tous les âges.

Ce « volcan type » a pour racine les dykes éruptifs visibles au travers des assises de tous les âges et de proche en proche dans l'épaisseur des roches primitives. Il a pour sommet le cratère et les coulées de la montagne actuellement en éruption.

Ce rapprochement a fait naître la théorie de l'évolution des magmas [1] d'après laquelle la colonne de matériaux fondus considérée dans son entier doit subir au cours de son refroidissement spontané une espèce de différenciation, compa-

_____

1. Suivant l'expression de POULETT-SCROPE. *Les Volcans*, traduction de PIERRAGI.

rable à la liquation des alliages métalliques conformément à l'expression de Durocher (1857).

Reyer a proposé de faire à la conception de la différenciation des magmas, des modifications qui ont reçu l'acquiescement de Matteucci[1]. Les chimistes ont plus d'une fois précisé cette conception en imaginant la production de certains composés qui, en se mélangeant ensuite selon des proportions diverses, donnent lieu à toutes les variétés de laves.

En 1851, Bunsen faisait dériver les roches acides et les roches basiques du mélange en proportions variées de deux pâtes spéciales provenant de foyers séparés : pâte trachytique (acide) et pâte pyroxénique (basique).

Rosenbuch en 1889[2] a proposé de substituer aux deux magmas de Bunsen les cinq magmas qu'il qualifie de : 1° magma des foyaïtes ; 2° magma des granits ; 3° magma des granito-diorites ; 4° magma des gabbros ; 5° magma des péridotites.

On a voulu aussi expliquer la différence d'allure de certains massifs éruptifs par l'intensité plus ou moins grande des différenciations subies en ces points par les magmas.

Ainsi M. Iddings[3], comparant les régions éruptives des Montagnes Rocheuses et de l'Amérique du Sud, pense que si dans la première, où d'ailleurs l'activité volcanique est éteinte, les roches passent des basaltes les plus basiques aux ryolithes les plus acides, c'est que le magma a eu le temps d'évoluer ; et que si dans les Andes du Sud

---

1. *Bollino della Societa sismologica italiana*, t. VI.

2. *Tsckermck minerlog. u. petrogra. Mittheilungen*, XI, 1890.

3. 7th *and* 12th *Ann. Rep. U. S. Geolgical Survey*, 1888 et 1891.

où les volcans sont actifs, les andésites sont sen- siblement neutres, c'est que ce temps a manqué.

Il présente comme confirmation les variations modérées des roches dans l'Amérique Centrale et au Mexique, où l'activité est encore sensible mais cependant peu accentuée.

M. Brögger[1] voit dans les roches de Christiania les différents termes de la différenciation d'un même magma. En estimant la proportion relative des diverses roches granitoïdes, telles que granitite, granit sodifère, nordmarkite (ou syénite quartzifère), akérite, syénite, gabbro et diabase, il en tire la composition moyenne du magma.

M. Brögger rattache aux variations successives d'un même magma les éruptions si remarquables qui se sont fait jour à l'époque triasique dans le sol du Tyrol méridional (Predazzo, etc.).

Beaucoup d'autres auteurs se sont livrés à des hypothèses de même genre, dans l'énumération desquelles il nous est impossible d'entrer. Le point à retenir, c'est que la succession de tous ces efforts paraît conduire de plus en plus à la continuité absolue des phénomènes volcaniques sans changement appréciable, depuis les origines jusqu'au moment présent.

ORIGINE DES GÎTES STANNIFÈRES. — Il nous reste à résumer un groupe de théories et de suppositions qui a contribué autant que les précédentes à effacer toute ligne de démarcation entre l'éruptionnisme ancien et le volcanisme.

Il s'agit de l'interprétation des fumerolles de

1. *Die Eruptivgesteine des Kristianiagebietes.* 3 vol. in-8°, Kristiana. 1894-1896.

tous les âges, qu'on avait tout naturellement commencé par méconnaître complètement.

Le type de ces formations est visible dans les gisements de fer oligiste et, par exemple, dans ceux de Rio-la-Marina, à l'île d'Elbe.

Les célèbres observations de Gay-Lussac sur le dépôt fumarollien actuel de l'oligiste sur les scories du Vésuve et la reproduction du phénomène à l'époque tertiaire pour les trachytes du Mont-Dore, conduisent la théorie, comme par la main, vers l'interprétation dont il s'agit.

Et si ce terme (le fer oligiste) est commun entre les deux séries des fumerolles actuelles et anciennes, il jette le jour le plus éclatant sur l'origine et le mode de formation des autres gîtes bâtis sur le même modèle que les amas de fer spéculaire. C'est donc toute l'histoire des amas stannifères, avec ses variantes depuis les mines de magnétite, de pyrrhotine, de chromite et de platine métallique, jusqu'aux gisements de kaolin avec émeraude, apatite et tourmaline qui se trouve rattachée à celle du phénomène volcanique.

Enfin cette théorie féconde permet de s'imaginer avec certitude les conditions des laboratoires profonds où s'alimentent les volcans d'aujourd'hui au point de vue des exhalaisons gazeuses qui s'y rencontrent et qui ne peuvent procéder à la surface qu'à des travaux minéralogiques très atténués. A cet égard on peut présumer par exemple que dans les profondeurs des volcans très chlorhydriqués comme ceux des îles Hawaï, il doit s'élaborer à l'heure actuelle de puissants dépôts fumarolliens, d'oligistes ou de cassitérite, etc.

CHAPITRE VIII

LES THÉORIES FILONIENNES

Les points de la Terre prédestinés à servir de berceau aux conceptions géologiques sont spécialement ceux où se présente quelque substance minérale d'application utile.

A cet égard, on sait que les hommes préhistoriques avaient déjà des notions d'exploitation souterraine et c'est avec un intérêt facile à justifier qu'on visite les vestiges, parfois très facilement reconnaissables, comme à Mur de Barrez (Aveyron) [1], des puits et des galeries d'où sont sortis maints rognons de silex ultérieurement convertis par la taille, en haches, en pointes de lance ou de flèches, en racloirs, en poinçons, etc.

Il n'y a presque pas d'imprudence à avancer, que ces hommes primitifs avaient fait des remarques sur les variations des gisements, sur les liaisons multiples des qualités du nodule recherché, avec l'apparence, la couleur, la dureté de la craie encaissante, et même qu'ils s'étaient fait des idées sur l'origine et le mode de formation de la matière qui leur rendait tant de services.

Cette supposition n'est que la transposition à un passé plus reculé, de ce qui a eu lieu au début

---

[1]. Boule. *Matériaux pour l'étude primitive de l'Homme,* 3ᵉ série, IV, 1887.

des temps modernes. On a vu, en effet, les premiers délinéaments de la Géologie se dégager peu à peu des pratiques séculaires des mineurs. Beaucoup d'entre eux ont écrit des ouvrages visant avant tout les règles pratiques propres à conduire au maximun du succès industriel, — et plus ou moins associées à des suppositions sur l'origine des minerais ou sur les causes auxquelles il faut rattacher les particularités de leur gisement.

En dressant la liste des premiers mineurs on est conduit à y comprendre une série d'hommes, qui furent de véritables initiateurs en Géologie. Et cette éclosion scientifique s'est naturellement réalisée dans les centres miniers les plus actifs, la Saxe, la Bohème et l'Angleterre.

Entre bien d'autres on peut retenir dans cette série les noms d'Agricola au XVIe siècle, d'Henckel (1725), de Sténon (1638-1687), de Wallerius, de Bergmann (1735-1784), de Delius, de Schlutter, de Cramer (1792), de Werner (1749-1817), de Hutton (1726), de Lasius (1789), etc.

ORIGINE DES FILONS MÉTALLIFÈRES. — Quand on cherche à comparer les diverses hypothèses dont les filons métallifères ont été le sujet, on est frappé de leur nombre et de leur variété.

Aussi leur classification qui, pour le dire en passant, avait déjà été tentée par Werner[1] n'est-elle pas sans grandes difficultés.

L'antiquité des conjectures sur les minéraux et sur les causes qui les ont produits se trouverait révélée par le nombre et la variété des idées

---

1. *Nouvelle théorie sur la formation des filons, traduction française de* DAUBUISSON, 1 vol. in-8º, Paris, an XI, 1802.

superstitieuses dont ils ont été l'occasion. En 1657, Agricola s'élève avec force contre l'opinion généralement admise alors que les planètes exercent une influence dans la formation des métaux. En effet, l'influence des astres et spécialement du Soleil a été développée par un grand nombre d'auteurs parmi lesquels on peut citer Utman, Elterlein, Meier et Loehneis [1].

On attribuait à plus d'un minéral un souffle personnel, une espèce d'âme. Le succin ou ambre, par sa vertu électrique, était, en effet, de nature à entretenir une pareille manière de voir, à laquelle les travaux récents sur la radioactivité ont rendu quelque actualité. Aussi voit-on dans maints ouvrages les gemmes et les minéraux affublés de vertus, bonnes ou mauvaises, extrèmement variées.

Boetius de Boodt, qui fut médecin de l'empereur Rodolphe II, fait des difficultés pour croire à ces qualités occultes, mais en même temps, il se défend de les nier [2]. « Personne, dit-il, n'attribuera ces propriétés à la pierre elle-même, mais aux esprits auxquels Dieu a commis et permis d'exercer ces facultés. Peut-être la substance des pierres précieuses, à cause de leur beauté, de leur splendeur, de leur dignité, est-elle propre pour être le siège et le réceptacle des esprits bons, tout aussi bien que les réceptacles mauvais sont les lieux puants, horribles et solitaires. »

Il s'agit avant tout, dans ce passage, des gîtes d'étain, longtemps rapprochés des filons, mais que les théories modernes transportent dans la

1. FOURNET. *Les Filons*, p. 30.

2. *Aquæ metallicæ vel minerales, gemmarum historia*, 1 vol. in-8e. Hanovre, 1609.

catégorie des fumerolles fossiles et considèrent en conséquence comme des manifestations volcaniques.

Boëtius de Boodt pensait que les pierres peuvent être engendrées dans le corps des animaux. Sa raison est une conséquence de l'observation : « *In homine siquidem*, dit-il, *sue, capra, boue, bufone, capricerno, gallogallinaceo, hyrundine, palumbellis, lucio, perca, cyprino, conchis ostreis, aliisque animalibus, sæpe lapides gemmarum instat reperiuntur.* » Il confond, comme on voit, des calculs, des graviers introduits dans le gésier des oiseaux, des concrétions destinées à l'entretien des carapaces, des perles, etc.

Les mines ont leurs petits génies, les kobolds et les nickels auxquels les praticiens ont cru plus que personne, malgré le contrôle qu'ils eussent pu, semble-t-il, exercer si facilement dans la circonstance.

Parmi les théories filoniennes qui se ressentent de ce point de vue bizarre, il faut citer la plus ancienne et qui se trouve résumée dans un petit livre paru en 1505 à Augsbourg, le *Bergbüchlein*. D'après Agricola, médecin aussi et surnommé le Pline de la Saxe, cet ouvrage aujourd'hui très rare, est l'œuvre de Calbus Fribergius, médecin distingué de Freiberg en Saxe et qui laisse voir quelque chose de sa profession dans sa doctrine à tournure physiologique.

Pour lui en effet, la naissance des minerais est précédée d'une fécondation du mercure par le soufre. Mais le résultat varie d'un moment à l'autre sous l'influence du Soleil ou des sept planètes, dont chacune préside à la génération d'un métal particulier, le métal rattaché à cet astre par les idées alchimistes : l'or au Soleil, l'argent à la Lune, le mercure à Mercure, le fer à Mars, le plomb à Saturne, le cuivre à Vénus, l'étain à Jupiter.

Ce qui rend cette théorie minière plus précise, c'est l'addition au texte de quelques gravures sur bois tout à fait remarquables pour les débuts de l'art de l'imprimerie. Certains dessins montrent les exhalaisons de la brume de la montagne et de l'efflorescence des filons, et c'est cette « humeur » qui est qualifiée de mercure.

Quel chemin parcouru de ce point de départ aux théories modernes, appuyées sur les expériences de Gay-Lussac et de Sénarmont, qui nous permettent d'assister à l'imitation artificielle de toutes les particularités des filons !

Un premier point à mentionner en abordant la série des théories filoniennes concerne les rapports entre les filons et les fissures du sol qui les renferment et spécialement la contemporanéité ou la succession de ces productions.

Wallerius[1] voit dans les filons des détails de la structure des montagnes, mais ne paraît pas avoir d'idée bien précise sur leur mode de formation.

Roesler[2] qui fut bergmeister, c'est-à-dire directeur des mines à Altenberg (en Saxe), où il mourut en 1673, développe l'opinion que les fentes et les filons ont la même origine et le même âge. Les premières sont des espaces ouverts

---

1. *Elementa metallurgica speciatim chemicæ conscripta atque observationibus experimentis et figuris Æneis illustrata à* JOHAN. GOTSCH. WALLERIO, 1 vol. in-8°, Holmiæ, 1768.

2. *Speculum metallurgicæ politissimum*, 1 vol. in-folio, Dresde, 1700.

et vides, les seconds sont ces mêmes espaces entièrement ou presque entièrement remplis.

Au contraire dans une dissertation peut être trop oubliée[1] Hoffmann suppose que les filons ont été formés dans des fentes préexistantes des montagnes : c'est là ce qu'il qualifie de matrices des métaux. Mais il n'insiste pas sur le phénomène de production.

Breislak[2] est d'avis que, lors du refroidissement de la masse terrestre, les matières métalliques furent transportées dans quelques parties de la superficie. Alors il se forma des boues hétérogènes, pierreuses et métalliques à la fois. Ces boues, encore fluides, se séparèrent sous l'impulsion des forces attractives.

De la Metherie[3] considère les filons, tant métalliques que pierreux, comme produits par une cristallisation contemporaine de la formation de la montagne dans laquelle ils se trouvent.

Le chef de l'école écossaise ou plutoniste, Hutton[4], en 1795, supposait que « certaines magnétites et que d'autres minerais associés à des roches éruptives basiques ont fait éruption au travers du sol, parce qu'il y a dans la profondeur un énorme noyau de fer métallique qui se fixe à l'état de métal fondu dans les fissures de la croûte superposée, soit à l'état de fer métallique, soit à celui d'oxyde magnétique associé au basalte. »

En 1839, W. Mather[5] décrit des veines de

---

1. *De Matricibus metallorum*, 1 vol., Freyberg, 1745.
2. *Institutions géologiques*, II, 284.
3. *Théorie de la Terre*, IV, 95.
4. *Explication de Playfair*.
5. *Sketch of the geology and Mineralogy of Connecticut*.

minerai de fer qui, suivant lui, auraient injecté le gneiss et les schistes cristallins des environs de New-York. Ces injections sont même regardées comme ayant fondu le gneiss dans certains cas.

Sir R. Murchison[1] se satisfaisait de l'idée que certaines magnétites de l'Oural ont coulé à l'état fondu de façon à remplir les dépressions qu'elles occupent aujourd'hui.

Foster et Withney acceptaient cette manière de voir. Ils pensaient en 1851, que les minerais de fer du Lac Supérieur ont été poussés à l'état métallique et fondus dans le lit de l'océan où ils se sont oxydés et que plus tard, ils ont été recouverts par les sédiments plus récents[2].

Le Dr Ebeneser Emmons[3] fut un ardent défenseur de cette hypothèse qu'il étendit aux veines et aux couches de quartz et de calcite.

H.-D. Rogers[4], en 1858, tout en admettant d'autres modes de formation des minerais de fer, pose en fait que « les minerais magnétiques se présentent exclusivement sous la forme de véritables veines d'injection ».

Parfois, suivant lui, ces minerais ont été injectés dans les gneiss et quelquefois dans les grès.

En 1864, Cotta acceptait l'hypothèse éruptive pour la magnétite, l'hématite et même la sidérose. Parmi les partisans de cette opinion pour certains gisements, on pourrait énumérer plus de trente auteurs, parmi lesquels Elie de Beaumont, Duro-

1. MURCHISON, DE VERNEUIL et DE KAYSERLING. *The geology of russia and Ural Mountains*, 2 vol., Londres, 1854.

2. *Report on the geology of Michigan,* 1849 à 1851.

3. *Descriptive geology of the fortieth Parallel*, Washington, 1877.

4. *Report on the geology of Pennsylvania*, 1858.

cher, Flight, Steenstrup, Zabo, de Chancourtois, Lawrence Smith, Judd, Fraser, etc.

En 1878, J.-W. Dawson dans son *Acadian Geology*, cite comme un bon exemple des failles remplies par fusion, une veine de minerai de fer associé à du carbonate de chaux et à du carbonate de magnésie. Il y a cependant là une chimie difficile à comprendre.

Avec une aussi remarquable indifférence des lois de la chimie, Wadsworth, en 1886, admet que le minerai du Lac Supérieur est sorti fondu du sol en compagnie du quartz qui lui est associé, soit à l'état de quartz granulaire, soit à l'état de jaspe, un jaspe particulier qu'il appelle jaspilite.

Le Dr Andrews, en 1852, prouva que le fer métallique est un minéral fréquent des basaltes (Slieve Mish, dans le conté d'Antrim) et par conséquent un produit éruptif.

De même dans le gabbro de la chaîne de Mesabi dans le Minesota, on trouve des quantités de fer magnétiques comme dans beaucoup de nos serpentines européennes.

Mais à côté des associations de ce genre, on peut citer des cas où des filons caractérisés sont liés à des roches éruptives et établissent l'union la plus intime entre les différents cas.

En 1735, Lehmann, Prussien appelé en 1761 à Saint-Pétersbourg par la grande Catherine, comme directeur du Musée impérial, voyait dans les filons, les branches et les rejetons d'un énorme tronc placé dans le sein de la terre [1].

Faujas Saint-Fond penche à croire que les

---

1. D. Joh. Gottl. Lehmanns. *Abhandlungen von den Metallmüttern und die Erzengung der Metalle*, 1 vol. in-8°, Berlin, 1753.

métaux sont produits « par la force végétative et peut-être même par l'animalité. »

Mais, dit Breislack[1], quand on songe que les êtres organiques embellissent seulement la surface de notre planète, il semble bien difficile qu'ils puissent avoir contribué ou qu'ils contribuent à accroître d'une manière sensible la masse de la matière et le nombre des substances qui composent le globe.

La théorie de Becher[2] consiste à attribuer les filons à des exhalaisons souterraines qui, s'élevant de l'intérieur de la Terre, pénétrant dans les filons, y exercent leur action sur les terres et les pierres qu'elles y trouvent propres à une transmutation.

C'était une vue comparable à certaines opinions modernes relatives aux gîtes de précipitation, dans la production desquels l'activité chimique de la roche encaissante joue un rôle prépondérant.

Jean-Frédérik Henckel (1679-1744), médecin à Freyberg, puis Conseiller des mines de l'Électeur de Saxe, roi de Pologne, rattache la formation des filons à un phénomène de fermentation réalisé à l'intérieur des roches[3]. Les bases des métaux et des minerais existent dans la roche ; la nature les y prend et elle en forme les métaux au

<hr>

1. *Institutions géologiques*, II, 287.

2. Jo. JOACHIM BECHERI. *Physica subterranea*, 1 vol. in-8º, Francfort-sur-le-Mein, 1669.

3. Ces curieuses idées sont exposées dans l'ouvrage intitulé *Pyritologia oder Kieshistorie*, 1 vol. in-4º, Leipzig, 1754. La traduction française : *Pyritologie* ou *Histoire naturelle de la Pyrite à laquelle on a joint la Flora saturnisans et les Opuscules minéralogiques* (en particulier le célèbre traité de l'*Appropriation*), forme 1 vol. in-4º, Paris, 1760.

moyen d'une dissolution à laquelle contribuent ensemble l'air, l'eau, le feu. L'auteur pense en outre que l'existence de certaines espèces de terre ou de pierre, qui servent de « matrices » aux métaux sont absolument nécessaires pour déterminer ces travaux intérieurs d'élaboration.

Élève de Henckel dont il publia les écrits, Zimmermann, qui fut en 1745 Commissaire du grand conseil des mines de la Saxe, suppose que les matériaux filoniens résultent d'une simple transformation des roches encaissantes [1]. Suivant lui, les filons étaient autrefois absolument de même nature que la roche ; mais quelque substance saline ayant pénétré dans les fissures de cette roche, en a altéré et décomposé le tissu et l'a rendue propre à être transformée en minerai.

De Charpentier, vice-recteur des mines de la Saxe, s'est rangé à l'opinion de Zimmermann [2]. Il est nettement contraire à la théorie qui voit dans les filons des fentes remplies postérieurement à leur formation.

De Trebra [3] eut également des idées analogues à celles de Zimmermann. La cause des filons ne doit pas être cherchée dans ces grands phénomènes tels que les feux souterrains et les tremblements de terre qui, par la promptitude et la dimension de leurs effets, produisent sous nos yeux des changements subits. L'auteur les trouve dans la putréfaction et la fermentation. Peu im-

1. *Obersæchsische Bergakademie.*

2. *Mineralogische Geographie der Kursæchsischen Lænde,* 1 vol. in-4°, Leipzig, 1778.

3. *Erfahrungen von Innern der Gebirge nach Beobachtungen gesammelt und heraus gegeben,* 1 vol. in-folio, Leipzig, 1785.

porte, dit-il, le nom qu'on donne à cette force qui met tout en mouvement dans l'intérieur du globe.

Dans les eaux minérales, Boëtius de Boodt[1] voit les transmutations les plus variées : l'antimoine et le plomb se changent en jacinthe, et le minium en émeraude, etc.

Lasius[2] pense que des eaux chargées d'acide carbonique et d'autres dissolvants s'étant introduites dans les fissures des montagnes, elles y ont dissous les particules attaquables et les ont déposées sous l'influence de quelque précipitant dans les espaces qu'occupent aujourd'hui les filons. Il laisse à décider si ces eaux ont trouvé les particules toutes formées dans la masse du rocher où si elles les ont engendrées.

Bischoff[3] en 1847, a signalé des dépôts ferrugineux (chimiques ou mécaniques) au griffon de certaines sources. Mais cette origine ne paraît pouvoir s'appliquer qu'à des formations extrêmement limitées.

L'action génératrice de l'eau a d'abord été considérée comme impossible. Playfair dans son explication de la théorie de Hutton dit (p. 70) :

« Pour affirmer que l'eau a été capable de dissoudre ces substances (quartz, feldspath, fluorine, sulfures métalliques, etc.), il faudrait lui reconnaître une puissance qu'évidemment elle n'a pas à présent ; et ainsi introduire une hypo-

---

1. *Aquæ metallicæ vel minerales gemmarum historia*, 1 vol. in-4º, Hanovre, 1609, p. 15.

2. *Beobachtungen uber die Harzgebirge, als ein Beitrag zur mineralogische Naturkunde*, in-8º, Hanovre, 1789.

3. *Lehrbuch der chemischen und physikalischen Geologie*, Bonn, 1840.

thèse non seulement gratuite, mais qui, physiquement parlant, est absurde et impossible. »

Dès 1836, H. Lecoq étudiant le sol de l'Auvergne, écrivait que bien des filons métallifères ne sont que la trace des conduits par lesquels les eaux minérales circulaient dans le sol.

Nous voyons se répéter pour les sources et pour les filons les mêmes conditions favorables que pour les volcans et les poussées de roches éruptives.

En 1833 Bakewell voulut rattacher tous les dépôts stratifiés de fer à l'histoire du minerai des marais ; mais il le fait dans des termes très vagues.

En 1869, Sterry Hunt revient à la même hypothèse et à sa suite, Dana, Newberry, Joseph Le Conte, Archibald Geikie. On ne peut contester qu'elle ne se soit réalisée parfois. Mais il y a des minerais dans l'archéen avant l'apparition de la vie organique.

Il y eut à cette occasion une discussion intéressante. On fit remarquer que le minerai de fer des lacs n'est peut-être pas un indice absolu de la vie, car il peut y avoir, sans celle-ci, de la matière organique.

Le graphite des gneiss. en effet, pourrait résulter comme celui des météorites de réactions purement minérales. C'est l'argument de L. Smith[1].

A.-C. Becquerel[2] a publié des séries d'expériences tendant à montrer que des actions électriques determinent la cristallisation de substances filoniennes.

---

1. *Chemical researches.* 1 vol. in-8º, Liouville. 1878.
2. *Traité de l'Électricité et du Magnétisme*, t. I. p. 542 et suiv.

La pyrite (?), le chromate de plomb, le phosphate de fer ont été de la sorte reproduits. Fox (1822), Becquerel (1835), De la Bêche (1839), De Castro (1878) ont défendu sous diverses formes cette idée que le fer a été concentré dans ses gisements par des actions électriques. Mais on a généralement abandonné cette hypothèse.

Hitchcock, en 1835, ayant recherché l'origine des concrétions ferrugineuses trouvées dans la vallée du Connecticut, écrit : « Je ne connais aucun agent qui puisse avoir accompli la séparation du fer du liquide qui le tenait en dissolution, sinon l'électricité galvanique. Je soupçonne fortement l'électricité galvanique d'avoir été un agent principal dans les phénomènes de concrétion de toutes sortes. »

Les dendrites ont été attribuées à des empreintes végétales jusqu'à l'époque de Scheuchzer qui, le premier en 1700, dans son *Epistola de dendritis aliisque capidibus*[1] reconnaît qu'elles se sont produites par des infiltrations de matières minérales dans les fissures des pierres.

A propos de semblables suppositions, A.-C. Becquerel a fait l'hypothèse d'une force électro-capillaire[2].

Préoccupé du minerai des houillères, W. Rogers[3] pense que la matière organique a pu réduire de l'oxyde de fer qui était en mélange dans les limons et qu'il s'est converti en carbonate. Aucun autre auteur n'a adopté cette opinion.

Dès 1847, Bischoff, dans le travail déjà cité

---

1. *Ephemerides Naturæ Curiosorum*, 3ᵉ décade, 1700.
2. *Traité de l'électricité* déjà cité.
3. *Geology of Pennsylvania*.

sur l'action du sulfate de fer a supposé la substitution de l'oxyde de fer à la chaux dans des roches originelles. Un grand nombre d'auteurs ont adopté et perfectionné cette hypothèse.

C'est en 1837 que C.-U. Shepard [1] a présenté le premier la théorie extrêmement féconde de la décomposition de la pyrite ou d'autres minéraux ferrugineux renfermés dans des schistes décomposés et transformés en solution de sulfate de fer qui est plus tard précipité par le carbonate de chaux. Bischof en 1847, Sterry Hunt en 1869, Emmons en 1876, Lewis en 1880 y arrivèrent également.

Le conseiller des mines Baumer affirme que la formation des filons est postérieure à celle des montagnes [2]. Ils ont été formés par l'ancienne mer, car leur extrémité supérieure est souvent recouverte de plusieurs couches schisteuses. On trouve même quelquefois dans les cavités et dans la masse des filons des animaux marins pétrifiés.

Dans le troisième livre de son ouvrage paru sous le titre de *Ortu et causis subterraneorum*, Agricola admet que les fentes dans lesquelles sont renfermés les filons se sont ouvertes, les unes lors de la production même de la montagne qui les contient, les autres plus tard sous l'influence de la circulation souterraine des eaux. Il regarde les minerais et les métaux comme provenant d'une dissolution dans laquelle les terres et l'eau se sont intimement combinées et mêlées en de certaines proportions ; ces minerais ont d'abord

---

1. *Mineralogical Survey of Connecticut*, 1837.
2. D'après FOURNET. *Les filons.*

été convertis par la chaleur en une sorte de suc ou de limon, qui a été ensuite durci par le froid [1].

C'est en commentant l'ouvrage de Joachim Becher que le célèbre Stahl a été amené à dire son avis sur l'origine des filons métallifères [2]. Dès les premiers temps de l'existence du globe, il s'est formé des fentes considérables. Ces fentes ont été ensuite remplies, par le déluge, d'une espèce de limon ou d'argile molle, et des émanations provenant des régions internes ont converti ces substances en minerai. Il est juste d'ajouter qu'ultérieurement, Stahl, abandonnant cette hypothèse, en revint à l'idée que les filons, avec le minerai qu'ils contiennent, sont aussi anciens que les montagnes, ayant seulement subi quelques légères modifications de la part de l'air et d'autres causes.

Selon Delius [3] les filons sont des fentes ouvertes par un desséchement de la roche et qui se sont ensuite remplies. L'eau de la pluie ayant pénétré dans le corps des montagnes, y a délayé, dissous et ensuite conduit dans les fentes les parties qui servent de base aux pierres et aux métaux. L'air et la chaleur du Soleil exerçant leur action dans les filons, y ont produit l'évaporation de l'eau et la combinaison des substances pierreuses et métalliques.

1. *De Re metallica libri XII*, 1 vol. in-folio, Bâle, 1657. — Le vrai nom d'AGRICOLA est BAUER ; il l'a simplement traduit en latin.

2. *Speculum Becherianum.*

3. *Abhandlungd von dem Ursprunge der Gebirge und der darin befindlichen Erzadern oder sogennanten Gange und Klüfteinglei- chen von der Vererzung der Metalle, und insonderheit des Goldes,* 1 vol. in-8°, Leipzig, 1770.

Werner[1] part de ce fait, dont il donne des preuves nombreuses, que les fentes sont antérieures aux filons. Il admet ensuite que ces fentes ont été remplies par le haut, et l'on sait que cette manière de voir constitue l'une des bases fondamentales de toute la théorie neptuniste.

Il est très intéressant de constater que l'illustre auteur considère comme confirmations de sa théorie des circonstances qui paraissent aujourd'hui appuyer d'une manière décisive l'hypothèse de Sénarmont, c'est-à-dire le remplissage par en bas, à l'aide du mécanisme hydrothermal. Par exemple, la qualité de précipités des matériaux qui, en s'accumulant, ont rempli les fentes, « fournis, dit-il, par une dissolution aqueuse, presque toujours chimique »; par exemple encore, la coexistence dans le même filon d'un nombre parfois considérable de minéraux différents ; par exemple enfin, la présence dans les filons de fragments des roches encaissantes et, pour l'ordinaire, de roches provenant de régions relativement superficielles.

La théorie d'Elie de Beaumont a été résumée par lui dans ses *Etudes sur les émanations volcaniques et métallifères*. Ce mémoire fit une profonde sensation et ses diverses parties sont à retenir. Toutefois on y remarque une confusion entre les gîtes stannifères et les filons, qui suffit à montrer que le point de départ de l'auteur n'est pas entièrement correct.

---

1. *Nouvelle théorie sur la formation des filons ; application de cette théorie à l'exploitation des mines, particulièrement à celles de Freyberg*, traduction française de DAUBUISSON, 1 vol. in-8°, an XI, 1802.

Dans la partie qui paraît définitive, l'illustre géologue fait remarquer que le gisement des filons est analogue à celui des eaux minérales. « La différence principale, dit-il, consiste en ce que les sources thermales sont coordonnées à des roches éruptives modernes, tandis que les filons sont coordonnés à des roches éruptives anciennes. Les anciens foyers se sont refroidis [1] et l'activité intérieure s'est reportée ailleurs. »

On pourrait citer nombre de localités qui viennent appuyer cette opinion en nous montrant des eaux minérales sortant de filons comme si elles étaient la suite des ruissellements générateurs des gîtes.

1. Ceux seulement qui ont été amenés à la surface et qui sont ainsi devenus accessibles à nos études.

CHAPITRE IX

LES THÉORIES ÉROSIVES

ORIGINE DES VALLÉES. — L'histoire des inégalités du sol et des causes qui leur ont donné
naissance est loin de se cantonner dans le chapitre orogénique. Depuis bien longtemps les
géologues envisagent un « problème du creusement des vallées » qui a donné lieu à une grande
dépense d'imagination et dont l'étude a procuré
beaucoup de résultats intéressants.

Il y a tout de suite un départ à faire entre
deux catégories évidemment très différentes de
vallées [1].

Les unes, en effet, sillonnent les pays montagneux ; les autres sont dans des régions relativement unies et entre ces groupes, les différences
se multiplient quant à la manière d'être des
roches encaissantes.

Du reste un moment de réflexion suffit à montrer que l'origine de certaines vallées de montagnes doit se rapprocher beaucoup de celle des
montagnes elles-mêmes. Il suffit qu'il se soit
formé des bourrelets orogéniques voisins ou que
ces bourrelets présentent des variations de hau-

[1]. Beaucoup d'auteurs ont voulu classer les différents types de
vallées, mais ils ne sont arrivés ainsi à rien qui soit de nature à
servir de guide à la théorie.

teur d'un point à l'autre, pour que des vallées soient constituées du même coup, dans l'intervalle des saillies.

Les variétés de formes des vallées sont innombrables, les unes très larges et relativement peu profondes, passent par gradation aux vallons et aux ravinements ; les autres, étroites, à parois abruptes constituent les ravins et les gorges.

A ces dernières se rattachent, par les intermédiaires de forme les plus ménagées, une série de cavernes qui sont évidemment de la même famille que les abîmes auxquels elles sont si normalement associées. Certains de ces abîmes semblent des puits naturels non remplis et ces derniers passent progressivement à des dépressions superficielles parfois peu accentuées comme les *creuses* du Nord et les *rideaux* de la Picardie.

Le sujet, comme on voit, est assez complexe, et il en est sorti de nombreuses hypothèses, parmi lesquelles nous chercherons à classer celles qui ont eu pour objet l'origine des vallées. Breislak rattache cette origine à celle des montagnes, c'est-à-dire pour lui, à l'origine de la Terre. Les montagnes provenant « du dégagement souterrain des gaz occlus dans le magma primitif », il est arrivé que des bulles de ces gaz se sont refroidies et condensées, sans avoir pu briser l'enveloppe de la coque qui les renfermait. « Ces cavités, dit-il, qui n'étaient autre chose que des séparations de continuité vers la superficie ont donné origine aux vallées, et selon le mode par lequel je les conçois produites, on voit que dans chaque chaîne de montagnes, elles doivent avoir des relations et des communications entre elles » [1].

De Boucheporn, qui voit le moteur des actions géologiques dans le déplacement de l'axe de rotation de la Terre [2], n'a pas manqué d'appliquer son idée générale à l'histoire des vallées de montagnes. « Le résultat caractéristique des failles, c'est-à-dire la différence de niveau qui les accompagne constamment est dû, dit-il, à l'expansion instantanée des grandes fractures parallèles à l'équateur, par suite du changement de la courbure dans le méridien et, avant le refoulement de celui-ci, par la pression venue des pôles : de cette expansion résulte la chute d'un massif en surplomb, qui donne lieu, d'une part, à un grand abaissement de niveau dans la faille principale, et de l'autre à la formation d'une série de fractures secondaires à niveaux échelonnés en sens inverse. Une des principales conséquences dé ces mouvements est là production des vallées de fracture ét en général de toutes les dépressions du sol assujetties à un alignement exact. »

Les vallées produites par action orogénique, dites vallées de fracture, expression dont on a un peu abusé, comme nous le verrons plus loin, ont été englobées par les théoriciens qui se sont occupés d'orogénie, dans les considérations qu'ils ont eu à faire valoir pour les montagnes.

L'un d'eux a résumé l'impression que doit faire à première vue l'aspect des régions déchi-

---

1. *Introduction à la Géologie*, trad. de J.-J.-B. Bernard, 1. vol. in-8°, Paris, 1812, p. 302.

2. *Étude sur l'Histoire de la Terre*, 1 vol. in-8° avec cartes et planches, Paris, 1844.

rées des grandes chaînes [1]. « Il a fallu, déclare-t-il, une cause générale, uniforme, violente et prompte pour arranger la surface de la Terre comme elle est à présent. »

Ainsi qu'il le remarque, partout les grandes chaînes sont profondément sillonnées dans leur longueur. Des grandes vallées qui les bordent sont pleines de leurs débris. Partout les plaines sont composées de matières transportées qui viennent des montagnes environnantes et souvent de pays étrangers.

La thèse que veut servir l'auteur, c'est que la Terre est extrêmement récente et qu'elle a acquis tous ses caractères dans un temps fort court.

Dolomieu pense [2] que les vallées qui descendent du Mont-Rose et où l'on voit, des deux parts, des masses de roches qui se correspondent « doivent leur naissance à d'énormes fentes et à l'intervalle qu'ont laissé entre elles d'immenses masses disjointes » [3].

Le type des vallées de ce genre pourrait être pris dans la dépression où coule le Rhin entre les deux massifs si remarquablement symétriques des Vosges et de la Forêt-Noire, dont Elie de Beaumont et Dufrénoy ont fait la théorie complète d'une manière magistrale [4].

Suivant Daubrée [5], les cassures du sol qui ont

1. *Théorie de la surface actuelle de la Terre, ou plutôt : Recherches impartiales sur le temps et l'agent de l'arrangement actuel de la surface de la Terre, fondées uniquement sur les faits, sans systèmes et sans hypothèses ;* par M. ANDRÉ, connu ci-devant sous le nom de P. Chrysologue, de Gy, capucin, 1 vol. in-8º, 1806, p. 279.

2. *Rapport à l'Institut de France sur ses voyages des ans V et VI.*

3. Cité par BREISLAK. *Institutions géologiques*, II, 197, en note.

4. *Explication de la Carte géologique de France*, t. I.

5. *Études de Géologie expérimentale*, 1 vol. in-8º, Paris, 1879.

déterminé la production et l'association des vallées de montagnes, peuvent s'imiter par la torsion d'une lame convenablement fragile telle qu'une glace.

Enfin d'un consentement unanime, certains traits des vallées de montagnes leur sont procurés par la circulation des torrents. Les études auxquelles ceux-ci ont été soumis ont provoqué des hypothèses sur leur manière d'opérer.

On a constaté chez eux, d'une manière évidente, la faculté régressive qui les conduit à remonter progressivement leur origine ou source sur les flancs très abruptes des montagnes où ils prennent naissance.

Quand les localités sont favorables, comme, par exemple, sur le versant méridional du mont d'Arvel, au-dessus de Villeneuve, en Suisse, on peut appliquer à l'histoire des torrents la théorie de la capture dont nous dirons un mot plus loin, à propos des rivières [1].

La théorie de l'érosion torrentielle a été précisée jusque dans les détails et elle a conduit à signaler des termes évolutifs dans le creusement des gorges de montagnes [2].

La discussion n'est certainement pas près de finir entre les géologues qui refusent tout pouvoir érosif aux glaciers et ceux qui les considèrent comme ayant creusé le sillon dans lequel ils s'écoulent.

« Parmi les partisans de la réalité du travail, on peut citer MM. Finsterwalder, Blümcke,

---

1. STANISLAS MEUNIER. *Étude sur le terrain quaternaire du canton de Vaud*, Autun, 1892, 1 brochure de 60 pages avec deux planches en phototypie.

2. LE MÊME. *La Géologie générale*, 2ᵉ édition, vol. in-8°, 1909.

Hesse, Drygalski, Salomon, Moris Davis [1]. Parmi les autres, qui sont également nombreux, nous mentionnerons Bleicher [2], Alph. Favre, Lapparent, qui déclare que « nulle part on n'a vu les glaciers creuser ou affouiller leur lit composé de roches dures ni découper leurs parois comme font les torrents [3] ».

« Le fait que les anciens *polis* glaciaires se montrent à nous sans la moindre discontinuité du haut en bas des gorges d'aujourd'hui occupées par les glaces, dit le même auteur [4], prouve jusqu'à l'évidence que ces gorges étaient creusées dans leurs dimensions actuelles quand le phénomène glaciaire a commencé ses manifestations. »

Cependant l'étude logiquement conduite des glaciers, mène à une opinion diamétralement opposée et on constate que les glaciers creusent leur vallée exactement comme le faisaient tout à l'heure les torrents.

L'allure est tout autre, aussi lente qu'elle est rapide dans les torrents, mais les effets sont les mêmes.

Un glacier pousse sous lui un charroi de pierrailles qui pèse sur la roche sous-jacente de tout le poids de la masse congelée. On s'imagine sans peine l'efficacité de cette friction dont les témoignages nous apparaissent sous deux formes complémentaires : d'un côté, l'abondance du limon de broyage qui fait des torrents glaciaires de véritables courants de boue et dont le trouble

---

1. *Proceedinge of the Boston Society*, XXIX, 273, 1900.
2. *Les Vosges*, 1 vol. in-8º, p. 83.
3. *Traité de Géologie*, 2º édition, 1 vol. in-8º, 1885, p. 285.
4. *Traité de Géologie*, 4º édition, p. 1258.

contraste avec la limpidité des cascades qui, précipitées des montagnes sur le glacier et glissant par ses crevasses, viennent lécher la glace. De l'autre côté, la hauteur des roches moutonnées qui dominent le glacier et qui sont les niveaux abandonnés successivement par lui au cours de sa pénétration verticale dans le sol. On ne voit pas quel signe plus évident pourrait nous en être conservé, et cependant il faut constater qu'il a été complètement méconnu.

D'après M. Penck [1], la différence entre l'érosion glaciaire et l'érosion fluviaire ne serait pas qualitative mais quantitative.

On peut voir dans une foule de cas le travail du glacier parallèle à celui du torrent qui coule au-dessous de lui : par exemple, la source de l'Aveyron (Mer de Glace) aux glaciers d'Argentières et du Tour et bien ailleurs.

M. de Martronne [2] a essayé d'évaluer l'activité érosive des glaciers.

Il va sans dire que dans les pays de montagnes les mieux caractérisés, on rencontre de tous côtés des vallées de divers ordres en tous points comparables à celles des pays de plaines, mais dont la formation peut être bien plus complexe.

Aussi, certains théoriciens ont-ils pensé que les glaciers ont pu déterminer, provoquer même le creusement des larges vallées. Cependant ce n'est plus en agissant à l'état solide, mais en donnant lieu, par leur fusion instantanée, à des torrents d'eau liquide déchaînés sur les régions situées en contre-bas.

---

1. *Entziehle der Erozion*, 1 vol. in-8°, Wien.
2. *Comptes rendus de l'Académie des Sciences*, CL., 135, 1910.

Par exemple, on s'est demandé si les Alpes n'ont pas été à un certain moment le siège d'un réchauffement rapide déterminant la brusque fusion des glaciers dont elles étaient recouvertes jusque-là. A cette supposition, qui a été appliquée à l'histoire de la vallée de la Seine, on a opposé la difficulté de comprendre, en présence de l'énorme chaleur latente de fusion de la glace, la source de chaleur déterminant un pareil effet et surtout dans le temps très court regardé comme nécessaire.

L'action directe de la mer a été mise aussi à contribution. Louis Bertrand est d'avis que dans la vallée du lac de Genève, la plaine et les coteaux sont aujourd'hui à peu près tels qu'ils étaient à l'époque où ils sortirent de dessous les eaux de la mer [1]. Cette seule assertion indique suffisamment le système de l'auteur, qui l'applique à l'histoire de toutes les vallées. Il pense que les continents se sont formés sous la mer et qu'ils en sont sortis comme nous les voyons aujourd'hui.

Bien antérieurement, Henri Reboul, qui fut correspondant de l'Institut, avait défendu cette thèse que le creusement des vallées est un contre-coup de l'exhaussement progressif du sol et, conséquemment, de l'abandon des aires continentales par la mer [2]. C'est pendant cet abaissement de la mer que celle-ci « a pu battre successivement tous les étages des montagnes en les abandonnant l'un après l'autre ».

Hébert [3] n'a pas craint d'imaginer que toute la

---

1. *Renouvellement périodique des continents terrestres*, 1 vol. in-8°, Paris, an VIII.

2. *Géologie de la période quaternaire*, 1 vol. in-8°, Paris, 1833.

3. *Bulletin de la Société géologique de France*, t. XX, p. 118, 1862 et t. XXI, p. 65, 1863.

France a subi un double mouvement de bascule : d'abord sa région septentrionale s'est affaissée sous la mer, de façon à permettre à la Manche de venir baigner le pied des Alpes, et puis un mouvement inverse, et plus brusque, encore a remis les choses en l'état où nous les voyons, c'est-à-dire a renvoyé la mer dans son lit.

C'est ce voyage de retour qui a donné lieu au rabotage dont les vallées sont le résultat. On ne se préoccupe pas d'expliquer comment les sillons qu'on a en vue sont bien loin d'être tous dirigés parallèlement les uns aux autres, parallèlement aussi au trajet parcouru par l'eau ravinante ; comment, par exemple choisi entre mille autres, l'Avre, de Verneuil à Dreux, a son cours dirigé précisément à l'inverse de la direction voulue.

Une série d'auteurs rattachent le creusement des vallées à la débâcle subite de certains lacs.

C'est l'opinion de Sulzer [1] entre autres.

En voyageant dans les montagnes du Harz, il remarqua que, depuis le sommet du Brocken jusqu'aux environs d'Ilzebourg la vallée qu'il avait suivie montrait plusieurs bassins superposés en amphithéâtres, communiquant entre eux par des gorges très étroites. Il supposa que chacun de ces bassins avait été primitivement un lac ; que tous ces lacs étaient les uns au-dessus des autres ; qu'ils s'étaient écoulés successivement, de façon qu'il n'en reste plus aujourd'hui qu'un tout petit vestige sous forme de faible ruisseau. Les eaux de ces lacs, en s'écoulant avec impétuosité, avaient creusé la vallée.

C'est à peu près de la même manière que

---

1. *Mémoires de l'Académie de Berlin*, année 1762.

Delametherie cherche à rendre compte de la production de la vallée du Rhône, à partir de Fort-l'Ecluse, par l'écoulement subit du lac de Genève [1].

Bien plus récemment, le Dr Eugène Robert a pensé que la vallée de l'Aisne a été creusée par l'épanchement brusque d'un grand lac, à la suite d'un soulèvement de l'écorce terrestre [2].

La théorie dite diluvienne tire son nom du lien qu'on a supposé entre le creusement des vallées et le déluge universel, dont les eaux, en regagnant les abîmes, par l'intermédiaire des océans, se seraient écoulées à la surface des continents en y laissant la trace de leur passage. A cet égard, il se trouve que la vallée de la Seine est tout spécialement associée aux études sur le creusement des vallées, mais ce qui la concerne a été appliqué à l'immense majorité des vallées. Déjà, dans leur célèbre *Description géologique des environs de Paris*, Alex. Brongniart et Cuvier décrivent le terrain caillouteux sur lequel coule le fleuve comme une formation rattachable à un régime violent :

« Ce sol, disent-ils [3], renferme quelquefois de gros blocs de grès et de meulières qui y sont épars et qui, formés ailleurs, y ont été apportés par des forces dont nous ne connaissons plus d'exemple dans nos cantons ! »

« Les travaux que l'on a faits dans la plaine de

1. *Leçons de Géologie données au Collège de France*, 3 vol. in-8°, Paris. 1816, t. I, p. 251.

2. *Comptes rendus de l'Académie des Sciences*, t. LXXVII. p. 489 et 955.

3. *Description géologique des environs de Paris*, 1 vol. in-8° (avec un atlas in-4°). 3° édition. Paris, 1835, p. 562.

Boulogne pour la construction du nouveau pont
de Sèvres et de la route qui y conduit, disent
plus loin les mêmes auteurs, nous ont donné des
notions précieuses sur la structure du sol de transport de cette partie de la vallée de la Seine,
notions qui sont venues pleinement confirmer
l'opinion que ce n'est point la Seine actuelle, ni
aucun cours d'eau ayant la même origine que
cette rivière, qui a creusé la vallée dans laquelle
elle coule. »

Dès 1839, Alexandre Bertrand a fait à la théorie de Cuvier et Brongniart des objections qui
nous paraissent aujourd'hui très courageuses[1].
« Quelle cause, se demande-t-il, a donc pu enlever ces couches épaisses et souvent si dures qui
manquent dans les vallées ? On a supposé que
c'étaient des courants puissants dont nos rivières
ne sont que les faibles restes et qui ont entraîné
dans la mer les débris qu'ils ont balayés ; mais
quels cours d'eau, quels torrents seraient capables
d'enlever les énormes masses qu'il aurait fallu
déplacer pour creuser nos vallées ? Et comment
supposer une pareille violence à ceux dont on
admet l'existence, quand on considère combien
les lieux qui doivent leur avoir servi de lit ont
une pente douce ? La Seine coule dans la plus
inclinée de ces vallées et, dans ses plus grands
débordements, elle n'a pas la force de déplacer
une pierre grosse comme la tête. Comment ces
cours d'eau auraient-ils, dans un espace souvent
assez étroit, enlevé les couches supérieures à une
si grande profondeur, sans endommager les ter-

1. *Lettres sur les Révolutions du Globe*, 1 vol. in-8° avec planches
gravées, Paris, 1839.

rains mous et sableux qui restent quelquefois suspendus à pic au-dessus des vallées, à des hauteurs très considérables ? Comment imaginer qu'aucune partie de ces terrains brisés ne se fût précipitée dans les cours d'eau, de manière à ce que leur fond présentât au moins quelque analogie avec les plateaux qui la bordent. »

Néanmoins, la doctrine diluvienne prit une grande extension : pendant de longues années, tout le monde l'adopta et elle trouva un défenseur convaincu dans Belgrand [1].

Suivant lui, « la vallée actuelle était, à l'époque quaternaire, le lit d'un fleuve gigantesque coulant dans le même sens que le fleuve actuel, qui n'en serait qu'un faible résidu. Les eaux très limoneuses étaient trop rapides d'abord pour déposer les troubles qu'elles charriaient. Leur vitesse leur permettait de creuser progressivement le fond de la vallée ; mais à mesure que la dépression augmentait, le niveau baissait sur les plateaux et le fleuve subissait un ralentissement proportionné. C'est alors que le limon des plateaux se serait déposé ! » Les parcelles grossières allaient s'accumuler sur les points des flancs des coteaux disposés de façon à se trouver préservés du choc direct de l'eau et y constituaient le dépôt que Belgrand a cru devoir distinguer sous le nom de diluvium des coteaux [2]. Enfin, les sables et les galets « voyageaient au fond du lit et se disposaient en longues bandes sur les terrasses par un mécanisme que l'on met en usage dans nos égouts, pour y faire circuler les sables et les cailloux. A

1. *La Seine. Le Bassin parisien aux âges antéhistoriques*, 1 vol. in-4º avec 2 atlas in-4º, Paris, 1869.

2. *Bull. de la Soc. géol. de France*, 2ᵉ série, 1868, t. XXV, 499.

leur suite s'étendaient les limons : les rouges sur les terrasses élevées et le lœss sur le diluvium gris ».

L'acquiescement à la théorie de Belgrand fut, on peut le dire, universel, et il fut hors de discussion que les rivières ont creusé les vallées dans lesquelles elles coulent.

Telle fut d'ailleurs l'hypothèse, pour ainsi dire intuitive, de beaucoup d'auteurs. Déjà en 1282, dans sa *Compositione del mondo*, Ristoro d'Arezzo [1] parle de la force érosive de l'eau comme cause des vallées.

Comme une grande difficulté pour comprendre l'érosion par la Seine de toute la vallée, concerne la nature et le siège des sources qui ont alimenté le prétendu courant quaternaire, on a été amené à faire à cet égard de nombreuses suppositions.

Belgrand [2], par exemple, pense que la vallée de la Seine a été creusée entre « l'émergement des calcaires de Beauce et le soulèvement des marnes bleues et des autres terrains pliocènes qui tapissent le pied des Alpes et des Apennins... Or, ajoute-t-il, c'est précisément à cette époque de l'histoire de la Terre qu'ont eu lieu les dernières convulsions terrestres qui ont donné aux Alpes leur relief actuel... Je partage l'opinion de M. Élie de Beaumont ; je crois que le soulèvement des Alpes s'est fait rapidement et que c'est à ce grand cataclysme qu'il faut attribuer le déplacement d'eau qui a raviné le bassin de la Seine ».

Plus loin [3], l'auteur ajoute : « Le relief actuel

1. Cité par Suess. *Face de la Terre*, trad. française, t. II, p. 10 en note.
2. *Loc. cit.*, p. 39.
3. *Loc. cit.*, p. 7.

du bassin de la Seine se comprend très bien, si l'on suppose que l'emplacement de ce bassin a été balayé par une grande masse d'eau qui s'est déversée par-dessus la chaîne de la Côte d'Or. »

Peu à peu s'établit l'opinion, dont le premier auteur serait sans doute difficile à retrouver, que chaque vallée renferme un cours d'eau qui n'est que le vestige infime du courant primitif. On traça sur les cartes la dimension de celui-ci en reliant par des traits tous les points des flancs des vallées où sont restés des lambeaux de terrains de transport et on ne fut pas arrêté par ce résultat que dans un pays comme la France, par exemple, une très grande partie du territoire devient ainsi fluviaire.

Élie de Beaumont[1] a consacré une publication spéciale aux preuves de la grande étendue qu'aurait embrassé le phénomène diluvien. Il attribue à ces anciens courants toute la profondeur qui sépare le thalweg actuel des plus hauts points du flanc de vallée où l'on rencontre des matériaux de transport et il en conclut la rapidité considérable de leur allure. De son côté Léopold de Buch estime à 19.460 pieds cubes à la seconde le débit du courant diluvien de la Seine mis en mouvement par le soulèvement subit des Alpes[2].

Les livres classiques enseignent que le travail de la rivière érodant son lit a pour résultat la régularisation de sa pente, de façon que celle-ci marche vers un *profil d'équilibre*, après l'acquisition duquel les eaux d'aval n'arracheront plus rien au relief, pendant que les eaux d'amont

---

1. *Extraits des Procès-verbaux de la Société philomatique*, 29 juillet 1843, p. 90, Paris.

2. *Ueber Granit und Gneiss. Gesammelte werke*, IV, 727, 1842.

ne déposeront plus rien dans la plaine. La rivière sera parvenue alors à la stabilité[1]. Notons à cette occasion que c'est M. J.-W. Powell[2] qui paraît avoir le premier employé l'expression de niveau de base d'érosion (*base level of erosion* dont on a fait usage depuis dans cet ordre de considération.

Il peut être curieux de remarquer que Lamanon, dont les travaux ont contribué à fonder la géologie parisienne, a émis sur le mécanisme du creusement des vallées[3] une théorie qui annonce déjà celle de Belgrand.

Les travaux récents ont conduit à introduire dans l'histoire des vallées le point de vue dit *activiste*, d'après lequel des actions peu violentes, mais continues, ont donné lieu en diverses directions à des résultats considérables. En conséquence, le travail qui tout d'abord a semblé à Cuvier si inexplicable par les agents ordinaires, se révèle comme résultant nécessairement de la chute pure et simple et du ruissellement de la pluie.

On peut alors considérer ce que produit la pluie tombant sur un sol préalablement nivelé et, par exemple, sur une allée de jardin en terre battue. On voit que, malgré l'uniformité de l'averse, il se fait de petits ravinements, associés entre eux exactement comme les affluents d'une rivière. La dimension si différente pourrait sembler un obstacle à l'assimilation, mais on reconnaît que les ravinements dont il s'agit, sans augmentation de

1. DAUSSE. *Comptes rendus de l'Académie des Sciences*, séances des 13 avril 1857, 21 juin 1858 et 13 juin 1864.

2. *Report on the exploration of Colorado*, 1 vol. gr. in-8°, Washington, 1875.

3. *Journal de Physique*, t.-XVIII, p. 474, 1780.

taille, entrent partout en association directe avec les plus grandes rivières par l'extrémité périphérique de tous leurs filets d'eau alimentaires : il en est ainsi, à l'origine de tous les affluents. Nulle part on ne peut saisir une limite entre l'allure de ces minuscules sillons et celle des vallons qui leur font suite pour se jeter dans les vallées de plus en plus importantes.

On se rend facilement compte de ce résultat en constatant que l'érosion pluviaire — reflet de la concentration des filets d'eau sauvage (ou de ruissellement) dans les points les plus bas, — présente en chaque point une valeur relative à la quantité d'eau qui y ruisselle. Dès que la moindre dépression existe, toutes les circonstances se réunissent pour l'accentuer.

L'érosion pluviaire s'attaque évidemment aux sommets ; mais (au moins pendant un certain laps de temps) elle accentue les différences de relief en agissant plus dans le fond que sur les plateaux. De telle sorte que, tout en voyant dans l'érosion pluviaire un phénomène destiné, s'il agissait seul, à faire disparaître les reliefs du sol, on doit reconnaître que, pendant son fonctionnement, il accentue les pentes et les différences de niveau. Ces propositions qui ont l'air contradictoires, se concilient cependant, lorsque le niveau général du pays est assez abaissé pour que les eaux de ruissellement aient perdu beaucoup de leur vitesse. Alors les actions tendent à s'égaliser et l'on voit la plaine d'érosion s'élargir.

Il est très digne de remarque que la théorie pluviaire du creusement des vallées a reçu une véritable sanction de l'observation des phénomènes en cours sur le sol de l'Auvergne.

Cette région, dont le sol a été soumis à l'érosion pluviaire, ni plus ni moins que celui de tous les autres pays, présente en outre des particularités de structure d'où l'on peut conclure le progrès dans le temps de l'ablation superficielle. C'est ce que Montlosier avait déjà dit au XVIIIe siècle[1] ; c'est ce que d'Aubuisson de Voisin[2] et Poulett-Scrope[3] ont successivement précisé après lui.

Il se trouve, en effet, que le phénomène volcanique, en fixant de temps en temps sous des coulées de lave des portions de la surface du sol, permet de suivre pas à pas les progrès de l'érosion qui transforme un plateau en fond de vallée.

Remarquons en outre que si le principe d'isostasie était admis, il s'appliquerait sans doute aux régions continentales comme aux autres, c'est-à-dire que les portions exondées soumises à l'érosion pourraient se soulever d'une façon compensatrice, de façon à conserver à peu près leur niveau constant. L'histoire des vallées pourrait recevoir de cette considération un éclaircissement intéressant.

Enfin, il est nécessaire de considérer que divers auteurs ont émis l'opinion évidente en beaucoup de cas, que les vallées ont pu résulter de la collaboration simultanée ou successive d'actions diverses plus ou moins nombreuses[4].

---

1. *Essai sur la théorie des volcans d'Auvergne*, 1 vol. in-8°, Clermont-Ferrand, 1788, 2° édition, Riom et Clermont, 1802.

2. *Traité de Géognosie*, 2 vol. in-8°, Paris, 1819, t. I, p. 241.

3. *Géologie et Volcans éteints du centre de la France*, 1 vol. in-8°, Paris, 1866.

4. STANISLAS MEUNIER. *La Géologie Générale*, 1 vol. in-8°, 2° édition. Paris, 1909.

Par exemple, les vallées de fracture, c'est-à-dire dérivant du processus orogénique, n'ont pas pu échapper à l'influence de l'érosion et c'est seulement à ce prix qu'elles ont acquis la somme de leurs caractères.

Déjà Bourguet ayant constaté dans les Alpes la ressemblance des couches du sol dans les parois opposées et aussi la correspondance des angles rentrants et sortants, en conclut que les vallées ainsi constituées ont été creusées par les torrents qui coulent selon leur thalweg [1].

A l'inverse, des géologues, diminuant la distance entre les vallées d'érosion et les vallées de fracture, croient que, même en pays de plaine, le travail érosif de l'eau courante a d'ordinaire été déterminé par les cassures du sol.

Dans cette direction nous nous bornerons à citer Daubrée [2]. Accentuant le caractère de régularité que présente le réseau des vallées de tous ordres d'une région telle que le littoral de la Picardie et de la Haute-Normandie, de Montreuil (Somme) à Dieppe (Seine-Inférieure) l'auteur prétend y retrouver les effets des cassures conjuguées. Celles-ci, bien qu'en général elles ne se trahissent pas à la surface par des inégalités du sol, auraient canalisé les cours d'eau.

De même, bien des auteurs didactiques ont présenté la Seine comme coulant parallèlement à des failles. Mais il y a là des illusions dont beaucoup s'expliquent facilement... On a admis aussi que les vallées, d'abord causées par un agent donné, ont reçu des modifications de l'interven-

----

1. *Traité de pétrifications*, Neuchâtel, 1721.

2. *Études synthétiques de géologie expérimentale*, 1 vol. gr. in-8º, Paris, 1879, p. 354 et suiv.

tion d'un autre mécanisme et, par exemple, du régime glaciaire. Ainsi, M. Penck a signalé le « surcreusement » de maintes vallées alpines[1].

Selon une autre opinion, les torrents qui circulent sous les glaciers sont les auteurs des « marmites de géants » signalées dans beaucoup de points des vallées des montagnes[2].

En rapprochant, pour les comparer, toutes les conjectures auxquelles l'examen des vallées a donné lieu, on arrive à reconnaître que l'histoire de ces accidents de la surface du globe est essentiellement évolutive. On assiste à la naissance de la vallée, à son développement, à ses relations, variables dans le temps, avec les vallées voisines et en conséquence à sa disparition possible par absorption dans ces dernières.

La surface du globe en maintes régions, a conservé des vestiges éloquents de ces étapes sur lesquelles il nous faudra revenir d'un mot, à propos des rivières et, peut-être aussi, à propos des dépôts dont les eaux continentales sont les auteurs. Et si d'Archiac, entre autres[3], est d'avis que « l'évasement des vallées, si différent de la forme présentée par les sillons des torrents, est l'effet d'une cause différente de celle qui s'exerce aujourd'hui », c'est que, malgré sa haute valeur, et à cause de l'ambiance où il vivait, il méconnaît les faits les plus essentiels de la circulation superficielle des eaux. Il confond le travail du

---

1. Voir à ce sujet W. KILIAN. *L'Erosion glaciaire et la formation des terrasses* dans la *Géographie*, XIV, 1906.

2. Voir BRUNHES. *Comptes rendus de l'Académie des Sciences, séances des 28 mai et 5 juin 1906.*

3. *Histoire des Progrès de la Géologie*, de 1834 à 1845, t. II, p. 167.

filet aqueux visible aux yeux avec l'œuvre de toute la nappe épipolhydrique qui nous occupera plus loin. Depuis l'époque où j'ai commencé à étudier les matières du présent chapitre, l'état des esprits a complètement changé sur bien des points importants. Aussi m'arrive-t-il d'avoir à répondre — à des personnes qui, en face de l'ardeur avec laquelle je défends l'opinion que je crois vraie, me regardent comme enfonçant des portes ouvertes, — que si la théorie seule acceptée de 1875 à 1880 a changé, j'y ai quelque peu contribué[1].

ORIGINE DES CAVERNES. — Les cavernes ont de tout temps fixé l'attention des hommes, mais jamais plus qu'à l'époque actuelle, où l'on a élevé leur étude jusqu'au rang d'une branche spéciale de la science, à laquelle on a donné le nom maintenant consacré de *spéléologie* imaginé par M. Émile Rivière.

L'origine des cavernes est évidemment diffé-rente suivant les cas. Ainsi, on a rattaché l'ou-verture de certaines d'entre elles à l'action démo-lissante de la mer sur ses côtes. Les grottes de Morgat en Bretagne, comme la grotte d'Azur dans la baie de Naples, ne laissent aucun doute à cet égard. Il s'en fait dans toutes sortes de roches et on en connaît, par exemple, dans les falaises de craie du Pollet, près de Dieppe. Certaines cavernes résultent d'éboulements ou de glisse-ments de blocs rocheux : les caves de Roquefort, célèbres par les conditions si favorables qu'elles présentent à l'industrie fromagère, sont de ce

---

1. STANISLAS MEUNIER. *Géologie des Environs de Paris*, 1875, et *Les Causes actuelles*, 1880.

nombre. Il est des cavernes qui résultent d'un affouillement sous des roches dures tel que le réalise l'action d'une rivière. La Sioule, à Royat, en Auvergne, a de la sorte ouvert une caverne pittoresque sous la coulée du volcan de Grave-noire.

Mais les cavernes les plus intéressantes sont pratiquées en pleines roches calcaires. Leur étude a conduit à y voir le résultat d'un travail à la fois chimique et mécanique opéré par les eaux.

A l'égard de celles-ci, M. Martel propose de distinguer les cavernes d'affaissements ou effondrements, qui se sont propagées de bas en haut vers la surface du sol et de façon parfois à l'atteindre, des cavernes de décollement qui ne sont pas parvenues à crever complètement les voûtes, où qui n'y sont arrivées que sous une certaine obliquité [1].

Parandier [2] pensait que les eaux actuelles sont sensiblement inefficaces ; et il faisait valoir la température plus élevée et la densité plus grande des eaux anciennes, agissant sur des roches molles et encore pâteuses, ou déjà disloquées, crevassées par les soulèvements du sol. Marcel de Serres a repris le même point de vue [3].

Le rôle des failles dans la production des cavernes a parfois été contesté ; M. Boyd Dawkins le nie d'une manière générale [4]. « Je serais porté à croire, dit-il, que le plus grand nombre des

----

1. *Les Abîmes*, p. 540, 1 vol. in-4°, Paris, 1894.

2. *Notice sur les causes de l'existence des cavernes.* Comptes rendus de l'Académie des Sciences et Arts de Besançon, séance du 28 janvier, 1833.

3. *Essais sur les cavernes à ossements*, 1 vol. in-8°, Paris, 1838.

4. *Cave Hunting*, p. 57, 1 vol. in-8°, Londres, 1876.

cavernes doit sa formation aux retraits des masses
calcaires quand leur pâte se consolidait... et surtout à l'expansion des gaz qui avaient précédé ces
retraits. »

En outre, il est d'avis que le principal agent du
creusement des cavernes est la mer[1].

Saussure ayant émis l'idée que la formation
des cavernes résulte avant tout de la circulation
des eaux[2], Buffon protesta : « l'examen le plus
attentif m'a démontré, dit-il, que les courants
peuvent tout au plus modifier légèrement leur
structure ».

Beaucoup d'auteurs sont d'avis que l'érosion
mécanique est intervenue d'une manière très efficace dans l'élargissement de maintes cavernes.
Pour ma part j'en ai eu plusieurs fois des preuves
manifestes, et, par exemple, dans la grotte
d'Arcy où les parois montrent des traces de friction pareilles à celles qu'on voit dans le lit des
torrents.

M. Martel[3] écrit que la grotte d'Arcy-sur-
Cure lui a semblé « n'être qu'un indifférent souterrain noir, fumeux et boueux ». Jugement sévère
à coup sûr, car cette grotte présente, à qui l'étudie, des particularités très dignes d'intérêt au
point de vue de la théorie des cavernes.

Buffon a pris la grotte d'Arcy-sur-Cure, dont il
a du reste, en 1740, cassé toutes les stalactites
afin de les « étudier à loisir », pour une ancienne
caverne due au travail des hommes[4], ce qui est

---

1. *Encyclopedia britannica* ; mot *Caves*, 9ᵉ édition, 1876, t. IV,
p. 265 et *Cave Hunting*. p. 23.

2. *Voyage dans les Alpes*.

3. *Loc. cit.*, p. 398.

4. *Œuvres complètes*, annotées par FLOURENS, t. X, p. 138.

une erreur, bien qu'en effet, certaines cavernes sont d'anciennes carrières. D'après M. Martel [1], ce serait le cas pour les Caves-Gouttières, si réputées à Tours, sur la route d'Azay-le-Rideau.

La formation d'Arcy-sur-Cure s'explique par le couloir placé plus haut et qui dérive la rivière à l'époque actuelle.

Si M. Martel pense qu'il est loisible d'affirmer que les eaux souterraines paraissent avoir eu plus d'action aux anciennes époques géologiques, c'est qu'à son sentiment les parties supérieures des grottes et des rivières internes sont de dimensions beaucoup plus vastes que les parties inférieures occupées par les eaux actuelles [2]. C'est la répétition des illusions qu'on a eues si longtemps pour les vallées, relativement aux rivières.

Un géologue bien connu, M. Edouard Doll [3] estime que, dans la dissolution de certains calcaires, il faut envisager comme décisive, quant à la formation des cavernes, la combinaison de l'anhydride carbonique avec l'oxyde de fer contenu dans les roches et aussi l'attaque, par ce même gaz, du sulfure de fer ou pyrite.

Oubliant la possibilité d'actions mécaniques bien des auteurs ont contesté à l'eau seule la faculté d'ouvrir les grottes. On peut citer parmi eux Alex. Brongniart, Cordier, Thirria [4] pour qui la présence de l'anhydride carbonique en solution est absolument nécessaire. Amí Boué posa en principe que l'acide carbonique a transformé des

---

1. *Loc. cit.*, p. 399.

2. *Loc. cit.*, p. 539.

3. *Mittheillungen der sect. Höhlen-Kunde*, 1866, n° 1, p. 9.

4. *Statistique géologique de la Haute-Saône*, 1 vol. in-8°, Besançon, 1833.

fentes capillaires naturelles en aqueducs-tunnels. Il ne craint pas, un peu plus loin, de risquer cette opinion que la décomposition des cadavres d'animaux entraînés sous le sol a bien pu, par les gaz dégagés, agrandir des cavernes, en corrodant leurs parois [1]. Zippe [2] croit que le gaz carbonique a corrodé des roches calcaires de façon à les rendre spongieuses et à diminuer ainsi leur résistance initiale. Dès lors, elles ont cédé bien plus facilement aux causes d'éboulement.

Dans les roches insolubles comme les schistes etc. il faut recourir évidemment à des actions surtout mécaniques. Virlet d'Aoust [3], étudiant la géologie de l'île de Thermia, émet l'avis que la caverne de Sillaka a été perforée par la sortie des gaz provenant des profondeurs. Ce serait une ancienne cheminée, plus ou moins agrandie par une érosion mécanique.

De Malbos pensait qu'il faut substituer l'énergie des gaz à celle de l'eau dans le creusement des cavernes. « On voit, dit-il, des espèces de puits naturels par où je crois que l'excès d'acide carbonique se dégageait [4]. »

Les gaz souterrains ont été invoqués par Henri Lecoq pour expliquer l'origine des grottes dans les roches volcaniques.

ORIGINE DES PUITS NATURELS. — Il existe deux

1. *Ueber die Karst und Trichter-Plastik ;* dans *Sitzungsberichte der KK Akademie der Wissenschaften zu Wien*, B. XLIII, helft IV, s. 282, 11 avril 1861.

2. Mentionné par SCHMIDL dans *Adelisberg*, p. 214.

3. *Expédition de Morée* (partie scientifique), t. III, p. 78, Paris, 1833.

4. *Mémoire sur les grottes du Vivarais*, dans Bulletin de la Société d'Agriculture de l'Ardèche, Privas, 1er semestre de 1881.

manières principales, inverses l'une de l'autre, de comprendre l'ouverture des *puits naturels*, des *avens*, des *bétoires*, des *abîmes*, etc.

L'une consiste à croire que l'action s'est fait sentir de bas en haut ; l'autre, au contraire, de haut en bas.

« Tous les cours d'eau souterrains, dit l'abbé Paramelle [1], corrodent et minent leurs conduits, et chaque fois que les supports de leur voûte viennent à manquer, elle s'écroule, entraîne le terrain qu'elle supporte et il s'opère à la surface du sol un enfoncement qui n'est autre qu'un « bétoire » ou « puits naturel ».

Bien plus fréquemment, le travail d'érosion commence à la surface et se propage vers la profondeur, ordinairement le long de quelque cassure du sol. C'est, ainsi que M. Martel y insiste, le cas pour les avens de Padirac, de la Grotte-Peureuse, du Balset, du Bramabiau ; c'est le cas pour les puits naturels des environs de Paris, de Maëstricht et de bien d'autres localités.

D'Omalius d'Halloy pensait que les avens, ou encore les poches sidérolithiques, ont été creusés de bas en haut par le jaillissement souterrain de sources venant de la profondeur avec une allure geysérienne [2]. Cette manière de voir a été adoptée à propos des avens de Vaucluse par Scipion Gras [3] et plus récemment par MM. Bouvier [4] et Ch. Lenthéric [5].

---

1. *L'Art de découvrir les Sources*, p. 185. 1 vol. in-8°, Paris, 1856.

2. *Bulletin de l'Acad. de Belgique*, t. XV, p. 561, 1848. et *Abrégé de Géologie*, p. 466, 1 vol. in-8°, Bruxelles, Leipzig et Paris, 1862.

3. *Géologie de Vaucluse*, p. 258, 1 vol. in-8°, Paris, 1862.

4. *Association française pour l'avancement des Sciences*, session de Montpellier en 1878, p. 354.

5. *Le Rhône*, t. II, p. 203, 2 vol. in-8°, 1893.

Melleville [1], après avoir constaté la présence des puits naturels au travers des formations tertiaires les plus diverses du bassin de Paris, pense qu'ils ne sont pas autre chose « que d'anciens canaux par lesquels les eaux des contrées élevées, en jaillissant sous les lacs du bassin parisien, y apportaient non seulement les matières terreuses entraînées au fond des hautes vallées d'où elles venaient, mais encore une partie des roches qu'elles corrodaient dans leur cours souterrain... Ainsi les argiles tertiaires ne seraient que des argiles tertiaires plus anciennes remaniées ou celles entraînées par les eaux pluviales au fond des hautes vallées et transportées dans le bassin de Paris à travers les canaux souterrains des puits naturels. Les calcaires et les marnes tertiaires seraient les calcaires secondaires dissous et rapportés à la surface. Les gypses ne seraient autre chose que des gypses anciens remaniés, etc. ». Il semble qu'il y ait eu plus d'imagination que d'observation proprement dite dans ce travail.

L'origine par absorption d'eau torrentielle s'écoulant de haut en bas, a été admise à la suite de Cuvier et de Brongniart [2] par Jules Desnoyers et par Boyd Dawkins.

Une des plus anciennes théories sur l'origine des puits naturels de la craie est due à Ch. Lyell [3], d'après qui la perforation a été ouverte par la circulation d'une eau acidulée. Et il ajoute que

1. *Bull. de la Soc. Géol. de Fr.*, XIX, 184, 1843.

2. *Description géologique des environs de Paris*, 1 vol. in-8°, 1833, Paris.

3. *Sur les cavités tubaires remplies de gravier et de sable appelées Sand pips dans la craie de Norwich*, London and Edinburg philosophical magazine, octobre 1839.

cette eau est simplement celle de la pluie imprégnée d'acide carbonique.

Un bel exemple de puits naturels, parmi les
milliers que l'on pourrait citer, a été l'objet d'une
intéressante publication de Bory de Saint-Vincent [1]. Il se rencontre à la montagne de Saint-
Pierre, à Maëstricht, dont le calcaire d'âge danien
est perforé d'innombrables « *orgues géologiques* ». Bory, amené par ses observations à imaginer que la perforation s'est faite de haut en
bas par l'action d'un dissolvant convenable du
calcaire, essaya « de rivaliser avec la nature et
de faire aussi des tuyaux d'orgues géologiques ».
Sa méthode consistait à attaquer en un point une
plaque sciée au travers d'un pain de sucre et
recouverte de sable, par de l'eau arrivant goutte
à goutte. Il se fit ainsi des puits et le sable con-
stitua sur la table située au-dessous, des cônes
d'éboulement pareils à ceux qu'on rencontre dans
les galeries d'exploitation de la montagne de
Saint-Pierre. C'est l'une des premières tentatives
expérimentales en Géologie.

Elles ont été depuis reprises et perfectionnées [2].

Pour J. Trimmer, le forage des puits naturels
de la craie a été entièrement mécanique [3]. Il
aurait été réalisé par le choc des vagues sur une
côte basse avant le dépôt du terrain tertiaire
inférieur. L'auteur assure que les puits ne sont
pas autre chose que la terminaison de sillons

1. Sur le plateau de Saint-Pierre près de Maëstricht ; dans
Annales générales des Sciences physiques, t. I, p. 185 et 251, in-8°,
Bruxelles, 1819.

2. STANISLAS MEUNIER. *La Géologie expérimentale*, 1 vol. in-8°,
2ᵉ édition, Paris, 1909.

3. *Proceeding of the geological Society of London*, IV, 6 et *Quarterly Journal of the geological Society of London*, I, 300, 1845.

de 15 à 60 centimètres de profondeur dans les parties mises à découvert, mais qui s'élargissent en s'approchant des puits. D'Archiac semble avoir donné son appui à cette théorie [1].

On a pensé quelquefois pouvoir expliquer les puits naturels par la supposition de jaillissements d'eau acidulée provenant des profondeurs. Nous avons la notion de cette hypothèse par la réfutation qu'en fait Lyell [2] en remarquant que les tubulures sont plus étroites au fond qu'à la partie supérieure mais aussi (ce qui, au contraire, est décisif) en constatant que les tubulures sont fermées par le bas.

Un assez grand nombre de personnes, l'abbé Paramelle [3], Tietze [4] qui en a étudié de très beaux types en Carniole, et d'autres rattachent les puits naturels à des effondrements déterminés par une action produite dans le sous-sol.

Cuvier et Brongniart [5] ont décrit en détail les puits naturels du calcaire grossier parisien. Ils les présentent comme ayant des « parois unies et comme usées par le frottement d'un torrent ».

Stickland a remarqué à Henley sur les bords de la Tamise, qu'au-dessus des puits qui traversent la craie, le gravier superposé présente un affaissement. « Ces effets, dit l'auteur, se constatent à 60 ou 90 mètres au-dessus de la rivière et loin

---

1. *Histoire des Progrès de la Géologie de 1834 à 1845*, t. II, Paris, 1848, p. 461.

2. *On the tubular cavities in the chalk of Norwich*, 1859.

3. *L'art de découvrir les sources*, 1 vol. in-8°, Paris.

4. *Geologie der Karst Erscheinunhen*. Annuaire du K. K. geologische Reichanstalt, année 1880.

5. *Description géologique des environs de Paris*, 3° édition, p. 250. 1 vol. in-8° et 1 atlas in-4°, Paris, 1835.

de toute cause apparente, telle que les eaux courantes que l'on pourrait supposer avoir miné le gravier en dessous. » Stark regarde la formation des tubulures comme contemporaine de la craie et résultant de son mode de dépôt [1]. Le capitaine Mathieu l'attribuait à des galeries creusées dans le sol par quelque taupe colossale [2].

Admettant la dissolution par des eaux acidulées, Buckland [3] pense que celles-ci ont dû être apportées dans la mer durant l'époque tertiaire par les volcans dont les éruptions furent alors si fréquentes.

Gillet Laumont [4] regarde les puits naturels du calcaire grossier de Méry et d'Auvers, sur les bords de l'Oise, comme « formés par l'infiltration des eaux dans une masse composée de grains peu adhérents les uns aux autres ». Il ajoute, d'un autre côté, que l'agent de corrosion peut avoir été fourni par des masses d'eaux stagnantes ou coulantes tout à fait étrangères à l'Oise elle-même, qui actuellement est fort au-dessous de ces tuyaux, ce qui montre qu'il ne pense pas à faire intervenir la pluie.

M. Leblanc [5] formule l'opinion que les puits naturels du calcaire grossier sont des canaux d'éjection qui ont émis successivement les calcaires, le sable rouge et peut-être le limon, et

---

1. *London and Edinburgh philosophical Magazine*, 1839, p. 257 et 455.

2. *Journal de Physique*, septembre 1813, p. 197.

3. *Report of the Meeting of the British Association at Birmingham*, 1839, p. 56.

4. *Observations sur l'origine des tuyaux ou puits naturels. Journal des Mines*, n° 201, p. 203, 1813.

5. *Bull. de la Soc. Géol. de Fr.*, t. XIII, p. 360, 1842.

qui, à une époque ultérieure, sont devenus absor-
bants.

D'après un passage de Bory de Saint-Vincent,
on doit croire que la supposition avait été faite
de son temps que les orgues géologiques de la
montagne de Saint-Pierre pourraient résulter du
dégagement d'un gaz qui aurait autrefois pénétré,
de ses bulles ascendantes, un sol délayé et presque
liquide, ainsi que l'hydrogène sulfuré traverse la
vase très molle des marais.

CHAPITRE X

LES THÉORIES FLUVIAIRES

Le fait de l'existence des rivières dans la plupart des vallées a été l'objet de beaucoup d'hypothèses, dont une notable fraction se rattache à l'histoire des vallées et, en conséquence, a été mentionnée à propos de celles-ci.

La plus célèbre consiste à admettre que la vallée ayant été creusée par la rivière, primitivement d'un très fort volume, la rivière a constamment diminué depuis cette époque initiale.

Belgrand est parmi ceux qui ont le plus contribué à faire accepter ce point de vue. Il se fonde surtout sur la présence le long des flancs de la vallée de lambeaux de « diluvium » à des altitudes très supérieures à celles des plus hautes crues actuelles. Il ne suppose pas un seul instant que la rivière a pu pénétrer verticalement dans le sol et cesser par conséquent, même sans changement de volume, de mouiller des points qu'elle baignait précédemment.

Toutes les observations montrent cependant que ce travail d'approfondissement est bien réel et se propage de l'embouchure vers la source, c'est-à-dire est essentiellement régressif.

Pour le dire en passant, il y a ici un argument décisif contre la supposition de Belgrand pour qui la rivière a creusé la vallée en se propageant d'amont vers l'aval, comme l'eau de chasse dans un égout.

Belgrand avait méconnu jusqu'au sens dans lequel a lieu le phénomène.

On arrive encore à une conclusion analogue quand il est question d'apprécier les variations successives du volume moyen d'une rivière au cours des temps.

Tandis que Belgrand et toute son école pensent que les grosses rivières quaternaires sont allées constamment en dépérissant, l'observation directe montre qu'une rivière donnée voit s'accroître continûment autour d'elle la surface de son bassin hydrologique et par conséquent va en augmentant constamment de volume.

Les preuves de l'existence des grands cours d'eau de l'âge de pierre sont incontestables d'après Belgrand [1]. Il pense que la présence dans le diluvium des silex travaillés et non roulés, de même que celle des myriades de coquilles fluviatiles et terrestres qu'on y trouve seraient inexplicables, si les graviers avaient été transportés par les eaux diluviennes.

« Le terrain de transport du fond des vallées, ajoute-t-il, renferme des zones de sable de rivière alternant avec le gravier tandis que sur les hautes terrasses le terrain de transport qui est réellement diluvien se compose exclusivement de cailloux à peine roulés et de limon. »

Sa conclusion c'est que le gravier des basses terrasses et du fond des vallées a été remanié par des cours d'eau énormes. « Dans les vallées

---

1. Notice sur les travaux scientifiques de Belgrand, brochure in-4°, Paris, juillet 1871, p. 8 et 9.

occupées aujourd'hui par les ruisseaux les plus paisibles, on trouve des preuves incontestables de la puissance des cours d'eau de l'époque quaternaire »

Pour s'en assurer et recueillir les arguments qui servent de base à la théorie moderne, il suffit de remonter l'un des plus petits affluents d'une rivière et d'examiner les conséquences de chaque pluie.

On sait que la capture des rivières, dont la théorie a été développée par M. Moris Davis, résulte de la propriété de tous les cours d'eau d'imprimer une allure régressive à leur source qui sans cesse tend à gagner des points situés à l'amont de sa situation actuelle. En conséquence, on peut admettre que tous les affluents d'une rivière donnée, de la Seine, par conséquent, s'allongent sans cesse par l'amont.

C'est dire que la rivière tout entière a dû commencer par son embouchure, qui pouvait d'ailleurs, à son origine, être située tout autrement qu'aujourd'hui. On s'imagine sa croissance successive comparable à celle d'un végétal comprenant le tronc, les branches, les rameaux, les brindilles de plus en plus fines.

La cause de cette croissance, c'est l'entraînement par le ruissellement pluviaire des particules fines de la surface : c'est le ravinement qu'on observe après chaque pluie sur le sol de nos allées de jardin en terre battue.

En redescendant tout cet ensemble arborescent et en supposant qu'on parte d'un ravinement du plus petit module, on voit qu'après une pluie, l'eau d'essorement du sol, réunie en chaque point dans la dépression, met un temps d'autant plus long à s'écouler, qu'on est plus loin de l'extrémité supérieure.

A une distance convenable, on trouvera qu'au lieu des quelques minutes suffisantes au début, il faut un quart d'heure, deux heures, six heures, quarante-huit heures, et de proche en proche un temps plus long que l'intervalle normal entre deux pluies.

A partir de ce point-là, le ravinement ne sera jamais asséché et, dès lors, il existera un petit cours d'eau permanent qui n'aura qu'à grossir pour devenir un vrai ruisseau, puis, en descendant toujours, une petite rivière, une grosse rivière et enfin le fleuve principal.

La conclusion à laquelle conduit cette théorie pluviaire du ravinement du sol, c'est que, contrairement à ce qu'on avait toujours dit, c'est la vallée qui, dès qu'elle a acquis une dimension convenable, a donné naissance à la rivière et non pas la rivière qui a creusé la vallée.

D'ailleurs en y réfléchissant, on ne comprend pas ce que peut être une rivière sans vallée : celle-ci entre nécessairement dans la définition de la première.

La conséquence immédiate de ce qui précède, c'est que la source d'une rivière du type de la Seine n'est pas localisée en un point déterminé comme celle d'une rivière du type de la Sorgue.

Si l'on aveuglait cette source, si on la détournait, on supprimerait la Sorgue ; si l'on supprimait à Saint-Germain-la-Feuille, la source de la Seine on laisserait cette rivière parfaitement intacte et à Paris, par exemple, on ne pourrait pas soupçonner le changement opéré.

En réalité la rivière n'est qu'un élément linéaire de la nappe d'eau qui descend des coteaux vers le thalweg tout le long de la vallée. C'est la ligne où la vitesse de l'eau est assez grande pour entraîner les éléments minéraux fins sous lesquels la nappe d'eau est dissimulée plus haut dans le sol, parce qu'elle y est moins forte.

Cette conclusion de nos études les plus récentes vient donc, dans une certaine mesure, confirmer l'opinion émise au XVIIIe siècle par des hydrauliciens.

« Il est visible que c'est de la croûte même de la terre, disait le P. Frisi[1], d'où sortent petit à petit et par tous les points de sa superficie, toutes les eaux courantes, c'est une rêverie physique d'imaginer des conduites souterraines qui portent toute une rivière de la mer jusqu'à la cime des montagnes. »

Cette liaison de la vallée avec la rivière qui dérive d'elle, permet aussi de comprendre comment une vallée très large peut ne contenir qu'une rivière infime, comme entre Grignon et Plaisir (Seine-et-Oise) la vallée du ru Maldroit, qu'on a de la peine à distinguer le long de la ligne de thalweg entre les saules. L'eau de pluie qui a creusé la vallée par le mécanisme résumé ici, a été bue au fur et à mesure de son écoulement par le sol crayeux et perméable. On peut croire qu'une grande partie de la roche dont la disparition a causé la dépression napéiforme a été absorbée à l'état de dissolution bicarbonatée.

Notre théorie des rivières conduit à l'explication d'une foule de détails des vallées. Ainsi, elle montre comment naissent sur les flancs de coteau

1. *Traité des rivières et des torrents*, 1 vol. in-4°, Paris, 1774.

ces cassures longitudinales que des observateurs
superficiels ont prises parfois pour des géoclases
qui auraient dirigé l'érosion. Elles résultent, au
contraire, de décollements déterminés par l'appel
au vide et de glissements sur les pentes.

L'allure régressive du travail d'érosion des
rivières est mise en évidence par le déplacement de l'aval vers l'amont des chutes qui inter-
rompent le cours d'eau.

La théorie de la capture des rivières est un
véritable acquiescement à la théorie du creusement précédemment exposée.

On remarque, en effet, que les portions des
vallées pour lesquelles on admet le processus
par capture, sont rigoureusement identiques aux
portions plus en aval, à l'égard desquelles on a
édifié toute la théorie diluvienne.

La théorie de la capture a été appliquée par
M. Fournier à l'interprétation de détails carto-
graphiques de la région jurassienne datant du
XVIIᵉ, du XVIIIᵉ et du début du XIXᵉ siècle [1].

Par le sens de sa propagation, le travail vertical des rivières contraste absolument avec leur
travail horizontal qui est essentiellement trans-
gressif : les méandres considérés chacun indivi-
duellement descendent la vallée dans le sens du
courant et c'est dans ce mouvement qu'ils dessinent les terrasses des deux rives.

Certaines sources sont la réapparition d'eau
provenant des pertes de rivières ou de lacs.

M. Sainjeon a développé cette manière de voir
pour la source du Loiret qui serait le retour des

____

1. *Comptes rendus de l'Académie des Sciences*, t. CXL, p. 745.

pertes en Loire éprouvées aux environs de Bou-
teille [1].

De même la source de Vaucluse a été considérée comme une résurgence de la Durance par
divers auteurs tels que Guérin, Bayle et Faujas
de Saint-Fond [2].

D'après M. Marius Bouvier, la source de Vaucluse est la réapparition de la pluie tombée sur
une partie du plateau qui s'étend de Sisteron à
Avignon et du Ventoux au mont Luberon, formant un bassin dont il évalue la surface à
165 000 hectares [3].

Depuis la plus haute antiquité les hommes
ont attribué aux sources une origine divine. Les
Grecs en faisaient des nymphes, — les naïades, —
et la plupart ont une touchante histoire : Aré-
thuse, par exemple, changée en fontaine.

Mais les idées théoriques sont peu nombreuses
sur ce sujet. Dans le *Phédon*, Platon dit [4] que
tous les fleuves vont se rendre dans une vaste
ouverture qui traverse toute la Terre et qu'on
nomme le Tartare, d'où sortent toutes les eaux
qui vont former en différents lieux les mers, les
lacs et les fontaines ; que les quatre principales
issues de ce gouffre sont l'Océan, l'Achéron, le
Pyryphlégéton et le Cocyte ; et qu'ensuite toutes
ces eaux retournent par deux chemins au Tartare
d'où elles sont venues.

D'après Aristote, « dans l'atmosphère qui
change l'air vaporisé en eau, il faut aussi pen-

1. Daubrée. *Les eaux souterraines*, t. I, 1889.
2. D'après Martel. *Loc. cit.*, p. 556.
3. Daubrée. *Les eaux souterraines*, t. I.
4. *Phédon*, 58 à 60.

ser que c'est le froid renfermé dans la terre qui sous terre produit le même effet, et que non seulement l'eau qui est divisée s'y infiltre et y coule; mais encore que le phénomène a lieu sans interruption [1]. »

Sénèque [2] qui a parlé longuement sur l'origine des fontaines, croit qu'il existe dans la terre de grandes cavités pleines d'air et que cet air, n'ayant aucun mouvement, est converti en eau par la grande obscurité et par le grand froid qui règnent dans ces lieux, ce qui donne naissance au cours continuel des fontaines et des rivières.

« La terre ouvre son sein, dit Pline, l'eau y pénètre partout, en dedans, en dehors, en haut ; les veines liquides se disséminent, l'océan fait irruption même au sommet des montagnes ; poussée par l'air et exprimée par le poids de la terre elle jaillit à la manière des siphons et loin de courir risque de tomber, elle s'élance au contraire jusqu'aux sommets les plus élevés. Cela explique comment l'afflux quotidien de tant de fleuves ne fait pas croître les mers [3]. »

Scaliger, l'auteur de la *Science chronologique* (1540-1609) pense qu'au commencement la Terre était exactement ronde et environnée d'une masse d'eau partout de la même épaisseur. Dieu creusa certaines parties de la Terre, pour y faire venir les mers, et avec les déblais de leur bassin, il forma des montagnes dans lesquelles restent des cavités ou cavernes. L'eau étant déplacée par ces nouvelles masses, fut obligée de s'élever au-dessus du niveau qui lui était naturel, et pesa

---

1. *Météorologie*, liv. Ier, chap. XIII, § 9.
2. *Questions Naturelles*.
3. *Histoire naturelle*, liv. II, LXVI, traduction Littré.

ainsi sur les eaux inférieures qui, trouvant dans la terre des ouvertures ou canaux, montèrent jusqu'aux embouchures des sources qu'elles firent couler. C'est ainsi que se sont produites toutes les sources et fontaines de la terre.

Jérôme Cardan (1576-1580) est d'avis que la principale cause qui engendre l'eau sous terre est l'air qui se change facilement en eau. L'impétuosité du flux de la mer pousse certaines eaux dans la terre, les fait passer à travers plusieurs espèces de terrains et produit ainsi des sources d'eau douce. Les pluies, les neiges, les rosées des matinées d'été et les frimas de l'hiver contribuent beaucoup à la formation des sources.

D'Obrzenzki, de Nigro Ponti (Nègrepont?)[1] admet le changement d'air en eau et le flux de la mer comme cause principale des sources ; mais il ajoute que cette quantité prodigieuse d'eau qui à tout moment est engloutie dans des cavernes spacieuses, telles que celles de Charybde et de Scylla, n'entre pas dans la terre inutilement et sans se rendre en quelques autres endroits, comme sont les fontaines. Les eaux de toutes les fontaines ont un léger goût de sel qui augmente à mesure qu'elles sont plus près de la mer.

Van Helmont[2] (1577-1644) s'imagine le noyau de la Terre comme entièrement formé de sable pur, mêlé dans toutes ses parties d'une quantité d'eau inépuisable et recouvert d'une simple croûte de terre, de pierre et de certains filons de ce sable qui, en quelques endroits, se prolongent jusqu'à la surface de la terre. Selon lui, « ce sable

---

1. *Traité de la nouvelle Philosophie*, Ferrare, 1657.
2. *Principes inouïs de la Physique.*

est le crible ou filtre par lequel la nature *percole* les trésors inépuisables de ses claires fontaines pour l'usage de l'univers ; il a une vertu vivifiante qui fait que tant que les eaux y demeurent, elles ont un mouvement général, mais exempt des lois de situation haute ou basse, en sorte qu'elles se meuvent indifféremment vers quelque partie de ce sable que ce soit ».

Descartes[1] croit que les fontaines tirent leur origine de la mer, dont les eaux pénètrent par des conduits souterrains jusqu'au-dessous des montagnes, d'où la chaleur qui est dans la Terre les élève en vapeurs vers leurs sommets et elles y vont remplir les sources des fontaines et des rivières.

Nicolas Papin est aussi d'avis que la mer est l'origine des sources[2].

J.-B. Duhamel[3] distingue deux sortes de fontaines ; les unes, qui cessent de couler en été et ont pour principe les eaux de la pluie et de la neige ; les autres, qui coulent toujours et proviennent des eaux de la mer qui, par des conduits souterrains, se répandent partout sous la surface de la terre.

L'origine des fontaines est présentée d'une manière sensiblement conforme à la théorie actuellement acceptée par Kircher[4], Robert Plot[5], Rohault[6], Kulm[7], Belidor[8]. Bernard

---

1. *Principes de la Philosophie.*
2. *L'Origine des Sources,* 1 vol., Blois, 1647.
3. *Livre des Météores,* 1 vol., 1660.
4. *Mundus subterraneus,* 2 vol. in-folio, Rome, 1678.
5. *De origine fontium,* 1 vol. in-8°, Oxonii, 1696.
6. *Traité de physique,* 2 vol. in-12, Paris, 1676.
7. *Indications sur l'origine des fontaines et l'eau de puits,* 2 vol. in-4°, Bordeaux, 1741.
8. *Architecture hydraulique,* 4 vol. in-4°, Paris, 1737.

Palissy a reconnu avec précision la vraie origine des sources ordinaires [1].

« Quand, dit-il, page 34, j'ai eu bien longtemps et de près considéré la cause des fonteines naturelles et le lieu de là où elles pouvoyent sortir, enfin j'ai connu directement qu'elles ne procedoyent et n'etoyent engendrées sinon des pluyes. Voilà qui m'a meu d'entreprendre de faire des recueils des pluyes, à l'imitation et le plus près approchant de la nature qu'il me sera possible et en ensuyvant le formulaire du souverain fonteinier, je me tiens tout asseuré que je pourray faire des fonteines desquelles l'eau sera autant bonne, pure et nette que de celles qui sont naturelles. » Et page 48 : « Et les dites eaux sur les dites montaignes au travers des terres et fentes, descendent toujours et n'ont aucun arrêt jusques à ce qu'elles ayent trouvé quelque lieu forcé de pierre ou de rocher bien contigu ou condensé : Et alors elles se reposent sur un tel fond et ayant trouvé quelque canal ou autre ouverture, elles sortent en fonteines ou en ruisseaux et fleuves, selon que l'ouverture et les réceptacles sont grands et d'autant qu'une telle source ne se peut jetter (contre sa nature) aux montaignes, elle descend aux vallées. Et combien que les commencements des dites sources venant des montaignes ne soyent guères grandes, il leur vient du

---

1. *Discours admirable des eaux et fonteines, tant naturelles qu'artificielles, des métaux, des sels et salines, des pierres, du feu et des émaux.* Avec plusieurs autres excellents secrets des choses naturelles. Plus un traité de la marne, fort utile et nécessaire pour ceux qui se mellent de l'agriculture. Le tout dressé par dialogues, esquels sont introduites la théorique et la practique, par Bernard Palissy, inventeur des rustiques figulines du Roy et de la Royne sa mère, 1 vol. in-18, Paris, 1580.

secours de toutes pars, pour les agrandir et augmenter : et singulièrement des terres et montaignes qui sont à dextre et à senestre du cours des dites sources. Voyla en peu de paroles la cause des fonteines, fleuves et ruisseaux : et ne te faut chercher nulle autre raison que celle-là. »

CHAPITRE XI

LES THÉORIES GLACIAIRES

ORIGINE DES GLACIERS. — L'origine des glaciers s'est présentée d'abord comme un incident dans les considérations relatives aux climats.

En 1834, de Charpentier attribue à un soulèvement des Alpes la modification du climat qui avait permis aux glaciers d'envahir les vallées où le palmier nain (Chamerops) avait pu se développer dans la période géologique précédente[1].

« Lorsque la neige, dit Ed. Collomb, fit son apparition sur la Terre, l'évaporation agissait encore avec une grande puissance. La condensation alors s'est localisée sur les points les plus froids, sur les pôles et sur les montagnes. C'est l'introduction dans les causes géologiques d'un élément nouveau, l'eau solide avec toute sa puissance[2]. »

D'après la théorie glaciaire d'Agassiz, basée sur ses observations dans les Alpes et dans le Jura, à une période géologiquement très récente, l'hémisphère nord tout entier jusqu'au 35ᵉ ou au 36ᵉ parallèle a été couvert d'une calotte de glace possédant tous les caractères des glaciers des Alpes. Il accepta pour expliquer cette condition

1. D'après DOLLFUS AUSSET. *Matériaux pour l'étude des glaciers*, t. I, 2ᵉ partie. §. III (13 vol. grand in-8ᵒ et atlas, Paris, 1863 à 1869).

2. *Bibliothèque universelle de Genève*, mars 1848.

toutes les suppositions faites déjà pour rendre compte du déluge de Noé : la destruction des grandes écluses, la fusion soudaine d'un manteau de glaces polaires, ou même la collision d'une comète avec la Terre[1].

Cette opinion fut favorablement accueillie par la majorité des géologues de l'Europe. Cependant il y eut des oppositions et la plus énergique vint de Hitchcock qui, en 1842, protesta contre la possibilité du mécanisme proposé[2].

A. de la Rive[3] attribue la cause de l'apparition et de la dimension des glaciers des Alpes au soulèvement brusque de la chaîne, parce que les terrains ainsi soulevés ont perdu rapidement par évaporation les eaux qui les imprégnaient en raison de leur submersion. C'est le froid consécutif à cette évaporation qui a produit les glaciers.

Faye rattache l'apparition des glaciers au soulèvement des montagnes qui amène des supports pour la neige dans des régions atmosphériques où la température est favorable à sa persistance.

Constant Prévost[4] explique l'extension des glaciers par l'étendue des mers tertiaires et leur retrait par le recul des lignes de rivage.

On a été, mais d'une façon bien gratuite, jusqu'à attribuer l'extension des glaciers quaternaires à l'activité des volcans de la Catalogne, du Plateau Central, de l'Eifel et des bords du Rhin, qui, aux époques pliocène et quaternaire,

---

1. *Annales des Sciences géologiques*, I, 683, 1842.

2. Merrill. *Contribution to the history of the American Geology*, 1 vol. in-8°, Washington, 1908, p. 368.

3. *Comptes rendus de l'Académie des Sciences*, t. XXXIII.

4. *Comptes rendus de l'Académie des Sciences*, p. 509, année 1851.

vomissaient dans les airs des torrents de vapeur d'eau.

Suess[1] a tenté d'attribuer l'apparition et l'extension des glaciers d'Europe à la disparition par submersion de l'Atlandide et de toute une chaîne d'îles, peut-être un continent, rattachant les Antilles à l'Espagne.

Mais cette submersion n'est point prouvée et il semble qu'on se soit nettement mépris quant au phénomène analogue dont l'Océan austral aurait été le théâtre.

Charles Martins[2] s'est livré à des calculs pour démontrer qu'une petite différence dans le climat de la Suisse suffirait pour étendre considérablement les glaciers.

La température moyenne de Genève est de 9°56. La limite de la neige persistante sur les montagnes voisines est à 2 700 mètres d'altitude. Le niveau inférieur des glaciers de la vallée de Chamonix est à 1 150 mètres, c'est-à-dire à 1 500 mètres au-dessous de la zone des neiges persistantes. Que la moyenne s'abaisse de 5°, elle sera égale à 4°56. Le décroissement thermométrique à mesure qu'on s'élève dans l'atmosphère étant de 1° pour 188 mètres, la limite des neiges s'abaissera de 5 $\times$ 188, soit de 940 mètres et ne sera plus qu'à 2 700 — 940, c'est-à-dire à 1 760 mètres.

En supposant que le front des glaciers ne descende pas plus que la limite de la neige, l'altitude en serait la différence entre 1 150 et 940, ou 210 mètres, bien au-dessous, par conséquent,

1. *La Face de la Terre.*
2. Vézian. *Prodrome de Géologie*, I. 422.

du niveau de la plaine suisse. Dans ces conditions, les glaciers iraient facilement buter contre le Jura.

Martins dans cette hypothèse sur les variations de température raisonne comme si l'altitude des montagnes était invariable.

D'ailleurs il résulte des observations de Saussure [1] qu'on ne peut pas concevoir un glacier sans vallée. Pour qu'il y ait production d'un glacier, il faut que la glace puisse s'écouler le long du thalweg d'une vallée.

La neige tombée sur une surface plane, sans glissement, donne de la glace d'abord bulleuse, puis compacte, mais qui est statique, immobile et n'a pas l'allure d'un glacier.

PROGRESSION DES GLACIERS. — Après avoir été niée par les « savants » la progression des glaciers, que nos Savoyards ont toujours connue, a été définitivement démontrée par des expériences auxquelles ont pris part, en 1840, Agassiz et la phalange des naturalistes qui s'étaient réunis autour de lui [2].

En deux ans, le bloc erratique, pittoresquement appelé l'*Hôtel des Neuchâtelois*, sous lequel avait été établi le campement et l'observatoire des glacialistes, avait descendu de 486 pieds (148 mètres) [3].

« Les vents, dit Bourrit [4], travaillent continuel-

1. DOLLFUS AUSSET. *Matériaux pour servir à l'étude des glaciers. Glaciers en activité*, I, p. 6 et 7.

2. *Bulletin de la Société des Sciences naturelles de Neuchâtel*, vol. de 1843, et *Neues Jahrbuch für Mineralogie*, vol. de 1844, p. 640.

3. DOLLFUS AUSSET. *Loc. cit.*

4. *Description des glacières, glaciers et amas de glace du duché de Savoye*. par M. E. BOURRIT, chantre de l'église de Genève, 1 vol. in-8°, Genève, 1773, § XIX.

lement dans ces gorges élevées ; ils plongent à leurs pieds avec plus de violence encore que les ouragans qui ravagent nos plaines, et les sinuosités qu'ils forment se font aisément apercevoir : ils élèvent de nouvelles glaces sur les anciennes, rendent saillantes celles -qui auparavant ne l'étaient pas, et semblent leur donner à toutes un mouvement de progression, une activité, une vie qui fait illusion aux yeux... »

Scheuchzer, en 1705, supposait que le mouvement résulte de la conversion de l'eau en glace à l'intérieur du glacier. L'expansion bien connue et presque irrésistible qui se produit par la congélation lui fournit la force pour pousser le glacier sur la pente de la vallée.

Cette conception fut développée et complétée par de Charpentier qui en fit la théorie dite de la *dilatation*.

Agassiz l'adopta pendant quelque temps, mais ses propres observations thermométriques nous montrent que le corps même des glaciers est à zéro : il n'y a donc pas un « magasin de froid » dans le glacier, pour congeler l'eau dont celui-ci est incessamment saturé.

En 1760, une autre théorie fut proposée par Altmann et Grüner, selon lesquels le glacier glisse le long de son lit. Cette théorie fixa l'attention de Saussure qui en 1799 lui donna son adhésion.

Hopkins [1] a montré expérimentalement que la glace peut descendre une pente avec une allure sensiblement uniforme et que la vitesse s'accélère si le poids augmente.

1. *Philosophical Magazine*, 1845.

En 1841, le chanoine Rendu donna une théorie des glaciers de la Savoie [1] où la cause du mouvement est traitée avec détails. L'idée dominante est que la pression infligée par la neige à elle-même, en conséquence de son accumulation progressive, est la cause du mouvement. C'est là l'origine des vues les plus modernes sur ce sujet, et Rendu fait preuve d'une remarquable largeur de conception. Il écrit que les éléments des substances organiques circulent, passant de l'état solide à l'état gazeux ; que l'agent universel désigné aujourd'hui sous le nom de feu, de lumière, d'électricité et de magnétisme, a probablement une circulation aussi vaste que l'univers.

Comme Tyndall le fait remarquer [2], c'est un peu plus tard que Grove [3] proclama dans « la lumière, la chaleur, le magnétisme, le mouvement, l'affinité chimique, des formes de l'énergie convertibles les unes dans les autres ».

Il semble aussi que Rendu ait eu comme l'intuition du « regel ». « Quand, dit-il, nous remplissons une glacière, nous brisons la glace en très petits fragments ; ensuite nous la mouillons avec de l'eau à la température de 8 ou 10 degrés au-dessus de zéro ; néanmoins le tout se transforme en une masse compacte de glace. »

Ces prémisses le conduisent à la notion des « glaciers d'écoulement » et il l'applique à l'étude du mouvement de la Mer de Glace. Sa conclusion mérite d'être rapportée. « Entre la Mer de

---

1. *Mémoire de l'Académie royale de Savoie*, Chambéry, volume in-8°, 1841.

2. *The glaciers of the Alps*, 1 vol. in-8°, Londres, 1860, p. 300.

3. *Corrélation des forces physiques*, 1 vol. in-8°, Londres, 1842, traduction française de l'abbé MOIGNO, 1 vol. in-8°, Paris, 1856.

Glace, dit-il, et une rivière, il existe une ressemblance si complète, qu'il est impossible de trouver dans la dernière une circonstance qui n'existe pas dans l'autre. Dans les courants d'eau, le mouvement n'est uniforme ni sur toute la longueur ni sur toute la profondeur ; la friction contre le fond, celle contre les rives, l'action des obstacles, font varier le mouvement et c'est seulement vers le milieu de la surface qu'il est entier. »

En 1845, Forbes parvint très sensiblement aux mêmes conclusions que Rendu ; elles furent confirmées aussi par Agassiz et ses collaborateurs, qui comparèrent la consistance de la glace à celle de la mélasse, du miel et du goudron ; aussi leur théorie est-elle qualifiée de « théorie de la *viscosité* »[1].

Elle fut d'ailleurs contredite très vite par la fragilité indiscutable de la glace. On a montré que, si passant sur un seuil, une coulée de lave fondue, de mélasse ou de goudron, s'infléchit comme son support, au contraire, le glacier se brise en séracs.

M. James Thomson (de Queen's College, à Belfast)[2] tire comme conséquence du principe de Carnot que l'eau soumise à une forte pression exige un plus grand froid pour se congeler que si la pression est diminuée. Il admet que l'abaissement du point de congélation pour chaque atmosphère de pression est égal à 0,0075 de degré centigrade. Cette conclusion fut vérifiée

1. Tyndall emploie également l'expression de viscosité (*Glaciers of the Alps*, p. 312).
2. *Transactions of the royal Society of Edinburgh*, vol. de 1849.

expérimentalement par le professeur Wiliam
Thomson, frère de l'auteur, et c'est la base de
la théorie de la *plasticité* de la glace [1].

On peut la résumer très sommairement :

Certaines portions d'un glacier étant supposées
tout d'abord soumises à la pression, cette pression liquéfie la glace, et l'eau ainsi produite est
retenue dans la masse du glacier. Mais le froid
ne tarde pas à agir sur cette eau et à la congeler
dans la nouvelle situation qu'elle a prise. Si alors
la pression cesse dans le point primitif pour se
faire sentir ailleurs, le phénomène se déplace et,
ainsi de suite, de façon que le glacier change
progressivement de forme.

Ladame, professeur à l'Université de Neuchâtel, a publié des observations dont les théoriciens
ont tiré parti sur le passage de la neige farineuse
à la neige grenue et de celle-ci à la glace compacte [2].

« C'est la glace du fond du névé supérieur, dit
Tyndall [3], qui devient la glace de la surface du
glacier près de son extrémité. La fonte de la surface au-dessous de la ligne de neige, amène de
plus en plus au jour les parties inférieures de la
glace. »

On a constaté que les glaciers sont loin d'être
immuables dans leurs dimensions. Chacun pris
en particulier avance ou recule d'années en années : il a fallu expliquer ces vicissitudes.

Pour Forel la croissance des glaciers est en
relation avec l'abondance des pluies, et il cite à

1. *Proceedings of the Royal Society of London.* for May 1857.
2. *Bull. de la Soc. des Sciences naturelles de Neuchâtel.* vol.
de 1843, p. 123 à 126.
3. *Les Glaciers.* p. 57 et 58.

l'appui de cette hypothèse les années de 1800 à
1815, de 1830 à 1845, de 1875 à 1880 et de 1887
à 1892[1]. D'autres auteurs ont invoqué des causes
plus générales.

ÉVOLUTION DES GLACIERS. — La considération
des causes locales a conduit à une théorie à laquelle convient le nom d'évolution des glaciers[2],
et qui s'impose d'elle-même quand on compare
les caractères des glaciers dans deux régions analogues à beaucoup d'égards et qui cependant
diffèrent l'une de l'autre en raison de la durée
inégale des actions érosives qu'elles ont subies.

Les Alpes et les Pyrénées remplissent ces conditions au point de vue glaciaire.

Dans les Alpes, qui sont des montagnes de
soulèvement récent et d'altitude relativement
considérable, les glaciers sont essentiellement
formés de deux parties principales : les grands
champs de neige et de glace des sommets et les
longues traînées de glace qui descendent très bas
dans les vallées.

Dans les Pyrénées, au contraire, les glaciers
sont réduits aux champs de neige et de glace et
les longs rubans n'existent pas.

Or, il ne faut qu'un instant pour reconnaître
que ces longs rubans ont existé et même que leur
disparition s'est faite progressivement et récemment.

La diminution s'est produite en même temps

---

1. En 1910 où la pluie est en si grand excès sur la moyenne, les
glaciers de la vallée de Chamonix ne semblent présenter aucune
augmentation sensible de leur dimension moyenne.

2. STANISLAS MEUNIER. *La Géologie générale*, 2ᵉ édit., p. 256,
1 vol. in-8ᵒ, Paris, 1909.

que la diminution d'altitude de la chaîne, qui vraisemblablement a été aussi haute que les Alpes et qui a dû avoir tous les caractères de celles-ci.

Les glaciers des Alpes commencent déjà du reste à prendre les allures de leurs précurseurs des Pyrénées, car devant chacun d'eux on voit des traces d'une longueur antérieure plus grande.

L'hypothèse de l'évolution glaciaire s'appuie sur cette remarque que, si l'on pouvait remettre, sur la chaîne des Pyrénées, tout le cube de substance que l'érosion en a retiré depuis le temps où les glaciers avaient les caractères de leurs congénères alpins, — en même temps que l'on ferait les deux chaînes égales en hauteur, on ferait les glaciers des Pyrénées semblables aux glaciers des Alpes.

Ceci posé, il faut nécessairement aller plus loin et se demander quel avenir est réservé aux glaciers pyrénéens. La réponse ne semble pas douteuse : toutes les conditions restant ce qu'elles sont, la masse des glaces comme la masse des neiges persistantes iront en diminuant en même temps que l'altitude décroîtra.

Après que les longs rubans de glace auront complètement disparu des vallées, les champs de glace des sommets se réduiront progressivement, puis disparaîtront, et l'on verra s'établir peu à peu l'état de choses réalisées actuellement dans le massif des Vosges[1].

---

1. Voir à ce sujet : Le Blanc. *Bull. Soc. Géol. Fr.*, IX, 410, 1838. — Renoir. *Id.*, XI, 53, 1840. — Ed. Collomb. *Id.* (2e série), II, 506, 1845, et IV, 216, 1846. — Dollfus Ausset. *Matériaux pour l'étude des glaciers*, 13 vol. in-8° et 1 atlas in-folio, Paris, 1863 à 1869. — Hogard. *Coup d'œil sur le terrain erratique des Vosges*, 1848 et *Recherches sur les formations erratiques des Vosges*, 1858.

Il est incontestable que si l'on pouvait remettre ,sur le sommet du Hohnek, par exemple, toute la masse de matière que l'érosion en a arrachée depuis le début des temps quaternaires, on l'élèverait facilement jusqu'aux niveaux atmosphériques favorables à la persistance de la neige. Dès lors, les glaces reparaîtraient.

En avant de la calotte glaciaire du Groenland est une bande côtière habitable d'une dizaine de kilomètres, où les roches sont moutonnées et striées, ce qui démontre qu'elles ont été recouvertes par la glace. Cette bande, qui s'affaisse et diminue aussi de largeur, prouve que, même au Groenland, le glacier a perdu de son volume, ce qui ne peut s'expliquer que par une diminution d'altitude des régions génératrices.

Une fois la glace définitivement disparue, les intempéries agissant seules détruisent peu à peu le faciès morainique.

En Auvergne, par exemple, à Arpajon, près d'Aurillac (Cantal) on voit une moraine qui recoupe la vallée, mais les roches du voisinage ont déjà perdu leur poli et leur forme moutonnée.

En Bretagne, on rencontre en maints endroits de vrais blocs erratiques témoignant d'anciens glaciers, dont les moraines elles-mêmes ont été complètement démantelées.

D'où la conclusion qui vient confirmer notre point de départ, que les diverses manifestations des temps quaternaires ne sont point synchroniques.

Les vieilles montagnes de Bretagne qui, réduites pour l'altitude, à de simples collines, n'en ont pas moins conservé la structure caractéristique d'une véritable chaîne alpestre, avaient peut-être vu disparaître tous leurs glaciers quand des moraines s'édifiaient dans les vallées du Cantal.

Les choses se présentent comme si, de leur côté, les glaciers du Cantal avaient eu leur développement antérieurement à ceux des Vosges, lesquels, comme nous le voyons, ont complètement fourni leur carrière, alors que ceux des Pyrénées sont encore à l'œuvre.

De même enfin, les glaciers des Pyrénées paraissent avoir travaillé depuis plus longtemps que ceux des Alpes et avoir ainsi diminué davantage les conditions d'altitude qui leur sont nécessaires.

La conclusion s'impose quant au rôle des glaciers dans la géographie quaternaire. En substituant la doctrine des causes glaciaires locales à celle de la cause générale; en admettant que les différentes manifestations, quoique comprises dans la même période géologique, ne sont pas strictement synchroniques, — on parvient à faire disparaître ce que l'hypothèse glaciaire présentait d'exceptionnel et d'inacceptable.

On peut ajouter que, par suite de circonstances peut-être variables d'un cas à l'autre, il est arrivé qu'un massif montagneux fût entouré d'un massif de glaciers irradiant en tous sens et laissant entre leur zone d'origine une région plus ou moins large d'où la glace est absente, et où se développent la flore et la faune caractéristiques des pays froids.

C'est ainsi que le célèbre botaniste Joseph Hooker, après avoir examiné en 1877 l'herbier rapporté de la Terre Grinnell, par l'expédition Nares, écrivait :

« Les faits semblent démontrer que la végétation pourrait être plus abondante dans l'intérieur de la Terre Verte qu'on ne le supposait jusqu'à présent. Les glaciers qui atteignent les côtes serviraient de rempart à une contrée relativement fertile... Nous voilà donc forcés, pour ainsi dire, de conclure que la Terre Grinnell aurait, non pas un manteau, mais une ceinture de glaces. »

Le commandant Greely[1] déclare que ses idées confirment celles de Hooker.

En effet, il rencontre dans la Terre Grinnell, au nord du fjord Archer, des vallées fertiles, dont la végétation, relativement plantureuse, offre des pâtis suffisants à de nombreux bœufs musqués. « La question des conditions physiques de l'intérieur de la Terre Grinnell est résolue maintenant comme l'ont fait, pour l'intérieur de la Terre Verte, les découvertes de Nordenskjold. »

Ces faits montrent comment les mêmes conditions ne se rencontrent généralement pas partout, contrairement à l'idée, comme instinctive, qu'on a eue tout d'abord. Tandis que le Groenland est couvert d'une calotte continue de glace — « ice-cap » des Anglais, — d'autres pays, situés en apparence d'une façon analogue, nous montrent cependant tout autre chose.

On peut conclure des faits précédents la notion, dans l'évolution glaciaire, d'une phase antérieure à celle que nous montrent les Alpes et qu'on peut qualifier de Grinnellienne. Elle expliquerait comment d'immenses surfaces pourraient acquérir successivement des traits dérivant de la lente régression des glaciers et qui sembleraient attri-

---

1. *Dans les Glaces arctiques*, p. 269, 270, 1 vol. in-8°, Paris, 1889.

buables, au premier abord, à l'extension d'une calotte continue de glace.

CAPTURE DES GLACIERS. — L'hypothèse de l'évolution des glaciers se complète tout naturellement par des considérations qui resserrent encore les liens, déjà signalés au point de vue dynamique, entre les glaciers et les rivières.

En effet, d'après d'innombrables faits d'observations, les phénomènes de capture se produisent au sujet des glaciers, comme relativement aux rivières.

L'évolution des glaciers comprend comme l'un de ses traits les plus caractéristiques, l'allure régressive de l'érosion dont la montagne est le siège. Non seulement l'extrémité inférieure du glacier recule au cours des temps, mais la source supérieure, c'est-à-dire le cirque alimentaire, recule également.

Il en résulte que la paroi rocheuse séparative de deux bassins glaciaires contigus, est en proie à un travail de démolition qui diminue en même temps sa hauteur et son épaisseur. Avec le temps elle disparaîtra et une communication s'établira entre des courants de glace précédemment séparés. Cette communication entraînera souvent la dérivation de l'un des courants glacés aux dépens de l'autre. Celui-ci sera décapité et le premier, au contraire, se trouvera remis en possession d'un surcroît d'alimentation qui lui permettra de reprendre, en tout ou en partie, ses dimensions premières.

Aux exemples déjà mentionnés on peut joindre ici celui qui concerne les relations mutuelles du glacier des Bossons avec le glacier de Taconnaz

dans la vallée de Chamonix (Haute-Savoie).
L'observation montre que c'est à la suite de
l'écroulement d'une cloison séparative dont les
restes constituent les Grands Mulets, qu'une
partie de la glace jusque-là déversée dans Taconnaz a été dérivée sur les Bossons : le premier en
a subi une diminution extraordinaire tandis que
l'autre s'est accru en proportion.

Des localités classiques, comme diverses localités des environs de Zurich, montrent les traces
de la réoccupation de vallées précédemment
abandonnées par le glacier qui les avait occupées.

Pour avoir méconnu ces faits, on a donné comme
s'étant produits au même moment, des vestiges
plus ou moins glaciaires et il en est résulté l'opinion que les glaces ont joué anciennement dans
l'existence de la Terre un rôle incomparablement
plus grand que celui qu'elles remplissent à présent.

Période glaciaire. — Schimper[1] admet
qu'une calotte de glace a recouvert la totalité de
la surface du globe, et nous donne, par conséquent, le maximum possible dans une semblable
direction.

Selon Lapparent, les glaces franchirent le
Jura vers 1 200 mètres d'altitude par les cols de
Jongne, de la Croix, etc., pour venir se mélan-
ger à celle des soi-disant glaciers parisiens[2].

Dans ce cas, il ne faut pas qu'il y ait la moindre
moraine à l'est de la chaîne du Jura, et même on

---

1. *Ode die Eiszeit*, 15 février 1837.
2. *Traité de Géologie*, 5ᵉ édition, p. 1678.

doit voir des stries remontantes, et les roches du bas oriental ont dû être ramenées vers le haut occidental.

Lecoq explique les glaciers par une variation dans la dimension du soleil[1].

Il faut rappeler les noms d'Adhémar et de Perroche parmi ceux des auteurs qui ont invoqué les causes générales pour expliquer les traces d'anciens glaciers.

James Croll la trouve dans la variabilité de l'excentricité de l'orbite terrestre.

D'après les astronomes, cette excentricité, qui est actuellement de 1/60 peut tantôt s'annuler, tantôt atteindre un maximum de 1/2,8. Dans ce dernier cas, la distance aphélie qui est actuellement de 5 millions de kilomètres deviendrait égale à 26 millions de kilomètres.

La quantité de chaleur reçue alors par la Terre ne serait que les 2/3 de celle qu'elle a actuellement et des glaciers en résulteraient sans doute.

On a opposé bien des objections à la théorie d'une période glaciaire, qui suppose une rupture dans le fil régulier de l'évolution terrestre.

Dawson, dans son adresse à la Société d'histoire naturelle de Montréal en 1764, en prit occasion de combattre l'idée alors en faveur que le sol du Canada avait été recouvert par une couche continue de glace. Selon lui, cette idée « exige une série de suppositions invraisemblables en elles-mêmes et qui ne sont pas prouvées par les faits ». Il lui semblait impossible qu'une couche de glace se meuve tout d'une pièce et strie dans une direction uniforme une vaste surface du sol

---

1. *Comptes Rendus de l'Académie des Sciences*, t. XXII, p. 508.

sous-jacent. Il ajoutait que les dépôts de tourbe, les fossiles, etc., montrent que la mer de cette époque avait au moins la même température que les courants arctiques actuels [1].

« Que le glacier, dit M. Masden-Mason [2], ait été un agent géologique durant les époques paléozoïque, mésozoïque et cénozoïque ancienne, on peut l'admettre, mais qu'il y ait eu, durant ces époques, comme pendant le cénozoïque moderne, un âge de glace ou une période glaciaire, ceci n'est nullement prouvé. »

« Le Groenland, dit Suess, se trouve aujourd'hui en pleine époque glaciaire et quand on a vu les champs de moraines de la Laponie par 70° de latitude, il est bien difficile d'admettre que ces traces glaciaires soient aussi anciennes que les amas morainiques abandonnés au pied de nos Alpes [3]. »

Saporta a protesté contre le tableau qu'Oswald Heer, Escher de la Linth, Lyell et plus tard Martins avaient tracé des conditions de la période glaciaire. Il lui paraissait difficile de comprendre comment une époque si rigoureuse aurait coïncidé avec le premier essor de la race humaine.

« On peut se dire, écrit-il [4], que les contrées alors soumises à l'action directe des glaciers, comme les massifs alpin et pyrénéen, ne sont guère susceptibles de nous instruire du véritable état de choses qui régnait dans le reste de l'Europe, pas plus que les abords immédiats des

1. D'après MERRILL, *loc. cit.*, p. 521.
2. *Congrès de Mexico*, p. 368, 1908.
3. *Face de la Terre*, t. II, p. 34, trad. franç.
4. *Le Monde des plantes*, 121.

glaciers actuels ne donneraient la mesure des conditions climatériques propres à l'ensemble de nos continents. »

Il s'en faut de beaucoup que tous les fossiles quaternaires aient l'apparence glaciaire. *Elephas antiquus* qui vivait en même temps que le mammouth ressemble beaucoup à l'éléphant des Indes. L'hippopotame de la Seine est bien semblable à son congénère actuel de l'Afrique. L'hyène des cavernes paraît tout à fait voisine de l'hyène du Cap. Et *Cyrena fluminalis* des alluvions de la Somme est une coquille qui vit maintenant dans le Nil. Le figuier de Moret indiquait aussi une climature fort douce.

La faune et la flore boréales n'existaient qu'au voisinage des glaciers.

Saporta a insisté avec force sur cette circonstance qui rappelle, mais sur une échelle bien plus large, la cohabitation, constatée en plus d'une localité actuelle et spécialement à la Nouvelle-Zélande, de glaciers en activité et de forêts tropicales.

Seulement ce qui est compréhensible dans un point très limité, cesse de l'être pour une région très large où le froid émanant des glaciers ralentirait bien vite les manifestations vitales.

D'un autre côté, les auteurs qui admettent la réalité de l'époque glaciaire doivent nécessairement se préoccuper des causes qui y ont mis fin.

En 1834, pour de Charpentier c'était l'adoucissement du climat résultant de l'affaissement et du démantellement des montagnes[1].

Vézian[2] rattache le développement du phéno-

---

1. V. FALSAN. *Période glaciaire.* 26.

2. *Prodrome de Géologie,* I, 430.

mène du Nord à une surélévation des Alpes scandinaves. Mais sa cessation ou diminution est due, suivant lui, à un affaissement (il ne songe pas à l'usure) malgré la contradiction qui résulte des phénomènes de surélévation actuelle de la péninsule qu'il a constatés ailleurs.

De la Rive[1] qui trouvait le froid générateur des glaciers dans l'évaporation de l'eau d'imprégnation des roches soulevées et récemment sorties du bassin de l'Océan, expliquait leur disparition ultérieure plus ou moins complète par le développement de la végétation et faisait des calculs sur l'absorption de l'eau par les arbres.

Une flore glaciaire microscopique recouvre les glaciers du Groenland. Le professeur Berggren, compagnon de Nordenskjold, pense[2] que ces petites plantes sombres, absorbant la chaleur du soleil, font fondre la glace.

« Peut-être, dit-il, cette flore microscopique a-t-elle contribué à faire disparaître la carapace de glace qui a jadis couvert la Scandinavie. »

Malgré les difficultés que soulève la supposition d'une seule époque glaciaire, de nombreux théoriciens sont arrivés à admettre plusieurs glaciations successives.

En 1854, Morlot a développé l'opinion que deux périodes glaciaires se sont succédé en Suisse, séparées par un intervalle prolongé[3].

En 1859, Deike est arrivé à la même conclusion[4].

1. *Comptes rendus de l'Académie des Sciences*, t. XXXIII, 439.

2. NORDENSKJOLD. *Deuxième expédition suédoise au Groenland,* p. 194. Trad. française, 1888.

3. *Bull. de la Société vaudoise des Sciences naturelles*, vol. de 1854.

4. *Berichte der S. Gall naturforscher Geselschaften*, vol. de 1858-1859.

Déjà en 1856, Scipion Gras avait supposé que la vallée du Rhône contient les traces de cinq extensions successives des glaciers [1]. Et c'est à propos de ce travail que M. Falsan [2] s'écrie : « N'est-ce pas étrange de voir que cette question de la pluralité des périodes glaciaires, après avoir été soulevée par les professeurs Morlot et Oswald Heer, est encore défendue dans le bassin du Rhône, où précisément le phénomène semble ne s'être produit qu'une fois. »

Ch. H. Hitchcok, en 1861 et 1862, a suggéré, au cours de ses premières explorations de la région septentrionale de l'État du Maine en Amérique du Nord, la possibilité du retour des conditions glaciaires dans une localité déjà recouverte antérieurement par des glaciers ensuite disparus [3].

Albert Gaudry, à la suite d'une étude sur un gisement de Rennes qu'il a rendu célèbre, à Montreuil, près Paris [4], conclut, des données paléontologiques recueillies dans notre bassin parisien, une histoire météorologique composée d'une phase chaude pliocène, puis d'une grande phase glaciaire, d'une phase chaude, d'une phase tempérée, suivie d'un retour du froid, après quoi s'est établi enfin le climat actuel.

En 1891, M. Léon du Pasquier [5] étudiant les alluvions glaciaires de la Suisse crut y reconnaître les témoignages de trois époques glaciaires successives.

1. *Bull. Soc. Géol. Fr.* (2°), XIV, 207, 1856.

2. *La période glaciaire étudiée spécialement en France et en Suisse*, 1 vol. in-8°, Paris, 1889, p. 245.

3. D'après Merrill, *loc. cit.*

4. *Comptes rendus de l'Académie des Sciences.* 21 novembre 1881.

5. *Eclogæ geologicæ Helvetiæ.*

M. James Geikie[1] a distingué en Angleterre six périodes glaciaires dont la plus ancienne date du Crag de Weybourne, séparées les unes des autres par cinq formations relativement chaudes.

C'est à propos de ce tableau qu'on a dit[2] : « Les premières périodes de M. J. Geikie, jusqu'au mecklembourgien, concordent bien avec les extensions glaciaires dont nous avons indiqué les traces en Europe et en Amérique ; quant aux deux dernières, elles peuvent n'avoir de signification que pour les îles Britanniques. » C'est un acquiescement, inconscient sans doute, à la théorie locale, et par conséquent, c'est la négation du principe même des époques glaciaires qui doivent nécessairement avoir agi sur toute la Terre au même moment.

AGE DES GLACIERS. — On a imaginé un grand nombre de théories quant à l'époque géologique où remonte le phénomène glaciaire.

La plupart des auteurs le cantonnent, ou à bien peu près, dans les limites des temps quaternaires. Falsan, par exemple, insiste sur l'impossibilité de sa production avant le pliocène[3].

Aujourd'hui on trouve pour chaque époque stratigraphique, sans aucune exception, des géologues qui ont cru y voir des traces de phénomènes glaciaires : depuis l'éocène de Thoune et de la Bavière, le crétacé des Alpes et de l'Angleterre, le trias de Thuringe et de la Nouvelle-

---

1. *The great Ice Age and its relation with antiquity of man.* — Voyez *Journal of Geology*, vol. de 1895, Chicago.

2. DE LAPPARENT. *Traité de Géologie*, 5ᵉ édition. p. 1721, Paris, 1908.

3. *La Période glaciaire*, 1 vol. in-8ᵒ, Paris, 1889, p. 11.

Galles du Sud jusqu'au permien d'Afrique et de l'Inde, au carbonifère de l'Afrique australe, au dévonien d'Écosse, au silurien du Lac Supérieur et au précambrien du pays de Galles [1].

Agassiz, en 1835 [2], admet que les phénomènes glaciaires se sont reproduits après chaque période géologique.

Il est vrai que le critérium auquel on a recours pour déceler le terrain glaciaire est très détourné : « L'indice le plus infaillible de l'origine glaciaire d'une formation, dit Karl von Zittel [3], se trouve dans la présence des cailloux striés. On ne rencontre que très rarement des stries sur des fragments de roches cristallisées, de grès quartzeux et de jaspe. Par contre, elles se font voir de la manière la plus reconnaissable sur les fragments calcaires, particulièrement sur ceux de nuances sombres. Dans une moraine profonde, qui n'a pas été remaniée et lavée par les eaux, presque tous les cailloux calcaires portent des stries qui souvent sont aussi profondes que si elles avaient été gravées avec un burin. »

Or il est maintenant démontré que les stries dont il s'agit ne sont aucunement d'origine glaciaire et qu'elles dérivent entièrement du phénomène d'érosion réalisé dans la masse des éboulis par l'infiltration des eaux de pluie, ainsi que nous l'avons déjà vu plus haut.

---

1. Voir un résumé de cette question dans : Stanislas Meunier. *La Géologie générale*, 2ᵉ édition, p. 276 et suiv., 1 vol. in-8°, Paris, 1909.

2. *Actes de la Société Helvétique des Sciences naturelles.*

3. *Ueber Gletscher Erscheinungen in der bayerischen Hochebene ; Bull. de l'Acad. de Munich*, 1874, p. 225.

CHAPITRE XII

LES THÉORIES SÉDIMENTAIRES

La vue des roches mises à découvert le long des escarpements naturels, comme dans les excavations faites de main d'homme, a conduit de bonne heure à la conception des causes d'où elles doivent résulter.

Celles qui sont disposées par bancs parallèles les uns aux autres et très souvent horizontaux, ou à peu près, ont paru les plus faciles à interpréter.

On pourrait croire que le spectacle auquel nous assistons sur nos côtes, de matériaux sableux ou limoneux étalés en couches par le flot, a dû révéler directement le mécanisme de la production des couches géologiques.

Cependant la sédimentation marine, si évidente, si active et maintenant si bien étudiée, a été contestée et Lamarck, dans son *Hydrogéologie* déjà citée, admet que « le vaste bassin des mers, qui ne se comble jamais, a été formé et se conserve par la suite du mouvement de ses propres eaux... Le mouvement des eaux salées, a tant de puissance qu'il repousse ou rejette constamment vers les rivages les atterrissements et les remplissages apportés par les eaux douces et, ainsi, il s'oppose efficacement au comblement du bassin des mers ».

Buffon a écrit [1] : « Une colline de plâtre n'est qu'un gros tas de décombres amenés par les eaux dans un ordre assez confus. »

Il est vrai qu'avant Buffon, plus d'un auteur avait vu plus juste.

Palissy écrivait [2] : » Nous savons qu'en plusieurs lieux les terres sont faites par divers bancs et en les fossoyant, on trouve quelquefois un banc de terre, un autre de sable, un autre de pierre et de chaux et un autre de terre argileuse et communément les terres sont ainsi faites par bancs distingués. »

A une époque moins lointaine (1714), Woodward a constaté que « toutes les matières qui composent la Terre en Angleterre, sont disposées par couches ; et qu'un grand nombre renferment des coquilles et d'autres productions marines ; enfin que beaucoup sont horizontales et posées les unes sur les autres, comme le seraient des sédiments. »

Hutton, dans sa *Théorie de la Terre* [3], insistait déjà sur cette conclusion que « tous les *strata* de la Terre ont tiré leur origine de la mer, par la réunion du sable, du gravier, des coquilles, des coraux, des corps crustacés, des terres ou glaises mélangés, ou séparés ou accumulés ».

Buckland, étudiant certains fossiles spécialement bien conservés, émet l'avis qu'ils proviennent d'animaux tués subitement et immédiatement enfouis dans la vase sous-marine, de manière à être soustraits à l'action destructive de l'eau [4].

1. *Les Minéraux*, article Montagnes.
2. *Traité de la marne*, in-4°, 1577.
3. Tome I, p. 26.
4. *La Géologie et la Minéralogie dans leurs rapports avec la théologie*. 2 vol. in-8°.

On ne tarde pas à rencontrer dans ce chapitre, de la sédimentation pourtant si simple, au moins en apparence, le point de vue d'après lequel les phénomènes passés, même quand ils sont de l'essence des phénomènes d'aujourd'hui, ont été régis par une autre physique de la nature, — autre au moins par son intensité. Leibniz admet que l'action de l'eau est venue se joindre à celle du feu. » L'eau sortie des abîmes se joignant à celle qui coule des montagnes a produit de vastes inondations qui ont laissé sur différents points d'abondants sédiments. Ces sédiments se sont durcis et par le retour de la même cause, les couches sédimentaires se sont superposées et la face de la Terre, peu consistante encore, a été ainsi renouvelée jusqu'à ce que les causes perturbatrices ayant été épuisées et équilibrées, un état plus stable s'est enfin produit [1] ».

Buckland est d'avis, sans justifier d'ailleurs son opinion, que « le transport des couches secondaires et leur disposition en couches largement étendues sur le fond des premières mers, paraissent avoir été produits par l'action de forces qui ont agi sur des terres fermes plus anciennes, avec une puissance de destruction que n'ont plus les eaux de nos mers actuelles, dans leurs convulsions, même les plus violentes » [2].

Il faut arriver bien près de nous pour trouver des idées saines. Selon d'Aubuisson, toutes les roches ont été fluides : les roches stratifiées ont

---

1. *Protogée*, traduction de M. le Dr BERTRAND DE SAINT-GERMAIN, 1 vol. in-8º, Paris, 18 .

2. *La Géologie et la Minéralogie dans leurs rapports avec la théologie naturelle*, 2 vol. in-8º, traduits par DOYÈRE, Paris, 1838, t. I, p. 59 (en note).

eu la fluidité aqueuse, qui contraste avec la fluidité ignée des roches volcaniques [1].

Tout d'abord, bien des auteurs ont pensé que les matériaux des dépôts sédimentaires ont été amenés de plus ou moins loin et parfois de très loin par un vrai charriage horizontal.

Chose curieuse, des notions inexactes sur les animaux fossiles confondus avec les animaux actuels, ont contribué à ce point de vue.

Un autre ensemble de suppositions concerne l'épaisseur des terrains stratifiés et vise les mouvements verticaux du sol dans les points où se déposent les sédiments.

Selon la remarque d'Élie de Beaumont [2], « les couches jurassiques du bassin parisien ont dû se faire sous une profondeur d'eau de 100 mètres, au moins. Un pareil enfoncement est la preuve de la mollesse et de la haute température de la masse intérieure du globe... Il y a ici association des deux activités interne et externe. »

Sous le vocable de *principe d'isostasie*, on a cherché à démontrer que la sédimentation est accompagnée d'un affaissement compensateur qui conduit à considérer la substance corticale comme plastique et tendant à reprendre son niveau sous la charge, comme ferait un liquide.

Dans cette manière de voir c'est d'une façon continue que le bassin des mers s'affaisse pendant que les continents se soulèvent... Mais le principe se trouve contredit par le fait des continents qui s'affaissent et où la mer est en voie de transgression.

---

1. *Géognosie*, 2 vol. in-8°, Paris, 1819, t. I, p. 379.
2. *Explication de la Carte de France*, II, 612.

L'horizontalité de la plupart des couches à la formation desquelles nous pouvons assister, a enraciné l'opinion que les strates obliques ont nécessairement été déplacées. Cependant divers auteurs pensent qu'il peut y avoir des dépôts dont l'inclinaison ou dont les ondulations sont originelles.

De Wegmann [1] a appuyé sur des expériences l'hypothèse que bien des couches ont pu se superposer sur des plans inclinés toutes les fois que la pente n'excédait pas 40°.

M. Fayol [2] a établi la théorie des deltas dont la structure consiste dans la superposition de lits obliques renfermant parfois des galets plats dont la situation est intéressante en montrant si ces lits ont été ou non déplacés depuis leur accumulation.

D'ailleurs, vu la forme de la Terre, le fond de la mer est lui-même sphéroïdal selon l'expression d'Élie de Beaumont et Dufrénoy [3] les couches successives du terraiu *jurassique* ont été appliquées sur des surfaces convexes.

FACIÈS. — Le terme de *faciès* a été proposé en 1838 par Gressly [4] (1814-1865) pour désigner les différences pétrographiques ou paléontologiques entre des dépôts de même âge. C'est la consécration par un mot d'une véritable hypothèse : que de tous les temps les mêmes circonstances générales ont dû produire les mêmes

1. *Bull. Soc. Géol. Fr.* (2ᵉ), IV, 353.

2. *Études sur Commentry*, t. I.

3. *Explication de la Carte géologique de France*, t. II, 617.

4. *Observations géologiques sur le Jura Soleurois*, 1 vol. in-8°, 1838, p. 11.

effets ; et c'est une conséquence de la théorie évolutive du globe.

La théorie des faciès a été reprise par divers géologues et entre autres par Revenier [1]. Cet auteur résume le sujet en disant : « Les faciès sont en définitive les différentes sortes de formations, sédimentaires ou autres, qui peuvent s'être produites simultanément, à un moment quelconque des temps géologiques, comme cela se passe encore aux temps actuels. »

Parmi les théories sur les faciès marins, il y a lieu de mentionner les idées provoquées par l'examen des galets. Ceux de la crau d'Arles étaient pour Eschyle et les anciens les restes d'une grêle de cailloux lancés par Hercule contre un ennemi des Ligyens [2]. Dans les temps modernes, les galets sont considérés comme un témoignage certain de l'origine côtière des formations qui les renferment.

La trouvaille plusieurs fois répétée de galets [3] au sein de la craie blanche a porté différents auteurs et en particulier M. Cayeux à considérer cette roche comme un produit terrigène. Les galets auraient été « apportés, soit par des vagues, soit par des marées, soit par des courants ».

Cette conclusion a été combattue par M. Charles Janet [4] qui estime que « la plus grande partie de la craie s'est déposée dans une mer dont le fond était presque partout et presque toujours très calme ».

1. *Archives des Sciences de Genève*, XII, 298.
2. *Strabon*, liv. IV.
3. *Annales de la Société géologique du Nord*, t. XIX, p. 95.
4. *Bull. de la Soc. Géol. de Fr.* (3°), XIX, 903, 1891.

On a en effet constaté, et M. le Dr Anthony vient de renouveler encore cette observation, que nombre de poissons et de cétacés sont capables de transporter des galets dans leur estomac, et c'est certainement à cette cause qu'il faut attribuer les pierres parfois volumineuses qui gisent dans la craie.

Il nous a toujours paru évident que la formation des cordons de galets suppose nécessairement l'affaissement progressif de la falaise battue par la mer.

Cette théorie développée à plusieurs reprises [1] s'accommode mal du point de vue de M. Van den Broëk [2] pour qui les cordons de galets jalonnent la base des formations géologiques.

Récemment, M. Charles Cloëz a publié une intéressante théorie de la production des cordons de galets à l'embouchure de la Somme [3].

Les hypothèses relatives aux faciès et aux conditions qui les ont déterminés ont parfois subi de profondes modifications au cours des temps. Alcide d'Orbigny, par exemple [4], considère la présence des ammonites comme caractérisant le faciès littoral. Aujourd'hui, au contraire, la plupart des géologues regardent ces fossiles comme propres aux régions pélagiques de la mer [5].

Le faciès oolithique a été considéré par Louis

---

1. STANISLAS MEUNIER. *La Géologie Générale*, 2ᵉ édition, 1 vol. in-8ᵒ, Paris, 1909.

2. *Explication des feuilles de la Carte Géologique de la Belgique.*

3. Conférence sur les Bas-Champs de Cayeux (*Journal de l'Ecole polytechnique*, année 1910).

4. *Cours élémentaire de Géologie et de Paléontologie stratigraphiques*, t. II, p. 593 et 594 et autres.

5. RENEVIER. *Loc. cit.*, p. 546.

Agassiz comme essentiellement pélagique ; il avait rapporté des récifs madréporiques de la Floride, des calcaires oolithiques tellement identiques à ceux du Jura que lui-même ne pouvait les en distinguer que par leur saveur salée [1]. Mais la description que M. Weathered [2] a donnée de ces prétendues « oolithes » montre qu'il s'agit de tout autre chose : les vraies oolithes jurassiques étant caractérisées avant tout par la présence de nombreuses enveloppes concentriques à structure radiée qui manquent ici.

Parmi les théories relatives aux faciès marins, il est intéressant de mentionner celle que M. Fayol a soumise au contrôle de l'expérience au sujet de la formation des deltas. Ceux-ci résultant du triage opéré par la résistance de l'eau de la mer ou du lac, vis-à-vis des matériaux amenés en mélange confus par le courant du fleuve [3], l'appareil que constitue le delta peut, d'une manière détournée, donner naissance à des masses superposées présentant, à s'y tromper à distance, toutes les apparences d'une sédimentation régulière.

Les dépôts étalés à la surface des continents sont extrêmement variés par leur nature, par leur volume et par leurs caractères. Leur origine a suscité un grand nombre de théories.

Saussure a soumis les cailloux roulés des Alpes à une étude spéciale [4]. Il les regarde comme provenant pour la plupart du charriage dans le lit de volumineux torrents. D'autres ont été façon

---

1. D'après RENEVIER. *Loc. cit.*, p. 549.

2. *Quarterly Journal of the Geological Society of London*. t. LI, nº 202, pl. 7.

3. *Études sur Commentry*, t. I.

4. *Voyages dans les Alpes*, § 1943, 1961, 779, etc.

nés par les eaux d'un lac qui baignait le pied des montagnes et montait sur leurs flancs jusqu'à une hauteur considérable.

Dans la carte géologique de France, les dépôts superficiels, ou limons des plateaux, sont généralement classés comme pliocènes, ce qui est une hypothèse implicite et qu'il semble bien difficile de justifier. La surface du sol est évidemment d'origine strictement actuelle et elle comprend des éléments datant de tous les instants écoulés depuis la dernière émersion.

Il faut mentionner tout spécialement les lambeaux de graviers, de sables et de limons qui accompagnent le plus grand nombre de rivières. On les réunit généralement sous le nom de diluvium, expression qui a été employée pour la première fois par Buckland [1].

En 1774, le R. P. Frisi a développé [2] l'opinion que les graviers et autres matériaux qui bordent les cours d'eau ne résultent pas de l'action de ceux-ci. Le choc des pierres les unes contre les autres ne peut, suivant lui, donner de sable, mais seulement de la poussière très fine. Les graviers et les galets sont antérieurs aux rivières (p. 23).

Avant lui, Guglielmini avait développé le point de vue opposé [3].

Pendant très longtemps, les géologues de tous les pays et Cuvier, par exemple [4] en France, ont admis que les matériaux étalés dans le fond des vallées sont des produits du déluge universel.

1. *Order of superposition of strata in British Isles*, brochure, 1819.

2. *Traité des rivières et des torrents*, 1 vol. in-4°, Paris, 1774.

3. *Traité de la nature des fleuves*, 1 vol. in-4°, Bologne, 1697.

4. *Discours sur les Révolutions du Globe.*

Parmi les difficultés que soulève l'hypothèse diluvienne, Gaudry a signalé un fait que tout le monde avait remarqué : la coexistence de gros galets et d'objets fragiles comme les bois de rennes[1].

A ce propos, Péron a insisté dans la même séance de la Société géologique sur le contraste offert par l'abondance de l'ours des cavernes dans le diluvium de la haute vallée de l'Yonne avec l'absence totale du même animal dans le diluvium d'Auxerre[2].

Il est clair que le moindre charriage de ces matériaux mélangés amènerait le broyage des os.

Belgrand[3] s'est élevé contre l'action directe des eaux du déluge universel comme agents de transport du diluvium ; mais il a remplacé cette hypothèse par la théorie des grands fleuves quaternaires dont nous avons déjà parlé.

Pour expliquer la présence des gros blocs de granit et d'autres roches dans le diluvium, on a eu parfois recours à l'hypothèse d'un transport par les glaces. Charles Lyell mérite d'être cité à cet égard[4].

Dans cette manière de voir, les gros fragments de roches seraient des blocs erratiques et le loess de la boue glaciaire.

A l'appui de cette théorie, on a cru un moment

1. *Bull. Soc. Géol. Fr.*, 1ʳᵉ séance de 1905.

2. *Ibid.*

3. *La Seine*, 3 vol. in-4°, Paris, 1868.

4. *Nouveaux éléments de Géologie*, trad. de Mᵐᵉ T. MEULIEN, avec le concours et sous les auspices de M. ARAGO, 1 vol. in-18, Paris, 1839, p. 155 et *Principes de Géologie ou Illustrations de cette science empruntées aux changements modernes que la Terre et ses habitants ont subis*, 4 vol. in-18, trad. de Mᵐᵉ T. MEULIEN, Paris, 1843 à 1848.

pouvoir invoquer des galets ou des roches en place présentant des détails de surface comparables au poli et aux stries considérées comme dues à l'action des glaces [1]. Gabriel de Mortillet s'est élevé très énergiquement contre cette interprétation [2]. Pourtant, il admet que des glaçons flottants ont pu intervenir quelquefois.

C'est de la structure du diluvium que Belgrand a conclu la théorie des grands fleuves quaternaires.

Or, on a avancé plus récemment que cette structure témoigne en réalité d'une origine diamétralement différente [3]. Dans cette manière de voir, le diluvium n'est plus un dépôt opéré en une seule fois où l'on trouve les résultats du triage entre des éléments inégaux : les plus gros se concentrant au fond, les moyens formant une marge sur les côtés et les plus fins se tenant sur les extrêmes bords. Ici, au contraire, le produit résulte de remaniements indéfiniment répétés par suite de la divagation de la rivière et de toutes les variations de vitesse que ses méandres déterminent successivement dans chaque point du cours d'eau. Les gros matériaux du fond sont les parties intransportables du dépôt et qui se concentrent peu à peu par lavage. Les portions fines sont, à l'inverse, des provisions encore non triées de substances diverses qui sont comme en réserve pour des opérations ultérieures.

---

1. Julien. *Bull. de la Soc. Géol. de Fr.* (2e). XXVII, 1870, p. 559 ; Belgrand. Même volume, p. 649, 1870 ; Tardy. Même volume, p. 646, 1870 ; Collomb. Même volume, p. 557, 1870 ; Stanislas Meunier. *La Nature*, 2e volume de 1893, p. 266.

2. *Bull. Soc. Géol. de Fr.* (2e), t. XXVII, p. 697, 1870.

3. Stanislas Meunier. *Comptes rendus du Congrès international de Géologie*, 2 vol. in-8°, Paris, 1900, t. I.

Il reste à dire que la présence des gros blocs dans le diluvium, sur laquelle Belgrand s'appuyait pour admettre des courants très violents et pour s'opposer à l'intervention des glaciers, est expliquée très simplement par des éboulements de berges, des entraînements par les glaces du fond ou par les glaçons de la surface, des transports entre les ramifications de racines flottant sur la Seine comme il en flotte actuellement sur le Mississipi, etc.

Il est remarquable que beaucoup de dépôts à allure diluvienne ont été interprétés par l'hypothèse glaciaire. C'est le cas pour le *drift* américain.

Un grand nombre de géologues, tant Européens qu'Américains, attribue l'extension de ce drift à la fusion de la prétendue grande calotte de glace polaire de l'époque quaternaire. On voit donc que c'est illégitimement que de Lapparent et d'autres ont donné le Groenland d'aujourd'hui comme représentant les conditions des temps glaciaires. Il n'est lui-même qu'un reste de la glaciation supposée où les fjords étaient remplis de glace et où l'*inlandsis* devait être beaucoup plus épais qu'il ne l'est aujourd'hui.

En 1839, Conrad, bien connu par ses recherches paléontologiques sur le tertiaire américain, essaya d'expliquer l'origine du drift : selon lui, le pays était d'abord couvert de grands lacs qu'un changement dans le climat convertit en glaces jusqu'au fond ; alors, une action souterraine les souleva en les inclinant convenablement dans des directions variées. La région devint ainsi un centre de dispersions des avalanches qui étendirent au loin les graviers, les sables et les blocs qui composent le drift. Le glissement des glaces produisit le poli et la striation observés sur les surfaces rocheuses en place.

C.-H. Hitchcok modifia progressivement ses premières opinions sur le diluvium et dans sa *Géologie de l'État de Vermont*, qui parut de 1856 à 1861, il déclare qu'il ne met pas en doute que, dans une partie de ce qu'on appelle en Nouvelle-Angleterre, le phénomène du drift, n'ait été produit par des glaciers établis sur les flancs de la chaîne des montagnes Vertes. Il ajoute qu'il attribue les caractères essentiels de ce drift à des icebergs et à des glaces flottantes alors que les continents s'affaissaient graduellement au-dessous de l'océan. Les trois directions prépondérantes du drift furent aussi à ses yeux des arguments contre la supposition d'un immense glacier continental.

Andrews, en 1869, publia une note dans *American Journal of Sciences* pour démontrer que le drift de l'ouest est un dépôt d'eau douce. Le *bowlderdrift* n'a pas selon lui une origine glaciaire, mais dérive de courants d'eau charriant seulement de grandes quantités de glaçons. D'après l'auteur, ces matériaux ne venaient pas seulement du nord ; ils étaient apportés de toutes parts dans une vaste nappe d'eau assez profonde pour couvrir des collines de graviers de 800 pieds de hauteur. La région sans drift est un point où les courants aqueux furent trop violents pour admettre aucun dépôt de matériaux.

Les conséquences relatives au drift américain ont leurs analogues dans les hypothèses qui concernent en Europe le grand phénomène erratique du nord.

Pour de Charpentier comme pour Agassiz, des glaciers ont recouvert non seulement la Scandinavie, mais aussi le nord de l'Allemagne et le nord-ouest de la Russie. Actuellement encore, les géologues allemands et suédois sont assez unanimes pour admettre l'existence d'une nappe glaciaire unique et continue depuis l'Angleterre jusqu'à la Russie. Cela ferait une surface de plus de 6 millions et demi de kilomètres carrés, qui aurait été prise sous un glacier continu, conclusion tout à fait invraisemblable.

D'après Lyell, les glaces flottantes ont eu le rôle principal dans l'extension des matériaux erratiques du nord.

On objecte qu'une mer capable de jeter des blocs erratiques en Lusace, à plus de 400 mètres d'altitude, n'aurait pas manqué d'inonder, non seulement la Belgique, mais l'Angleterre et la plus grande partie de la France. Mais on ne sait pas quelles ont pu être alors les inflexions de la surface terrestre et par conséquent la forme des rivages.

Dans un mémoire publié en 1841, Darwin a décrit le terrain erratique des Terres magellaniques ; il a montré que ce terrain présente les mêmes caractères que le terrain erratique du nord.

Des théories spéciales ont été également avancées quant à la dissémination des blocs erratiques. Sans nous arrêter à la légion des superstitions dont témoignent les noms donnés à beaucoup de ces blocs (Pierres du Diable, des Fées, de Gargantua, etc.) il nous faut énumérer quelques suppositions très différentes les unes des autres. De Luc tenta d'expliquer leur dispersión par des explosions gazeuses : il les compare aux blocs qui tombent parfois à de grandes distances des cratères volcaniques. Cette opinion fut réfutée sans peine par de Buch et par de Charpentier [1].

Le géologue américain Abraham Gesner, qui fit vers 1836 de grandes études en Nouvelle-Écosse, était d'avis que les blocs erratiques « ont sans aucun doute été précipités sur le sol par des explosions volcaniques depuis l'inondation générale de la planète » [2]. Élie de Beaumont cherche « dans un grand dégel géologique » l'une des causes des phénomènes erratiques. Son idée est d'attribuer la fusion des neiges qui couvraient les Alpes et les Pyrénées, à des gaz de la nature de ceux qui se dégagent dans les éruptions volcaniques et auxquels sont dues les averses désastreuses qui dévastent souvent les flancs et les environs des volcans, c'est-à-dire de courants gazeux composés en grande partie de vapeur d'eau [3].

Ebel et Dolomieu [4] supposaient que dans les premiers temps qui suivirent le soulèvement des Alpes, des plans inclinés s'étendaient depuis leurs sommets les plus élevés jusque sur les pentes du Jura. Les débris erratiques, peut-être secondés par l'eau, avaient glissé sur ces pentes pour s'arrêter dans les positions qu'ils occupent encore. Ultérieurement des courants aqueux avaient séparé ces blocs de leur pays d'origine.

---

1. *Essai sur les Glaciers*, p. 190.

2. *Remarks on the Geology and Mineralogy of Nova Scotia*, 1 vol. in-8°, 1836.

3. Voir DE CHARPENTIER. *Essai sur les Glaciers*, p. 173.

4. *Bull. Soc. Géol. de Fr.* (2), IV, 1334, 1848. Voir aussi *Id.*, II, 406, 1845.

La débâcle des lacs a été invoquée pour expliquer la dispersion des blocs erratiques. Cette idée émise en passant par Saussure [1] fut reprise et développée par Escher von der Linth [2] mais sans succès.

Fournet y revint cependant en s'appuyant sur le mémoire d'Élie de Beaumont, intitulé *Recherches sur quelques-unes des révolutions de la surface du globe* [3], auquel nous venons de faire allusion et dans lequel l'auteur attribuait l'origine des eaux nécessaires à la fusion des neiges par le soudain dégagement de gaz chauds venant des profondeurs souterraines.

Les courants d'eau paraissent n'avoir jamais eu la vitesse nécessaire au transport des blocs erratiques. Léopold de Buch voulut résoudre cette difficulté en supposant des torrents boueux qui auraient pu facilement tenir en suspension ou même porter sur leur dos les matériaux dont il s'agit [4]. Des expériences beaucoup plus récentes ont démontré la possibilité de ce transport par la boue et la légitimité de l'interprétation dans un grand nombre de cas [5].

De Buch pensait aussi que les torrents de boue avaient été mis en mouvement par le soulèvement subit de la chaîne granitique des Alpes. Les torrents de boue se renouvellent cependant tous les ans dans les diverses parties de la chaîne.

---

1. *Voyage dans les Alpes*, § 215, 1799.

2. Voir DE CHARPENTIER. *Loc. cit.*, p. 201 et 214.

3. *Annales des Sciences naturelles*, t. XVIII, 1829 et XIX, 1830.

4. Voir DE CHARPENTIER. *Loc. cit.*, p. 194.

5. STANISLAS MEUNIER. *Recherches sur les épanchements boueux. Comptes rendus de l'Académie des Sciences*, t. CXVIII, 678, 19 mars 1894.

Murchison et Lyell [1] entourèrent les Alpes, à la fin du pliocène, de grands lacs et de golfes sur lesquels les glaciers des hautes vallées auraient lancé des glaçons couverts de blocs rocheux, des icebergs véritables, analogues à ceux qui se détachent des flancs du glacier d'Aletsch pour flotter sur le lac de Marjelen. Sartorius de Waltershausen a repris cette idée [2].

Pour Agassiz [3], les Alpes se sont soulevées sous une croûte glacée qui, rompue, a glissé sur les pentes en emportant les blocs rocheux qui la surchargeaient.

Escher von der Linth [4] rattache la dispersion des blocs erratiques à des débâcles de lacs qu'il supposait avoir existé dans les parties supérieures des vallées des Alpes. Mais la difficulté était encore de leur trouver une source.

La rupture de la barrière de glace du lac de Gétroz dans la vallée de Bagnes, en 1818, montra que les effets dynamiques de l'eau se portent sur le fond de la vallée et non sur les hauteurs voisines où elle ne transporte aucun gros bloc.

Playfair [5] paraît avoir été le premier à penser (dès 1802) que les glaciers ont été les artisans du transport des blocs erratiques. En 1806, il appliqua cette idée à l'histoire des blocs du Jura dont il fixa l'origine dans les hautes régions de la Suisse.

---

1. LYELL. *Principes de Géologie*, t. II, p. 65 et suiv., Paris, 1845.

2. *Untersuchungen über die Climate der Gegenwart und der Vorwelt mit besonderes Berücksichtigung der Gletschererscheinungen in der Diluvialzeit*, Haarlem, 1865.

3. *Act. de la Soc. Helvétique des Sc. naturelles*, 1837. *Bibliothèque universelle*. Génève, XII, 367.

4. DE CHARPENTIER. *Loc. cit.*, p. 201. 214.

5. *Théorie Huttonienne*, traduction française, p. 310, en note.

Les montagnards, depuis bien longtemps, avaient la notion du transport par les glaciers. C'est ainsi qu'en 1815, de Charpentier recevant l'hospitalité dans un chalet de Lourtier (vallée de Bagnes), un chasseur de chamois, J.-P. Perraudin, exposa ces vérités auxquelles, d'ailleurs, il ne prêta qu'une très légère attention. Mais ce fut un germe qui devint fécond et que de Charpentier sut développer, d'une manière assez imprévue. En effet, en 1821, proccupé de réfuter l'opinion de Venetz qui supposait l'ancienne prolongation des glaciers alpins jusque sur le Jura, il se livra à des observations sur le terrain qui finirent par le convertir à la doctrine même qu'il se proposait de combattre. Sans doute le souvenir de Perraudin ne fut pas étranger à cette conversion.

On peut citer parmi les premiers partisans de la théorie glaciaire des blocs, Esmark qui, en 1827, reconnut l'action des glaciers en Norvège.

En 1834, de Charpentier lisait son premier mémoire sur la cause probable du transport des blocs erratiques de la Suisse. Il y montrait l'identité entre les roches polies, moutonnées, striées, couvertes de terrain erratique, et les roches récemment abandonnées par les glaciers actuels dans leur mouvement de recul.

. Une forme intéressante, par son énorme volume, de l'érosion pluviaire est celle des placages d'éboulis normaux dans toutes les chaînes de montagnes, confondus souvent avec les dépôts accumulés par les glaciers. Suivant de Charpentier [1], « ces dépôts ne sont autre chose qu'un diluvium glaciaire ». Saussure et Romé de Lisle

---

1. *Essai sur les glaciers,* 1 vol., 1841.

disent « que les brèches doivent leur origine à des secousses ou commotions souterraines qui ont porté le désordre dans les couches de marbre primitif en y occasionnant des ruptures et des éboulements. « Les fragments de ces marbres ayant été dès lors tumultuairement entassés les uns sur les autres, furent depuis réunis par des eaux qui tenaient des molécules calcaires en dissolution [1]. » Mais la majorité des géologues a été conduite à voir dans les éboulis des dépôts erratiques et d'origine glaciaire.

L'assimilation présente cependant quelques difficultés et Ed. Collomb en a dès 1846 signalé une qui est remarquable. « Pourquoi, dans les moraines des Vosges, se demande-t-il, les matériaux roulés et usés sont-ils beaucoup plus abondants que ceux à angles vifs, contrairement à ce qui se remarque en Suisse, où les moraines en voie de formation sont presque en entier composées de matériaux anguleux [2] ?

Ce qui est extraordinaire, c'est que l'assimilation des éboulis aux dépôts glaciaires a été motivée par la rencontre qu'on y fait souvent de galets polis et striés. La doctrine des galets striés restera célèbre dans les fastes de la science comme un type d'illusion dont tous les géologues ont été victimes. Le fait est que pratiquement *les glaciers ne strient pas de galets* et que les stries des galets dépendent entièrement du phénomène d'érosion réalisé dans la masse des éboulis par l'infiltration de la pluie [3].

1. Cité sans renvoi par SAGE. *Analyse chimique et concordance des trois règnes*, t. II, p. 35, Paris, 1786.
2. *Bull. Soc. Géol. Fr.*, IV, 216, 1846.
3. STANISLAS MEUNIER. *Bull. de la Soc. d'histoire naturelle d'Autun*, vol. de 1892.

Parmi les formations étalées à la surface du sol exomdé, il faut faire une catégorie spéciale pour celles qui se rangent autour de l'argile à silex (ou terrain superficiel de la craie). Pour M. de Mercey[1] c'est le résidu d'une formation argileuse contemporaine du calcaire grossier et que l'érosion a presque supprimée. Hébert et Triger[2] la faisaient plus ancienne que l'argile plastique. MM. Potier et Douvillé[3] y ont vu un produit geysérien, c'est-à-dire poussé des profondeurs souterraines par des eaux ascendantes.

C'était revenir à un ensemble de conceptions dont l'auteur est d'Omalius d'Halloy et qu'on a qualifiée de théorie geysérienne[4], mais qui est maintenant complètement abandonnée pour les formations de ce genre.

Les mêmes vues ont été étendues à l'histoire du diluvium rouge superposé au diluvium gris et auquel on a fait tant de suppositions contradictoires.

Leblanc[5] était d'avis d'attribuer les argiles et les sables rouges, qui recouvrent le diluvium gris et qui remplissent les puits naturels des roches sous-jacentes, à des éruptions aqueuses.

Plus récemment, une opinion toute différente a pris la place de ces anciennes hypothèses. Elle voit dans les dépôts qui nous occupent et à côté

1. *Bull. Soc. Géol. de Fr.* (2ᵉ), XXI, 48, 1863.

2. *Ibid.*, 2ᵉ, XXI, 69, 1863.

3. *Comptes rendus de l'Académie des Sciences*, LXXIV, 1265, 1863.

4. Note sur l'origine de quelques dépôts d'argile et de sables tertiaires de la Belgique, *Bull. Acad. roy. de Bruxelles*, IX, 1ʳᵉ partie, p. 26, 1842. — Voir aussi Sur les éjaculations de roches meubles, dans *Bull. Soc. Géol. de Fr.*, XII, pp. 36, 44, 111, 114, 1854.

5. *Bull. Soc. Géol. de Fr.*, XIII, 360, 1842.

desquels on pourrait en citer beaucoup d'autres,
les résultats de la décalcification et de la rubé-
faction dont M. Van den Broeck a donné la théorie [1].

Des roches calcaires renfermant une certaine
proportion d'argile ou de sable, sont réduites
progressivement par la pluie à leurs résidus de
dissolution dans l'eau chargée d'acide carbonique,
et d'oxydation dans l'eau chargée d'oxygène.

D'autres théories sédimentaires peuvent être
réunies comme éclairant l'origine de formations
au faciès continental.

La considération des travaux réalisés dans le
sol par l'infiltration de l'eau de pluie à la fois
pourvue d'oxygène et d'acide carbonique en dissolution, a introduit dans la science la doctrine
de la sédimentation souterraine [2] dont les environs de Mortagne nous ont fourni un type remarquable.

Cette théorie s'applique d'une manière très
directe à l'interprétation des *bone-beds* qui deviennent des témoignages précieux du régime
continental subi à des époques géologiques très
diverses par des localités très variées, et l'on ne
saurait voir, comme on l'a proposé, « des dépôts
voisins des côtes dans une région à courants
forts qui balayent le fond ».

Une origine profonde a été attribuée à beaucoup d'autres dépôts et spécialement aux sables

1. *Mémoire sur les phénomènes d'altération des dépôts superficiels par l'infiltration des eaux météoriques étudiés dans leurs rapports avec la Géologie stratigraphique*, 1 vol. in-4° avec planches,
Bruxelles, 1881.

2. STANISLAS MEUNIER. *Comptes rendus du Congrès géologique
international*, Paris, 1900.

kaoliniques de Montainville et aux brèches serpentineuses diamantifères du Cap. Le sujet a été réuni dans des publications relatives aux *Alluvions verticales*, nouveau type stratigraphique [1].

Ajoutons que, suivant plus d'un théoricien, une partie des dépôts superficiels des régions continentales dérivent de l'activité du vent.

La découverte de dunes fossiles est venue contredire la théorie d'Élie de Beaumont d'après qui [2] l'époque actuelle jouirait du privilège exclusif de ce détail géographique.

En 1857, à son retour de l'Amérique Centrale, Virlet d'Aoust publia la description du terrain météorique, ou de transport aérien, qu'il avait si scientifiquement observé sur le Mesa d'Anahuac au Mexique [3]. Quinze ans après, von Richthofen publia son Étude sur la formation d'un terrain d'origine aérienne qu'il avait rencontré en Chine [4]. Quand Virlet fit à Paris en 1875 la connaissance de l'observateur allemand, celui-ci lui dit : « C'est vraiment bien singulier, comment des hommes si éloignés, parfaitement inconnus l'un à l'autre, peuvent-ils être ainsi amenés à faire les mêmes découvertes dans des pays différents [5]. »

ORIGINE DES PRINCIPALES ROCHES SÉDIMEN-

1. STANISLAS MEUNIER. *Comptes rendus de l'Académie des Sciences,* 5 février 1877.

2. *Leçons de Géologie pratique,* 1 vol. in-8°, Paris.

3. *Bull. de la Soc. Géol.,* 2ᵉ série, t. XIII.

4. *China, Ergebnisse eigener Reisen und darauf gegründeter Studien,* 4 vol., Berlin, 1877-1882.

5. *Comptes rendus des séances de la Commission centrale de la Société de Géographie de Paris,* séance du 17 juillet 1887.

TAIRES. — On a émis quant à l'origine des roches sédimentaires d'innombrables théories. Il suffit d'en mentionner quelques-unes, et nous nous bornerons aux types les plus abondants, comme les roches quartzeuses, les roches argileuses et les roches calcaires et gypseuses.

ROCHES QUARTZEUSES. — Au § 1375 de son *Voyage dans les Alpes*, Saussure signale les sables qui, à quelques minutes d'Alasso, font sur le rivage des dunes de 10 à 12 pieds de hauteur. « Les grains de quartz de ce sable, dit-il, sont tous ou presque tous anguleux ; souvent même on y reconnaît des indices de cristallisation. Je suis porté à croire, comme M. de Luc, que ces sables ne sont point tous des produits du brisement ou du détritus des pierres, mais qu'il y en a beaucoup qui sont le résultat d'une cristallisation qui s'est opérée dans le sein des eaux. » Hutton tire de la structure des poudingues la notion positive que ces roches se sont faites dans le lit des rivières ou sur le bord de la mer [1].

D'Omalius d'Halloy, en 1829, ne craignait pas d'attribuer aux galets des poudingues une origine profonde et les faisait sortir du sol par le moyen de sources ascendantes [2].

De Luc était d'avis que le sable est un dépôt chimique, un mode de cristallisation que le quartz affecte quelquefois [3].

Cette idée est à rapprocher de celle d'Hébert sur le sable de Rilly [4]. Tout exceptionnel qu'il

---

1. *Explication de Plaifair*, p. 37.
2. *Éléments de Géologie*. Paris, 1831.
3. *Explication de Playfair*, p. 59, en note.
4. *Bull. Soc. Géol. de Fr.*, 2, X, 436, 1853.

apparaisse, ce sable n'est qu'un produit de triage mécanique opéré aux dépens de certaines roches daniennes à poissons du mont Aimé.

D'autres idées, tout aussi gratuites, ont été formulées sur la formation des silex par A. d'Orbigny[1]. « Nous ne voyons là, dit-il, qu'un phénomène purement électrique dont les forces multipliées ont agi, à l'époque de la formation des couches et postérieurement à leur dépôt. »

Ce que l'observation nous démontre de plus en plus, c'est la concrétion incessante de la silice dans l'épaisseur du sol. « Nous pouvons, dit Buckland[2], rapporter l'origine de ces masses si considérables de silice qui constituent les lits de silex corné (*chert*) et de silex pyromaque des formations stratifiées, aux eaux des sources chaudes tenant en dissolution de la terre siliceuse et la déposant à mesure qu'elles se trouvaient à des degrés moins élevés de température et de pression, de la même manière que nous voyons la silice déposée par les eaux thermales qui sortent des geysers d'Islande. »

Constant Prévost donne à la silice des meulières une origine geysérienne. Il n'a rien écrit sur ce sujet ; mais on sait qu'il développait cette doctrine dans ses leçons publiques. Comme le fait remarquer M. Gosselet, la mode était alors de faire venir beaucoup de choses des profondeurs[3].

Guettard, en 1770[4], regardait les silex de la craie comme une matière de remplacement de la

---

1. *Paléontologie et Géologie stratigraphiques*, I, p. 57.

2. *La Géologie et la Minéralogie*, t. I, p. 79 (en note).

3. Gosselet, *Constant Prévost. Coup d'œil rétrospectif sur la Géologie en France*, 1 vol. in-8°, Lille, 1896, p. 102.

4. *Mélanges*, t. II, cinquième mémoire.

substance de spongiaires décomposés, Faujas Saint-Fond, Dolomieu, Huot[1] ont adopté la même opinion.

Bowerbanks pense que des corps variés autres que des spongiaires ont pu jouer le même rôle que ceux-ci[2].

« Il y a d'un côté, dit Ehrenberg[3], entre la présence des marnes à infusoires siliceux dans la craie du Sud, coïncidant avec l'absence de silex pyromaques, et d'un autre côté, la présence de silex pyromaques dans la craie du Nord coïncidant avec l'absence des marnes à infusoires siliceux une relation qui met sur la voie d'expliquer le phénomène singulier des silex pyromaques de la craie et fait présumer qu'ils doivent leur existence à la transformation de la silice dissoute des infusoires en silex compactes. »

La théorie d'Ehrenberg a été adoptée par Lyell[4] et par Marcel de Serres[5].

A. Gaudry écrit dans sa thèse[6] : « Les silex ne renfermant ni plus ni moins d'animaux microscopiques que la craie dont ils sont environnés ; si une couche de craie en renferme beaucoup,

---

1. *Nouveau Cours élémentaire de Géologie*, 2 vol. in-8°, Paris, 1837.

2. *On the spongeous origin of moss agates and other siliceous bodies.*

3. Cité par M. De Pinteville, dans une Note sur le terrain gypseux de la Sicile. *Bull. Soc. Géol. Fr.*, 1839. Voir aussi Ehrenberg. *La formation de la craie dure et de la craie marneuse... expliquée par les organismes microscopiques qu'elles renferment*, Berlin, 1839.

4. *Éléments de Géologie*, 1839.

5. *Sur l'origine des silex de la craie*, Soc. linnéenne de Bordeaux, année 1850.

6. *Sur l'origine et la formation des silex de la craie et des meulières des terrains tertiaires, thèse de Géologie présentée et soutenue devant la Faculté des Science de Paris*, brochure in-4°, Paris, 1852.

les silex de cette couche en renfermeront beaucoup ; ils en contiendront peu si la couche de craie en contient peu elle-même (p. 27). » Il est d'avis (p. 40) que la silice des silex provient, pour la plus grande partie, de sources sous-marines : elle s'est séparée de la craie par l'attraction réciproque des molécules de même nature. Pendant la consolidation des couches, il y a eu un suintement d'eaux siliceuses qui a produit les nodules et les fossiles silicifiés.

« La forme tuberculeuse des silex de la craie, dit Marcel de Serres [1], est due à ce que la matière dont ces silex sont composés, a pris la place occupée antérieurement par des zoophytes marins du genre *Alcyonum* ou par des éponges. »

Et Schimper [2] : « On n'a encore rencontré aucune pétrification récente produite par la silice, ce qui vient à l'appui de l'opinion énoncée plus haut, qu'à l'époque des anciennes imprégnations siliceuses, les eaux étaient beaucoup plus saturées de cet élément qu'elles ne le sont maintenant. »

Ainsi, ce savant ne conçoit pas qu'à quelques centaines de mètres de profondeur, là où les eaux ont une température suffisante, ces pétrifications puissent se faire avec la même activité que par le passé, et que, si les anciennes couches que nous étudions ne se silicifient pas sous nos yeux, c'est qu'elles sont parvenues à la surface, dans des points où manquent la chaleur et la pression qui en est la conséquence.

ROCHES ARGILEUSES. — Pour Lamarck [3], les

1. *Loc. cit.*
2. *Traité de Paléontologie végétale*, t. I, p. 44.
3. *Hydrogéologie*, p. 153.

argiles proviennent toutes des détritus, des végétaux qui, au moyen des fonctions de leurs organes, ont eux-mêmes préparé et formé les éléments de ces matières, en sorte que sans eux, elles n'eussent jamais existé.

Plusieurs auteurs, Constant Prévost entre autres, ont voulu appliquer le mécanisme des salzes à l'explication des gisements argileux : argile plastique de Paris, argiles rouges recouvrant les calcaires blancs de tous les plateaux jurassiques calcaires de l'Aveyron et du Quercy, garrigues du Midi de la France, etc.

C'est le cas de dire que la théorie par alluvionnement vertical paraît devoir être abandonnée quant aux masses importantes d'argiles, et il semble qu'on doive faire dans l'histoire des terrains argileux une large part à des remaniements de tous les âges de couches antérieurement stratifiées. Ainsi, pour l'argile plastique, les expériences montrent que la dissolution de la craie a pu en donner la portion principale. C'est même un véritable étonnement qu'on éprouve à retirer de la craie blanche une argile d'un gris très foncé, tout à fait pareille, sauf pour une certaine différence de fusibilité, à l'argile plastique, représentant 2 p. 100 dans la craie de Meudon. Ajoutons qu'il est impossible de la séparer par simple lavage, d'où la conclusion qu'elle est engagée dans une combinaison avec d'autres substances, telles que le calcaire et des matières organiques.

Une deuxième manière pour l'argile de se produire est aux dépens du feldspath, par la dénudation subaérienne due aux eaux pluviales. Il en résulte les arènes granitiques et A.-C. Becquerel a voulu apporter dans la question, grâce aux documents fournis par la cathédrale de Limoges, une espèce de précision mathématique [1]. On est frappé de la rapidité d'altération de certaines variétés de granit, et spécialement des *rappakiwi*, qui sont à base de feldspath oligoklase, c'est-à-dire riches en soude et en chaux.

Une troisième théorie d'altération du granit est dite de la kaolinisation. Elle fait intervenir l'influence d'émanations profondes. Nous en avons des exemples à Chanteloube et dans maintes autres localités où l'on voit la granulite kaolinisé imprégnée des minéraux caractéristiques des gîtes stannifères.

La théorie chimique de cette transformation par réactions souterraines du feldspath en argile a été complètement faite par Ebelmen [2] dans un travail classique où il démontre que la comparaison de l'argile au feldspath suppose la substitution pure et simple de l'hydrogène au métal alcalin. Kirwan, bien avant Ebelmen, avait posé en fait que, par décomposition, le feldspath et l'amphibole hornblende engendrent de l'argile [3].

Le célèbre Comstock-Lode a été l'objet des études de M. Becker [4] et il en a conclu une théorie de la kaolinisation qu'il suffit de mentionner.

L'origine de certaines argiles a été attribuée à l'accumulation de coquilles au fond des lacs et des étangs des comtés de Columbia et de Dutchess (Etat de New-York), principalement à Kin-

----

1. *Bulletin de la Société des Sciences naturelles*, 20 décembre 1833, Paris.

2. *Annales des mines* (4e série), t. VII, p. 1, 1845.

3. *Explication de Playfair*, p. 44, en note.

4. *U. S. Geological Survey. Geology of the Costmock Lode and the Washoe district.* p. 232 et suiv., 1 vol. in-4° avec un atlas, Washington, 1882.

derhot. Les coquilles en quantité prodigieuse se convertiraient très rapidement en couches de marne blanche dont l'épaisseur et l'étendue sont considérables.

ROCHES CALCAIRES. — Selon une ancienne hypothèse, « la terre calcaire est produite par les coquilles et les madrépores »[1]. De là cet adage qui fut célèbre : « *Omnis calx a vermibus.* » Faujas Saint-Fond a défendu la même opinion « avec une éloquence et une érudition capables de lui attirer l'assentiment de tous les naturalistes »[2]. Hutton[3] a émis l'avis « que dans les couches, nous découvrons des indices des substances qui ont existé comme éléments des corps et que ces corps doivent avoir été détruits avant la formation de ceux dont les substances font maintenant partie ». On a pensé qu'en écrivant ces notes le célèbre auteur avait surtout en vue les couches calcaires où l'on trouve si fréquemment des débris calcaires d'origine organique et parfois au point d'en paraître entièrement formées. Il ajoute : « Tous les strata de la Terre, non seulement ceux qui sont composés de chaux, mais encore tous ceux qui recouvrent les premiers ont tiré leur origine de la mer par la réunion du sable, du gravier, des coquilles, des coraux, des corps crustacés, des terres et glaises mélangées ou séparées ou accumulées. » Contejan[4] est aussi pour l'origine organique du

---

1. SAGE. *Analyse chimique et concordance des trois règnes*, t. II, p. 13, 3 vol. in-8°, Paris, 1786.

2. Expression de Breislak, *Introduction à la Géologie*, p. 170, 1 vol. in-8°, trad. française, Paris, 1812.

3. *Théorie de la Terre*, t. I, p. 20 et 26.

4. *Comptes rendus de l'Académie des Sciences*, t. LXXXVI, p. 500, 1878.

calcaire. Le calcaire des sables maritimes provient presque toujours, selon lui, de menus débris de coquilles ; il abonde le long des plages ; dès qu'on s'éloigne de la mer, on voit le calcaire diminuer et dans le sable fixé par la végétation, il peut disparaître entraîné par les eaux de pluie.

Dans l'eau de la mer actuelle, Forchhammer a trouvé 0,00038 cent-millièmes de chaux. En évaporant toute la mer, on n'obtiendrait sur la surface du globe qu'une couche de $1^m,04$ de calcaire[1].

Dans une note datée de 1844, et publiée seulement en 1862, Cordier pense que les roches de calcaire résultent avant tout d'une double décomposition réalisée, dans le bassin des mers, entre le chlorure de calcium et le carbonate de soude. Les objections ont été nombreuses : d'abord, la disproportion entre la masse des calcaires et celle du sodium du sel gemme, — c'est-à-dire la disproportion des roches et de la mer — et ensuite la difficulté de comprendre l'origine du chlorure de calcium expliquée aussi peu que celle du calcaire lui-même.

Ayant observé des fragments de calcaire sortis du Vésuve avec les laves (blocs de la Somma), Breislak en conclut que la roche calcaire peut avoir une origine ignée, et en particulier la grande masse des marbres de Carrare[2].

L'expérience de James Hall[3] sur la transformation de la craie en marbre a apporté son appui à l'origine plutonienne du calcaire.

1. *Poggendorf's Annalen*, t. LVIII, 1843.

2. *Topographie physique de la Campanie*, p. 356; 1 vol. in-8°, Florence, 1798. Voir aussi : *Introduction à la Géologie*, p. 179 de la trad. franç., 1 vol. in-8°, Paris, 1812.

3. *Edinburgh philosophical Magazine*, t. VI, 1812.

Frappé de l'abondance avec laquelle le calcaire sort du bassin de nombreuses sources thermales, on a été souvent disposé à lui attribuer une origine profonde.

Pour Buckland [1] le dépôt des travertins, du genre de ceux des environs de Rome ou de la Toscane « nous explique d'une manière très plausible comment ont pu se former les vastes lits de calcaire au fond des lacs d'eau douce de la période tertiaire... Nous retrouvons encore ces traces d'une action probable des eaux thermales, ajoute-t-il, dans ces dépôts calcaires encore plus vastes qui se sont formés au fond des mers durant les périodes précédentes du groupe secondaire et du groupe de transition ». Cette opinion a également été adoptée par Alex. Brongniart (1822) et développée dans la 3° édition des *Environs de Paris* (avec Cuvier) en 1835.

On a été très frappé de voir des sources incrustantes sortir du granit et accumuler d'énormes masses de calcaire. Dès 1812, d'Omalius d'Halloy constatait cette ressemblance des calcaires d'eau douce du nord de la France avec les travertins qui s'accumulent actuellement aux environs de Rome, et il en déduit toute une doctrine [2]. De même Vézian admet [3] que « les éléments des roches résultant d'une sédimentation chimique ont presque toujours une origine interne ». Et il suppose que les calcaires jurassiques ont tous été amenés des régions infra-granitiques par des eaux ascendantes.

---

1. *La Géologie et la Minéralogie dans leurs rapports avec la théologie naturelle*, traduction française. 2 vol. in-8°, Paris, 1838, t. I, p. 78, en note.

2. *Abrégé de Géologie*, 1 vol. in-8°, Paris et Bruxelles.

3. *Prodrome*, I p. 448 et 458.

Depuis bien longtemps on s'est demandé si la quantité de chaux renfermée à l'état de feldspath (labrador et anorthite) dans les roches fondamentales, n'est pas la source de toute la chaux de la surface. Daubrée a fait à cet égard des calculs dont le résultat est frappant. En prenant la moyenne des diverses compositions de granit, il arrive à y admettre 1,5 p. 100 de chaux, soit 1,07 de calcium. Dans un mètre cube (dont la densité est égale à 2,67), on a 28 kil. 6 de calcium. Les laves contiennent en moyenne 9,38 p. 100 de chaux ; la dolérite en contient 11,87 p. 100. Un mètre de calcaire contient le calcium de 4 m. 338 de dolérite [1].

La vue de la formation des stalactites et des stalagmites dans les cavernes avait conduit Tournefort à émettre sa singulière théorie de la *végétation des pierres* [2]. Une opinion analogue avait déjà été développée au XVIIe siècle par le célèbre Robert Boyle [3].

De Malbos a donné de l'origine des stalactites une théorie singulière [4]. « Leur croisement en tous sens, dit-il, me fait présumer qu'elles sont formées par les molécules calcaires que tient en dissolution l'air humide de certaines cavernes. Je ne saurais expliquer d'une autre manière la forme d'arragonites coralloïdes et de stalactites ayant la forme de feuilles, de petits arbrisseaux qui croissent horizontalement sur les parois perpendiculaires et qui même surplombent. »

1. *Bull. Soc. Géol. Fr.* du 7 septembre 1871, p. 332.
2. *Voyage dans le Levant.* t. I, p. 187 de l'édition de 1717.
3. *The philosophical works of the honourable* ROBERT BOYLE, t. III. p. 130, 3 vol. in-4°, Londres, 1725.
4. *Mémoires sur les grottes du Vivarais*, Privas, 1881.

ROCHES GYPSEUSES. — L'origine du gypse a suscité des hypothèses dont le nombre est justifié jusqu'à un certain point par la diversité des gisements de la chaux sulfatée.

Breislak a voulu expliquer l'origine du « gypse primitif », c'est-à-dire de celui qui entre dans la constitution des hautes régions des Alpes : « parmi les courants gazeux qui se développèrent lors du refroidissement du globe, dit-il, il est très vraisemblable qu'il y en eut de gaz hydrogène sulfuré ; si ce dernier a rencontré quelque masse d'oxygène, il passa à l'état d'acide sulfurique et s'unit à la terre calcaire avec laquelle il se trouva en contact »[1].

Pour des gisements analogues à ceux du bassin de Paris, la supposition la plus simple a paru être de voir dans le gypse, un résultat de l'évaporation des eaux de la mer. Cependant Cuvier et Brongniart[2], tout en admettant que « les premières couches du gypse se sont déposées dans un liquide analogue à la mer », ajoutent que « les couches supérieures ont été formées dans un liquide analogue à l'eau douce, puisqu'il nourrissait des animaux d'eau douce ». Les célèbres auteurs ne semblent pas songer à la possibilité du régime lagunaire. C'est cependant à celui-ci qu'on attribue maintenant sans exception l'origine de la pierre à plâtre de Paris et de bien d'autres localités.

D'après Ludovic Ville, c'est par une sorte de précipitation que se sont constitués dans les sables saha-

---

1. *Introduction à la Géologie*, trad. franç., p. 180, 1 vol. in-8°, Paris, 1812.

2. *Loc. cit.*, Paris, 1835.

riens les gîtes de gypse farineux qu'on y rencontre[1].

Mais beaucoup d'auteurs ont été attirés vers l'opinion que le gypse est un résultat de la transformation des roches calcaires par voie d'épigénie. Déjà Lamanon[2], étudiant les plâtrières de Paris, était d'avis que des pyrites, en se décomposant, ont engendré de l'acide vitriolique et que celui-ci « s'emparant de la terre, base de la craie, il en est résulté la pierre à plâtre que nous voyons ». Il est évident que cette supposition est insoutenable, puisque non seulement la pierre à plâtre alterne avec d'innombrables lits de marnes calcaires qui n'ont point été altérés, mais aussi qu'il renferme des ossements encore formés de carbonate de chaux. Toutefois, la théorie épigénique peut convenir pour d'autres gisements, par exemple pour Aix-les-Bains (Savoie), où les parois calcaires de la grotte dite d'Alun, se recouvrent d'efflorescences gypseuses. J.-B. Dumas a signalé dans ce cas l'influence des corps poreux sur la combinaison de l'hydrogène sulfuré et de l'oxygène, dans le tissu des rideaux de fenêtre qui sont brûlés par l'acide sulfurique.

La forme épigénique peut s'associer à la forme hydrothermale simple et c'est l'opinion défendue par plusieurs auteurs. Gressly admet une sortie de boues éruptives poussées des profondeurs par des sources chaudes jaillissantes. Hébert, en 1855, donne son approbation à cette théorie. Il insiste sur l'existence visible des cheminées de sortie au travers de calcaires kimméridgiens. Il étend les conclusions de Gressly à l'histoire du gypse de Paris.

1. *Voyage d'exploration dans les bassins du Hodna et du Sahara*, 1 vol., Paris, 1868.

2. *Journal de Physique*, année 1782, p. 19.

CHAPITRE XIII

LES THÉORIES PALÉONTOLOGIQUES

ORIGINE DES FOSSILES. — La cosmogonie chaldéenne fait mention d'animaux qui auraient été engloutis par l'abîme antérieurement à l'existence de l'homme. Cette tradition, comme celle des géants, paraît avoir été inspirée par la découverte des restes de grands mammifères ou de sauriens fossiles. Empédocle voyait des ossements d'hommes énormes dans ceux des hippopotames de la Sicile. Et en 1613, Mazurier crut, devant des débris de mastodonte, avoir mis la main sur Teutobochus, roi des Cimbres.

Des esprits forts ont vu, au contraire, dans les fossiles de simples accidents, « des jeux de la nature », ne méritant aucune attention.

Leïbniz protesta avec force contre cette idée : « Que peut-on nous opposer, dit-il, si nous disons qu'un grand lac avec ses poissons, par suite d'un tremblement de terre, ou d'une inondation, ou de toute autre cause, a été enseveli dans du limon qui, en se durcissant, a conservé les vestiges et comme la reproduction en relief des poissons dont le corps, d'abord empreint dans la masse encore molle, a été ensuite pénétré et remplacé par une matière plus dure? [1] »

1. *Protogée.*

Dans un ouvrage publié à Francfort en 1709, *Ossium fossilium docimasia*, le Dr Carl dut recourir à de laborieux raisonnements pour démontrer que les ossements fossiles ne sont le résultat ni d'un caprice de la nature ni d'une force occulte.

Cependant, au Xe siècle de notre ère, Avicenne constatait que sur beaucoup de roches, on voit des empreintes d'animaux·aquatiques, prouvant que ces roches ont été déposées par la mer. Il pensait qu'elles provenaient de l'ancien limon de la mer qui autrefois inonda le globe.

« Tandis que le roi était à Sayette (Sidon), dit Joinville dans son Histoire du roi saint Louis [1], on lui apporta une pierre qui se levait en écailles, la plus merveilleuse du monde ; car quand on levait une écaille, on trouvait entre les deux pierres la forme d'un poisson de mer. Le poisson était de pierre, mais il ne manquait rien à sa forme, ni yeux, ni arêtes, ni couleur, ni autre chose qui empêchât qu'il ne fût vivant. Le roi me donna une pierre et je trouvai une tanche dedans, de couleur brune et de telle façon qu'une tanche doit être. »

Boccace, au XIVe siècle, mentionne les coquilles fossiles dans son roman de Filicopo, comme prouvant le séjour de la mer aux environs de Florence [2].

Agricola [3], cherchant à expliquer l'origine du bois pétrifié, expression employée par Albert le

---

1. Chap. cxviii, p. 330, édition de WAILLY.

2. D'après d'ARCHIAC. *Cours de Paléontologie stratigraphique*, t. I, Paris, 1862.

3. *De natura fossilium*, 1546.

Grand (1193-1280), l'attribue à un suc pétrifiant (*succus lapidescens*).

« Quand j'ai eu de bien près, dit Bernard Palissy [1], regardé aux formes de pierres, j'ai trouvé que nulle d'elles ne peut prendre forme de coquille ni d'animal, si l'animal n'a bâti la forme. »

Ce grand homme dit encore : « Je soutiens que les poissons armés (coquillages) lesquels sont pétrifiés en plusieurs carrières, ont été engendrés sur le lieu même, pendant que les rochers n'étaient que de l'eau et de la vase, lesquels ont été pétrifiés avec lesdits poissons. »

Sténon (1631-1687) [2] pose en fait que les fossiles sont antérieurs aux roches qui les contiennent. Il ajoute que les terrains stratifiés, étant complètement analogues aux dépôts laissés par les eaux troubles, doivent avoir la même origine.

On revint en 1714 à l'idée des géants. La Société royale de Londres reçut du Dr Cotton Mather (de Boston) un mémoire où des os de mammouth, découverts en 1705, à Albany, sur les bords de l'Hudson, étaient donnés comme corroborant l'existence de cette race maudite et antédiluvienne dont parle l'Écriture. Et en 1726, J.-F. Scheuchzer voyait les restes d'un homme « lamentable, témoin du déluge (*Homo diluvii testis*) et qui avait vu Dieu [3] », dans le squelette bien conservé d'un batracien miocène (*Andrias Scheuchzeri* Cuvier), aujourd'hui au musée Teyler, à Harlem.

Voltaire, qui avait traité Palissy de visionnaire

---

1. *Discours admirables*, etc., p. 357.

2. *De solido intra solidum naturaliter contendo.*

3. *Physica sacra Augusta Vindelic;* t. I, p. 49, pl. XLIX. 1731-1735.

et publié en 1746 une lettre en italien où il prétendait que les coquilles pétrifiées qu'on trouve en Europe y ont subi cette métamorphose, après avoir été apportées par des pèlerins venus de Syrie, se replia sur l'opinion des jeux de la nature : « Je ne nie pas, dit-il, dans les *Questions philosophiques*, qu'on ne rencontre à cent milles de la mer, quelques huîtres pétrifiées, des coques, des univalves, des productions qui ressemblent parfaitement aux productions marines mais est-on bien sûr que le sol de la Terre, ne peut enfanter ces fossiles ? La formation des agates arborisées ou herborisées, ne doit-elle pas nous faire suspendre notre jugement ? Un arbre n'a point produit l'agate qui représente parfaitement un arbre ; la mer peut aussi n'avoir point produit ces coquilles fossiles qui ressemblent à des habitations de petits animaux marins. »

En 1756, Lehmann [1] attribue une empreinte provenant probablement d'*Annularia sphenophylloïdes*, à l'impression sur l'ardoise d'une plante actuelle, l'*Aster montanus* ou, comme il l'ajoute, « le pyrénaïque précoce à fleurs bleues et à feuilles de saule ».

E. Bertrand, en 1766 [2], est d'avis que les débris fossiles sont des pierres figurées enfouies dans le sol par Dieu, qui a voulu mettre ainsi « plus d'harmonie dans ses œuvres, plus de correspondance entre les choses qui sont dans les eaux et sur la terre, et celles qui doivent être sous la terre ».

---

1. *Histoire de l'Académie royale des sciences de Berlin*, année 1756.

2. *Recueil des divers traités sur l'Histoire de la Terre et des fossiles*, 1 vol. in-4°, Avignon, 1766, p. 152.

Vers la fin du XVIIIe siècle, J.-E. Em. Walch explique les fossiles végétaux, qui ne proviennent pas de plantes comparables à celles qui poussent encore dans la région, par des débris arrachés à des contrées lointaines et entraînés par les torrents du déluge [1].

GISEMENT DES FOSSILES. — D'une façon générale, on admit d'abord que les débris organiques ont été enfouis au sein des roches par le déchaînement d'actions violentes ; avant tout, par les convulsions du déluge.

Fortis pensait en 1764 que les fossiles des collines de Montegalda, dans le Vicentin, ont été enfouis par l'effet d'éruptions volcaniques sous-marines [2].

L'accumulation sur un même point de débris fossiles fut expliquée souvent par la supposition de charriages. Ainsi Hutton [3], en trouvant dans les roches de nos régions des coquilles semblables à celles qui vivent actuellement dans les mers les plus chaudes, en a été conduit à émettre l'idée qu'elles ont été charriées à l'époque du dépôt, depuis les zones équatoriales jusque sous nos latitudes. Pour Pallas, les mammouths de Sibérie avaient été apportés des régions équatoriales par des courants marins.

Buffon [4] remarque que les formes étrangères sont en majorité parmi nos coquilles fossiles.

---

1. *Die Naturgeschichte der Versteinerungen zur Erlaüterung der Knorrischen Sammlung*, Nurnberg, 168, 1778.

2. D'ARCHIAC. *Cours de paléontologie stratigraphique*, I, p. 37-38, Paris, 1862.

3. *Explication de Playfair*, p. 63, en note.

4. *Théorie de la Terre*, 8.

Saussure[1] croyant constater que de 105 espèces de poissons du Monte Bolca, près de Vérone, 39 sont des mers d'Asie, 3 des mers d'Afrique, 18 des mers du sud, 11 des mers de l'Amérique septentrionale, en conclut un charriage de ces fossiles.

Ebel, au commencement du XIX° siècle, était partisan de cette opinion : il va jusqu'à affirmer que les poissons du Monte Bolca ont été pris aux mers australes et poussés vers le nord-ouest jusqu'au pied des Alpes où ils ont été enfouis dans la vase qui les empâte. Fontenelle et d'autres pensent de même pour les plantes houillères, d'essences tropicales[2].

Breislak cependant proteste contre cette supposition. La bonne conservation des fossiles lui semble décisive et aussi le triage qui fait que telle forme est en tel gisement pendant qu'une autre est dans un gisement différent, sans mélange des deux ensembles.

De Luc, en 1809, malgré sa tendance à faire jouer un grand rôle au déluge, regarde comme impossible que les fossiles aient été charriés.

On sait que l'explication actuelle est dans la variation des climats, les espèces d'ailleurs n'étant jamais identiques.

M. Spring pense que des oiseaux de proie pourraient déterminer la production de brèches osseuses. Il cite le rocher de Sansan, « où fut découvert un camp de la période franque dont l'étude a occupé l'Institut archéologique de Namur ».

« Des hommes et des animaux, dit cet auteur,

1. *Voyage dans les Alpes*, III. § 1533.
2. *Explication de Playfair*, p. 64.

ont péri, dans les cavernes, en y cherchant un refuge ou en les explorant par curiosité [1]. »

M. Martel [2] considère certains abîmes comme de véritables pièges à animaux. C'est l'opinion qui a été développée pour les oubliettes de Gargas. Les accidents sont fréquents au bord des avens béants au milieu des champs, sur les plateaux des Causses.

Le poulpe (*Octopus*) accumule les coquilles de ses victimes devant l'ouverture de son antre et Aristote mentionne déjà cette particularité. Albert Gaudry attribue à une inondation ou à un incendie la destruction de la foule d'êtres confondus dans l'ossuaire de Pikermi [3].

ÉVOLUTION DES CLIMATS. — L'étude des fossiles a conduit à l'hypothèse de l'évolution des climats à la surface de la Terre.

A l'origine, pas de climats, mais une température progressivement décroissante avec l'altitude dans l'air. Les isoatmothermes sont sensiblement parallèles à la surface du sol. Plus tard, le refroidissement des pôles les fait s'infléchir, et alors se dessinent des isothermes.

Hermite rattache les anciens climats aux enfoncements de terrain. La chaleur dérivée de la cohésion des couches a, suivant lui, été suffisante pour échauffer l'atmosphère [4].

Marsden Manson fait intervenir dans l'évaluation du temps pendant lequel la chaleur propre

1. *Bulletin Ac. royale Belgique*, 2°, XX, n° 8.
2. *Comptes rendus de l'Académie des Sciences* du 21 mars 1892.
3. *Pikermi*, 1 vol.
4. *Comptes rendus de l'Académie des Sciences*, 86 p., 1283.

de la Terre a été un facteur sensible de la température superficielle : la chaleur contenue dans les océans chauds des époques archéenne et préarchéenne ; l'augmentation de conductibilité procurée aux roches par l'eau chaude venant d'en bas qui les imprègne (action des sources chaudes et des geysers) ; l'action conservatrice de l'énergie solaire et stellaire : aussi longtemps qu'a agi la double source précédente, la chaleur terrestre a été conservée par la chaleur que développa l'absorption de l'énergie émanant des sources extérieures [1].

M. Blandet a voulu expliquer l'évolution des climats par une diminution progressive du diamètre apparent du Soleil.

D'après la théorie de Laplace, à l'époque des houilles, le Soleil aurait eu un diamètre égal à l'orbite de mercure. D'après Faye, au contraire, le Soleil, vers l'époque des houilles n'aurait eu encore que des dimensions fort exiguës. Mais il est probable que l'on s'abuse sur la rapidité des modifications solaires comparée à l'allure de l'évolution terrestre.

Un rôle a été supposé aux taches solaires, qui envoient moins de chaleur que la surface solaire environnante, d'après des mesures directes de Secchi, de Langley et d'autres. Mais, même à leur maximum de développement, ces taches ne font que 1/500 de la surface totale. Elles ne diminueraient donc notre provision de chaleur que de 1/1000, ce qui ne serait pas sensible. En outre, il semble, d'après Lengley et Faye, que la production des taches s'accompagne d'un phénomène

1. *Congrès de Mexico* en 1908.

compensateur du refroidissement, c'est-à-dire de formidables éruptions de gaz chauds, ou protubérances.

La rotation de la Terre n'a pas seulement renflé le globe solide à l'équateur : elle a gonflé surtout le sphéroïde atmosphérique. La grande épaisseur de l'air a dû, d'après Péroche, contribuer aux climats méridionaux[1].

On a tenté de rattacher l'évolution des climats à des variations dans l'inclinaison de l'axe de rotation du globe sur le plan de l'écliptique qui lui donnerait des situations comprises entre celles qu'il semble avoir chez Mercure, couché dans le plan et chez Jupiter, perpendiculaire.

D'après de Boucheporn[2], la période houillère correspondrait à une époque où l'équateur terrestre était presque perpendiculaire au plan de l'écliptique. Alors se trouverait réalisée la plus grande uniformité possible dans les températures moyennes sur la Terre.

Mayer-Eymar est partisan de l'influence exercée par le déplacement du périhélie sur les modifications climatériques de la surface du sol.

Vézian[3] a émis l'idée que les terrains houiller, permien et triasique, « dans la composition desquels dominent des grès et des conglomérats », correspondent à des périodes plus froides que les périodes crétacée et jurassique, pendant lesquelles les dépôts reçus au fond la mer ont été en majeure partie le résultat d'une sédimentation chimique.

---

1. Voir *Paléogéographie* de Canu, 1 vol. in-8°, p. 9.
2. *Études sur l'Histoire de la Terre*, 1 vol. in-8°, Paris 1844.
3. *Prodrome de Géologie*, t. I, p. 300.

C'est un ensemble de considérations de ce genre que M. Péroche [1] a étudié et dont il fait la base d'une hypothèse admettant des oscillations séculaires de la température qu'il rattache au phénomène de la précession des équinoxes.

D'après cette théorie, le pôle, à l'époque houillère, aurait été à la baie d'Hudson, et alors l'île de Disco, où l'on recueille des empreintes de végétaux tropicaux, se serait trouvée par 60°, c'est-à-dire à peu près à la latitude actuelle de Stockholm. L'équateur était plus chaud qu'aujourd'hui et les courants de la mer devaient réchauffer énergiquement les contrées septentrionales.

A la fin du miocène, la baie d'Hudson devait occuper de nouveau à peu près le pôle. Œningen aurait été à 37° de latitude dans ce temps-là. Peu avant, la terre de Grinnel, sous le 82e parallèle actuel, aurait eu cette température de climats très tempérés que trahit sa flore, etc.

La plus forte des objections faites à M. Péroche dérive des études paléobotaniques de l'illustre Oswald Heer, dont, d'ailleurs, les travaux sont antérieurs à cette théorie. La distribution des flores fossiles démontre que, dès l'âge tertiaire, le pôle occupait le même point géographique que de nos jours. Les latitudes étaient disposées dans le même ordre ; mais toutes recevaient plus de chaleur et par suite la ligne des tropiques remontait bien plus loin dans la direction du nord. La différence, lors du miocène, peut être évaluée à 25 ou 30 degrés de latitude en ce qui concerne les contrées boréales, c'est-à-dire que c'est au 40e ou

1. *Les végétations fossiles*, 1 vol. in-8° n° 152.

45° degrés qu'on retrouve la température qui existait alors vers 70° au Groenland.

Heer[1] compare les plantes miocènes recueillies sur le fleuve Mackensie et dans le territoire d'Alaska, avec celle du Spitzberg, de l'Islande et du Groenland. La distance des unes aux autres est de près d'une demi-circonférence du cercle polaire et pourtant partout se montrent les mêmes combinaisons végétales et en partie les mêmes espèces.

Quelques botanistes, et Saporta entre autres[2], ont pensé que l'atmosphère était fort riche en acide carbonique à l'époque houillère et qu'elle a éprouvé une épuration progressive.

Mais si l'on remettait en liberté l'acide carbonique immobilisé par le phénomène de la kaolinisation, on donnerait à l'atmosphère une telle densité qu'une notable partie de sa masse serait liquéfiée et même solidifiée.

En outre la différence dans la composition de l'atmosphère ne concernerait pas seulement les régions émergées. La mer devrait en subir le contrecoup et l'on devrait voir dans les sédiments de cette période quelque caractère distinctif et particulier; or, ce n'est aucunement ce qui apparaît.

H.-D. Rogers, en mai 1844, estimait[3] que la proportion du carbone existant dans l'atmosphère actuelle sous la forme d'acide carbonique, il suffirait seulement pour fournir par le moyen de la

---

1. *Urwelt der Schweiz*, 1 vol. in-4°.

2. *Le Monde des Plantes avant l'apparition de l'Homme*, 1 vol. in-8°.

3. *Washington Meeting of the american Association of Geologists and naturalists, in may* 1844.

végétation 850 000 000 de tonnes de houille, tandis què la quantité probable de cette substance existant et ayant en totalité été élaborée par l'ancienne atmosphère est de près de 5 milliards de tonnes : c'est environ six fois ce que l'atmosphère actuelle pourrait produire.

L'auteur y voit une réduction du carbone dans l'atmosphère et il en conclut une augmentation d'oxygène. Il remarque que l'atmosphère subit une évolution qui la met à même de subvenir à chaque époque à la vie d'animaux supérieurs en organisation aux animaux qui ont précédé.

Mais il est facile de voir la faiblesse de ces raisonnements. D'abord la comparaison de l'atmosphère actuelle avec l'ancienne atmosphère n'a aucun sens, puisque pour le temps présent, il s'agit d'un instant, tandis que pour l'autre, il s'agit de périodes dont la durée a dû être extrêmement longue.

On a pensé que la flore et la faune de certaines époques ont subi les effets d'une température glaciaire.

Les rennes abondaient dans les vallées des Pyrénées. Mais il faut dire aussi qu'un singe quaternaire a été découvert dans ces mêmes vallées. Et A. Gaudry qui mentionne ce fait s'en étonne, à cause des grands glaciers qui devaient s'étendre alors dans la région.

« Le fait de la réunion dans l'Europe occidentale, dit M. Dupont[1], d'espèces animales aussi disparates que celles dont on trouve les restes dans les cavernes, et constituant aujourd'hui les

____

1. *Explication de la feuille de Dinant.* Service de la Carte géologique de Belgique. 1 vol. in-8º, Bruxelles. 1883, p. 107.

antithèses climatériques les plus prononcées, doit être considéré comme scientifiquement établi, quelle que soit la difficulté de concevoir une telle faune naturelle. »

Alex. Bertrand, dans ses *Lettres sur les Révolutions du globe*[1], écrit : « L'existence des cavernes est un phénomène bien curieux sous tous les rapports : les débris qu'elles renferment prouvent que des animaux d'espèces, de genres et de classes tout à fait différents et dont les analogues ne pourraient aujourd'hui supporter le même climat, ont vécu pourtant ensemble dans l'ancien ordre de choses. »

ÉVOLUTION ORGANIQUE. — La comparaison des faunes et des flores des époques successives a révélé aux observateurs le fait grandiose de l'évolution organique, qui apparaît comme un détail dans l'ensemble de l'évolution planétaire.

La substitution de la continuité à la soudaineté dans l'acte de la Création a paru à bien des auteurs contraire au respect des livres saints. L'évêque Butler n'a pas eu ce scrupule et il a résumé son opinion en disant que « nous sommes placés au milieu d'un immense projet dont l'exécution ne s'arrête pas et où tout est incompréhensible : ce qui est, ce qui fut et ce qui sera[2]. »

Dans cette direction on se trouve en présence de deux groupes de théories : les unes s'appuyant sur une conception non démontrable, à savoir que les êtres qui se ressemblent sont des parents, concluent à la doctrine du transformisme et de

1. 1 vol. in-8°, Paris, 1839, p. 189.
2. *Bibliothèque britannique*, t. IX, p. 82.

la descendance, — les autres, ayant leur base dans la constatation d'un fait indiscutable, à savoir que les règnes animal et végétal ont acquis au cours des temps des termes de plus en plus parfaits, concluent à la doctrine du perfectionnement organique.

Une des idées fondamentales du transformisme c'est qu'à l'origine, il n'existait pas une harmonie nécessaire entre le milieu et les êtres appelés à y vivre. Ceux-ci ne pouvant modifier le milieu se sont modifiés eux-mêmes : la baleine et le fourmilier n'ayant à leur portée que de toutes petites proies ont perdu leurs dents inutiles et pendant que l'une de ces créatures y substituait le crible de ses fanons, l'autre les remplaçait par une langue vermiforme.

La taupe et le protée ont perdu leurs yeux à force de vivre dans l'obscurité.

Tout d'abord, les échassiers et les palmipèdes étaient faits de la même manière et vivaient dans les mêmes conditions au bord de l'eau ; mais les premiers se sont condamnés à rester sur le littoral, tandis que les autres se sont aventurés à aller au large. Il en est résulté que les premiers ont acquis de longues pattes qui leur permettent de fouiller dans la vase sans mouiller leurs plumes, et que les autres qui n'ont pas peur de se mouiller (à ce qu'il paraît) ont palmé leurs doigts

Tous ces exemples sont empruntés presque littéralement, parmi beaucoup d'autres, à l'ouvrage qui a servi de base à la doctrine transformiste et qu'aujourd'hui encore des naturalistes révèrent comme un texte sacré[1].

1. *Philosophie zoologique ou exposition des considérations rela-*

Toujours, d'après les mêmes théories, les animaux terrestres résultent, par une sorte d'accident, des animaux marins les premiers créés et dont ils sont ainsi les descendants. D'après cette théorie terripète, comme on appelle ce vrai roman, des bêtes marines ont fortuitement été jetées sur le rivage et dès lors privées des conditions d'existence dont elles avaient joui jusque-là, elles se sont transformées, au lieu de périr.

Cependant il existe des observations précises, franchement en opposition avec ces suppositions hasardeuses. L'une des plus éloquentes concerne peut-être les huîtres du golfe de Bothnie. Quoique appartenant à des espèces identiques à celles qui habitent les mers voisines et formant au fond de véritables bancs, elles sont toutes mortes, et il n'est aucunement téméraire d'attribuer leur trépas à l'appauvrissement en sel que les flots ont éprouvé du fait du soulèvement du sol qui a amené la Laponie à former barrage entre la mer Glaciale et le golfe de Bothnie, maintenant lavé sans relâche par les ruissellements

tives à l'histoire naturelle des animaux, à la diversité de leur organisation et des facultés qu'ils en obtiennent ; aux causes physiques qui maintiennent en eux la vie et donnent lieu aux mouvements qu'ils exécutent ; enfin à celles qui produisent, les unes le sentiment et les autres l'intelligence de ceux qui en sont doués, par J.-B.-P.-A. LA-MARCK, 2 vol. in-8°, Paris, 1809. L'exemplaire que nous avons sous les yeux et qui appartient à la Bibliothèque du Museum National, porte le timbre de la bibliothèque de Cuvier et ces mots écrits au verso de la couverture : « A Monsieur Cuvier de la part de l'auteur. » A la page 237 du t. I, l'auteur ayant écrit en parlant de l'animal : « Ce ne sont pas les organes qui ont donné lieu à ses habitudes... Mais ce sont, au contraire, ses habitudes, sa manière de vivre et les circonstances qui ont, avec le temps, constitué la forme de son corps, le nombre et l'état de ses organes », un fin crayon, qui pourrait bien être celui de Cuvier, a tracé dans la marge ces mots pleins d'ironie : « Il a donc eu des habitudes avant d'avoir des organes ! »

qu'alimentent la fusion des neiges et des glaciers. Le soulèvement a eu beau être si progressif qu'il a demandé des séries et des séries de siècles, la dessalure a eu beau se faire par des degrés insensibles, le jour où le taux de substance dissoute s'est trouvé au-dessous d'un certain minimum, les mollusques ne se sont point transformés en animaux d'eau saumâtre : ils sont tous morts.

Il semble qu'il n'y ait aucun bénéfice probable à fermer les yeux devant un pareil enseignement, et l'on peut arriver à cette conclusion que la doctrine transformiste est aussi peu démontrée qu'elle est séduisante et que, par conséquent, il faut prendre garde, en l'adoptant, de tomber dans le travers, qu'elle prétendait combattre, d'accepter un dogme non contrôlable.

En s'en tenant aux faits, on voit que les espèces se sont remplacées de façon à constituer à toutes les époques un ensemble qui mérite de compter parmi les organes fonctionnels de la physiologie tellurique.

L'idée du perfectionnement organique est très ancienne.

J.-B. Robinet voit dans les fossiles la première ébauche de la forme humaine[1]. «La nature, dit-il, commença à préparer dans le moindre atome, ce chef-d'œuvre de mécanique qui ne devait être porté à sa perfection qu'après un nombre infini de combinaisons... Si elle ne faisait pas encore des têtes, ni des bras, ni des mains, ni des chairs,

---

1. *Considérations philosophiques de la gradation naturelle de la forme de l'être ou les essais de la Nature qui apprend à faire l'homme*, 1 vol. in-8°, Paris, 1768.

ni des os, elle travaillait les matériaux ; elle était occupée à d'autres formes moins composées qui, par une gradation imperceptible devait amener celles-là. »

Reprenant une thèse qui avait été développée par Alcide d'Orbigny [1], Albert Gaudry a publié un volumineux ouvrage [2] dont la conclusion est que chaque époque géologique est caractérisée par des progrès dans le degré de perfectionnement des termes les plus élevés de sa faune et de sa flore.

L'étude nous apprend que le maximum de perfectionnement organique est réalisé aux époques sédimentaires les plus anciennes par les crustacés qualifiés de trilobites et dont l'analogue le moins éloigné dans la faune actuelle est la limule des îles Moluques.

A la fin des temps siluriens et surtout à l'époque dévonienne, l'animal supérieur est le poisson ; aux temps permiens c'est le batracien qui sous les formes d'*Euchirosaurus*, d'*Actinodon*, de *Streorachis* atteint à un degré de supériorité dont les batraciens d'aujourd'hui sont extrêmement éloignés.

Durant la période secondaire et surtout au cours des époques oolithique et crétacée, la forme reptile réalise une série de types extraordinairement doués. Par la taille, par l'agilité, par la variété des genres de vie, le reptile est le chef-d'œuvre

---

1. *Sur l'instant d'apparition dans les âges du monde des ordres d'animaux comparés au degré de perfection de l'ensemble de leurs organes*, Comptes rendus de l'Académie des Sciences, XXXI, p. 193, et *Recherches zoologiques sur la marche successive de l'animalisation à la surface du globe, depuis les Temps zoologiques les plus anciens jusqu'à l'époque actuelle*, Comptes rendus de l'Académie des Sciences, XXX, p. 807 et XXXI, p. 648.

2. *Les enchaînements du monde organique*, 3 vol. in-8°, Paris.

de la nature, Buffon aurait dit le roi de la création. Mais son règne est éphémère et la décrépitude le guette. A sa place surgit le vertébré supérieur sous ses deux formes d'oiseaux et de mammifères et au prix de manifestations successives qui ont étrangement l'allure d'essais et de recommencements. Et c'est quand les gigantesques oiseaux et les plus volumineux mammifères sont en train de disparaître que l'homme se montre rachetant par sa puissance intellectuelle, la débilité de ses moyens physiques.

Sans prétendre entrer dans le secret de cette incessante rénovation, on peut faire remarquer qu'elle présente un analogue dans un monde moins difficile à aborder et dont les produits sont susceptibles d'une étude plus précise parce qu'elle est plus élémentaire. Il s'agit du monde minéral.

Malgré la prodigieuse distance qui sépare les cristaux des animaux et des végétaux, il n'en est pas moins vrai que les premiers ont fait un jour leur apparition sur la Terre comme les autres et qu'ils constituent, comme eux, des productions très variées qu'il est loisible de ranger en séries continues.

A l'origine, la Terre était exclusivement composée de matériaux fluides, gaz, vapeurs et liquides, que la haute température des temps initiaux maintenait loin de leur point de solidification. Les progrès continus du refroidissement spontané ont amené à un certain moment la concrétion de grains cristallins, comme il paraît bien que le fait se produit en ce moment sur le Soleil où la photosphère, nous l'avons vu, est constituée par une sorte de givre précipité.

Subitement, des forces tenues en réserve jusque-là, et que nous pouvons qualifier de forces cristallogéniques sont entrées en jeu. Elles ont immédiatement arrangé les molécules qui tombaient sous leur empire et en ont construit ces édifices admirables de régularité qui constituent les cristaux. Et il s'est fait des roches variées, toutes coordonnées, dans leur composition chimique et dans leurs propriétés physiques, d'après les conditions du milieu générateur.

Mais ces conditions, variables avant tout en conséquence des progrès du refroidissement, sont devenues peu à peu dans les régions superficielles du globe, toutes différentes de ce qu'elles étaient d'abord, et alors, à la production des minéraux de condensation gazéiforme qui composent les roches primordiales a succédé la production des minéraux de voie mixte dont les éléments des granits et des roches connexes sont les éléments les plus connus. Ces minéraux, postérieurs à ceux que nous mentionnions tout à l'heure, ne sont cependant pas leurs rejetons et ils résultent des mêmes forces qui avaient engendré les premiers, mais s'exerçant dans un milieu devenu tout autre.

Sous la croûte ainsi constituée se sont produits alors des minéraux dont les éléments des laves volcaniques, feldspaths, tricliniques, pyroxènes, péridots sont des exemples ; et l'on pourrait à leur égard renouveler les remarques précédentes.

Enfin quand l'écorce rocheuse séparant la surface du sol des profondeurs ignées a été suffisamment épaissie pour ne plus s'opposer à la persistance de l'eau liquide, les minéraux de la voie humide se sont montrés à leur tour, toujours bien indépendants des espèces qui les avaient précédés, mais dérivant des mêmes actions, amendées par les nouvelles conditions du milieu.

En réfléchissant à cet ensemble de faits, on ne peut s'empêcher de lui concevoir un vrai pendant dans l'histoire des êtres vivants. Nous ne connaissons pas moins la force cristallogénique que la force biologique et nous pouvons tout aussi bien que la première, regarder celle-ci comme attendant, en réserve, le moment de l'évolution tellurique favorable à l'apparition de ses produits. De même que la force cristallogénique a attendu l'apparition de l'état solide, conséquence du refroidissement du globe, de même la force biologique attend l'apparition d'un état chimique et physique où elle groupera les éléments autour des centres qu'elle anime sous la forme d'êtres vivants. Et si les étapes du refroidissement ont déterminé les unes après les autres les grandes catégories de minéraux, les variations du milieu physiologique décideront la succession des formes botaniques et des formes zoologiques. Les plantes et les animaux, bien plus délicats que les minéraux, refléteront des variations bien plus légères.

Sans doute, on ne saurait utilement risquer quelques suppositions sur le mécanisme de ces productions vivantes ; c'est néanmoins un progrès que de préparer cette conclusion que la cause de la vie et de ses manifestations sur la Terre est extérieure à la Terre ; antérieure à notre monde comme le sont sans aucun doute les lois de la physique et de la chimie qui président aux rapports de la matière et de la force dans tous les points de l'espace.

APPARITION DE LA VIE. — L'apparition de la vie a naturellement donné lieu à bien des hypothèses.

Rappelons que les Égyptiens faisaient naître les êtres vivants d'une fermentation de la terre sous l'action des rayons solaires. Des pustules ainsi produites sortaient tous les animaux ; les mieux partagés en chaleur avaient des ailes ; les plus déshérités furent les poissons ; les intermédiaires, les reptiles et les animaux terrestres.

Tous les sages de la Grèce avaient leur opinion bien arrêtée sur l'origine de la vie. Pour Pythagore, l'espèce humaine a toujours existé et ne doit pas finir. Il ne s'engendre rien de la terre ; les animaux ont leur semence.

Selon Platon, la cause première abandonna la création des animaux aux dieux subalternes. La cause première avait engendré les dieux ; les dieux engendrèrent les animaux.

« Combien que la terre et la mer, dit Bernard Palissy, produisent journellement nouvelles créatures et diverses plantes, métaux et minéraux, si est-ce que dès la création du monde, Dieu mit en la terre toutes les semences qui y sont et seront à jamais : d'autant qu'il est parfait, il n'a rien laissé d'imparfait[1]. »

L'illustre physicien Mariotte[2] a émis au sujet de l'origine des plantes cette opinion bizarre qu'« il y a dans l'air, dans l'eau et dans la terre une infinité de corpuscules faits de telle sorte que deux

---

1. *Discours admirable*, etc., p. 90 et 163, Paris, 1580.

2. *Œuvre de M. Mariotte de l'Académie royale des Sciences, comprenant tous les traités de cet auteur, tant ceux qui avaient déjà paru séparément que ceux qui n'avaient pas encore été publiés*, 1 vol. in-4°, p. 138, La Haye, 1740.

ou trois s'accrochant peuvent donner le commencement à une plante et lui servir de semence, s'ils trouvent la terre disposée à son accroissement ».

Buffon s'est attaché à démontrer que le développement de la vie avait dû avoir lieu dans l'ordre indiqué par Moïse. Il fut suivi dans cette voie par un grand nombre de naturalistes.

Henri Milne Edwards, s'élevant contre l'idée défendue encore il y a quarante ans de la génération spontanée, suppose une origine cosmique de la vie.

En 1871, Richter pensait que des germes flottants dans les hautes régions de l'atmosphère pourraient être attirés au dehors par le passage de quelque météorite et transportés sur d'autres astres. Aujourd'hui on tente d'employer les phénomènes de radio-activité à la solution du même problème.

William Thomson appelle même cosmozoaires les germes qu'il pense dérivés de la formation des astres [1]. Son opinion a été partagée par Pasteur qui rechercha, sans résultat, des germes dans la météorite charbonneuse d'Orgueil. Déjà cette idée avait été formulée dans un ouvrage daté de 1821 et qui est intitulé *Conjectures sur la réunion de la Lune à la Terre*, par un ancien officier de marine.

L'origine cosmique de la vie ne ferait d'ailleurs que reculer le problème sans le résoudre.

---

1. *La Nature*, 1885, 2ª semestre, p. 15.

CHAPITRE XV

LES THÉORIES CHRONOLOGIQUES

Les hypothèses concernant la division de l'histoire de la Terre en périodes successives, ont conduit, par leur perfectionnement, à l'établissement de la classification chronologique des terrains. On retrouve leur origine dans la comparaison qui s'est imposée à l'esprit, entre les phénomènes auxquels nous assistons et les réactions qui, dans le passé, ont donné lieu aux différents détails de la masse terrestre.

C'est presque d'une manière instinctive que l'on a insisté sur le contraste du présent avec les temps antérieurs, qui ont semblé caractérisés par une instabilité, un trouble, une violence de régime radicalement contraire au repos, à la tranquillité et à la douceur d'allure dont nous jouissons.

Il y a là une simple illusion, parce que les temps anciens ont été considérés comme infiniment plus courts qu'ils n'ont été en effet. Il en est résulté qu'on a attribué aux phénomènes dont les roches gardent les traces une allure beaucoup plus rapide qu'elle ne le fut en réalité.

Un autre point de vue qu'il faut avoir présent à l'esprit pour comprendre l'évolution des théories chronologiques, c'est que le passé représente, non pas une période, mais une série infiniment longue de périodes successives.

Et ceci suppose qu'on est arrivé à apprécier l'âge relatif des formations associées les unes avec les autres. Werner, utilisant des faits positifs, signalés en partie par Füchsel dès 1762, montra qu'on peut établir une véritable chronologie des événements physiques dont l'état actuel de la Terre est le résultat.

La question de savoir si l'âge relatif des couches est indiqué par leur position plus ou moins horizontale, fut abordée par Cleaveland en 1816, par Mac Clure en 1825, par Jackson en 1828, par Vanuxem en 1829. On admettait alors que toutes les roches secondaires étaient horizontales et qu'en conséquence il suffisait de constater l'horizontalité d'une roche pour qu'on fût autorisé pour cela même à lui attribuer l'âge secondaire. C'est Vanuxem qui remarqua qu'il n'y a pas de raison pour que des roches de même âge aient été soumises nécessairement à des forces souterraines exactement égales et pour que ces forces aient déterminé partout la même inclinaison. Il ajouta à l'observation des inclinaisons, la comparaison des fossiles et ce fut, à la suite de Brongniart et de Smith, le commencement des grands progrès de stratigraphie. Vanuxem, originaire de Philadelphie, avait été à Paris l'élève de Brongniart et de Hauy [1].

Victimes des apparences, les géologues furent très nombreux qui attribuèrent à chaque époque géologique une autonomie véritable et qui furent portés à la caractériser par quelque condition générale de la surface terrestre au moment de sa production.

1. V. MERRILL. *Contribution to the history of American Geology,* 1 vol. in-8°, Washington, 1906.

Nous serons forcés de revenir plus loin sur ce même sujet, mais il faut constater tout de suite que Cuvier contribua plus que personne à établir le préjugé de l'autonomie des formations. C'est la base de son système des révolutions du globe, auquel Alcide d'Orbigny a donné une forme qu'on a cru un moment définitive en limitant chaque époque entre deux bouleversements universels.

En conformité avec ce point de vue, J. Dana, en 1847, disait que les époques géologiques sont dues à des périodes de tranquillité alternant avec des moments de changements plus ou moins brusques résultant de la contraction du globe.

Comme expression la plus récente de cette même opinion, on lira dans certains ouvrages de Géologie que l'époque liasique se distingue des époques qui ont précédé, par l'absence des couleurs vives et si étrangement bariolées des sédiments triasiques qui disparaissent presque sans retour [1].

Peut-être l'hypothèse de l'autonomie des périodes géologiques a-t-elle reçu sa consécration la plus récente dans la méthode que l'école géologique belge moderne a prétendu appliquer à la délimitation réciproque des terrains.

Dans chacune des livraisons dont s'est composée la première *Description de la carte Géologique* (non terminée et remplacée par la seconde carte), on a exposé le système de classification en usage. Il consiste à prendre toujours pour base des étages un cordon de galets au-dessus duquel, assure-t-on, il ne manque jamais de se

---

1. De Lapparent. *Géologie*, édition de 1906, p. 1082.

présenter des sables, des argiles, qui représentent
la zone moyenne, puis de nouveaux sables et de
nouveaux galets qui seront le couronnement du
terrain considéré et le soubassement du terrain
suivant [1].

C'est le géologue américain, Eaton, qui paraît
avoir été le premier à appeler l'attention sur la
remarquable trilogie d'un grand nombre de « terrains » qui débuteraient par des galets, surmontés
de sables, puis de limon. Le même sujet a été
abordé ensuite par J.-S. Newberry dans un
mémoire intitulé *Circle of deposition in american sedimentary rocks* [2]. Hull [3] et Archibald
Geikie [4] étudièrent aussi la question. Dawson
appelle ces périodes des « cycles » et il donne dans
son *Story of earth and man*, les « cycles »
suivant comme exemples : 1° cambrien, 2° silurien inférieur, 3° silurien supérieur, 4° dévonien,
5° carbonifère, 6° permien, 7° triasique, 8° jurassique inférieur, 9° jurassique moyen, 10° jurassique supérieur, 11° crétacé, 12° tertiaire.

Bien antérieurement, l'un des auteurs de la
Carte géologique de France avait émis une opinion analogue. « Les argiles ordinaires sont toutes
placées à la partie inférieure des formations ;
elles occupent une position intermédiaire entre
les grès qui en forment la base et les calcaires
qui les terminent presque toujours ; souvent les
grès sont à pâte argileuse, tandis que les pre-

1. *Bulletin du Musée royal d'Histoire Naturelle*, II, 1883, p. 341,
Bruxelles.

2. *Proced. of amer. Associat.*, 1873, XXII, 185.

3. *Transact. Géol., Soc. of Glasgow*, 1868, III, 1re partie, 39.

4. *Textbook of Geology*, p. 498.

mières couches de calcaire contiennent une notable proportion d'argile [1]. »

Mais il ne faut voir là qu'un reste de vieux point de vue, tout près de disparaître. Il peut être utile de choisir, parmi les auteurs périmés, l'expression de l'hypothèse aujourd'hui généralement reçue.

Par exemple, ayant l'occasion, de 1849 à 1850 d'émettre une théorie des roches cuprifères du Michigan, deux géologues américains bien connus, John Wells Foster et J.-D. Whitney, n'hésitent pas à supposer qu'aux temps dévoniens les eaux de la mer étaient échauffées incomparablement plus qu'elles ne le sont à l'époque actuelle. La croûte de la Terre était recouverte d'énormes crevasses et les communications n'étaient pas obstruées entre l'extérieur et les régions centrales. Les phénomènes volcaniques, plus fréquents, s'exerçaient sur une bien plus grande échelle qu'à présent. Chaque paroxysme volcanique, déterminant des courants puissants et de grandes agitations dans l'eau, et leur action érosive, en détachant des portions de roches préexistantes, de même que leur action sédimentaire qui accumulait des masses de débris, étaient bien plus énergiques qu'au temps présent. Pas un seul instant, l'idée ne vient aux auteurs que dans le même terrain où sont des minéraux métalliques qu'ils veulent expliquer, on trouve des fossiles végétaux et animaux qui témoignent d'une condition générale fort analogue à celle d'aujourd'hui.

Une hypothèse fondée sur des observations

---

1. Dufrénoy. *Minéralogie*, t. III, p. 557, 2ᵉ édition.

répétées, c'est que la substance des couches du
sol peut être d'un âge tout autre que ces couches
elles-mêmes ; et que la différence s'accentue à
mesure que l'on considère des formations d'âge
plus ancien.

Pour donner une idée des points de vue
auxquels on s'est placé pour les premières classifications stratigraphes, avant d'en venir aux
classifications actuelles, notons que c'est à
Lehmann, directeur des Mines de Prusse, qu'on
doit la première distinction rationnelle et générale entre les masses primitives cristallines et
sans fossiles et les dépôts secondaires produits
dans les eaux par les débris des précédents et
contenant des restes de végétaux et d'animaux [1].

Il reconnaît les roches primaires des roches
secondaires, à leur distribution en lits verticaux
ou très inclinés, qui contrastent avec les lits
horizontaux des autres.

Pour lui, les roches primaires font partie du
noyau originel du globe et elles n'ont subi aucune
altération depuis le moment de la création.

Werner, à la suite de beaucoup de recherches,
a élaboré, en 1787, une méthode qui, au prix de
modifications successives, a servi très longtemps
de base aux études géologiques. L'illustre auteur
distingue :

6. L'alluvion qui correspond à notre groupe
actuel ;

5. Le diluvium qui répond à la division quaternaire ;

4. Les terrains tertiaires, que nous avons conservés à peu près ;

1. *Geschichte des Flötzgebirge*, 1 vol., 1756, trad. franç. en 3 vol.
in-8°, Paris, 1759.

3. Les terrains secondaires comprenant le crétacé, le jurassique, le permien et même le terrain houiller des auteurs plus récents ;

2. Les terrains de transition où l'on trouve le carbonifère, le dévonien, le silurien ;

1. Les terrains primitifs formés de gneiss, de protogine, etc.

En 1830, d'Omalius d'Halloy se borne à cinq divisions.

5. Terrains modernes ;

4. Terrains tertiaires prenant des alluvions anciennes jusqu'à la limite supérieure de la craie ;

3. Terrains ammonéens (crétacé, jurassique, trias et permien) ;

2. Terrains hémilysiens du houiller, du gneiss ;

1. Terrains pyroïdes et agalyiens formés de roches éruptives.

Bornons cette série à la mention des divisions proposées en 1829 par Brongniart, le collaborateur de Cuvier, qui offre cet intérêt de trahir le point de vue entièrement théorique de l'auteur. Pour celui-ci l'écorce terrestre comprend 7 séries successives de formations ;

7. Les terrains alluviens et lysiens : c'est le groupe moderne ;

6. Les terrains clymiens ou diluvium ;

5. Les terrains yzémiens thallassiques : c'est le tertiaire ;

4. Les terrains yzémiens pélasgiques qui comprennent le crétacé et l'oolithe ;

3. Les terrains yzémiens abyssiques : trias, permien et houiller ;

2. Les terrains hémilysiens qui sont le carbonifère, le dévonien et le silurien ;

1. Les terrains agalysiens, gneiss et roches subordonnées.

En dehors de la série, sont les masses éruptives divisées en deux groupes : les terrains pyrogènes ou roches volcaniques modernes, et les terrains typhoniens ou roches ignées anciennes.

On remarquera cette succession dans le temps entre les roches abyssiques, pélasgiques, et thalassiques qui témoignent que dans l'esprit de l'auteur, la mer a successivement diminué de profondeur et a donné à chaque moment des produits identiques sur tous les points de la Terre.

QUERELLE DES PLUTONISTES ET DES NEPTUNISTES. — A la fin du XVIII° siècle, s'ouvrit une discussion qui passionna le monde scientifique tout entier et qui concerne la part revenant réciproquement à la chaleur et à l'eau dans le développement de la série sédimentaire.

Ce fut un vrai combat entre deux écoles également considérables par le nombre de leurs élèves et par l'illustration de leurs chefs.

L'une c'est l'école écossaise, dont le fondateur fut James Hutton [1].

Sa doctrine dite *plutoniste*, peut être résumée en peu de mots, car elle explique l'histoire du globe avec autant de simplicité que de grandeur. L'atmosphère est la région où les roches se décomposent ; puis leurs débris vont s'accumu-

---

1. *Theory of the earth or an investigation of the laws observable in the composition, dissolution and restoration of land upon the globe* by, James Hutton M. D. F. R. S. E. D., and member of the royal Academy of agriculture et Paris. Lu le 7 mars et le 4 avril 1885, à la Société royale d'Edimbourg, 96 pages in-4°. La 2° édition est intitulée *Theory of the earth, with proofs and illustrations, in four parts*, Edimbourg, 2 vol. in-8°, 1795.

ler dans le fond des mers. C'est dans ce vaste laboratoire que les matières meubles sont ensuite minéralisées et transformées, sous la double action de l'océan et de la chaleur, en roches cristallines, ayant l'apparence des roches anciennes, lesquelles sont soulevées plus tard par l'action de cette même chaleur interne et démolies à leur tour. La dégradation d'une partie du globe sert donc constamment à la reconstruction d'autres parties et l'absorption continue des dépôt inférieurs produit sans cesse de nouvelles roches fondues, qui peuvent être injectées à travers les sédiments. C'est un système de destruction et de renouvellement dont on ne peut reconstituer ou pressentir le commencement ni la fin. Comme dans le mouvement planétaire où les perturbations se corrigent elles-mêmes, on voit des changements continuels, mais renfermés dans de certaines limites, de telle sorte que le globe ne porte aucun caractère d'enfance ni de vieillesse[1].

En face de ce système où l'on assiste à la transformation des roches sédimentaires sous l'action de la chaleur, la doctrine de Werner qualifiée de *neptuniste* constitue un contraste absolu. A ses yeux, le granit et les autres roches cristallines sont des dépôts de la mer, tout aussi bien que les roches stratifiées et fossilifères. A une époque reculée, les diverses matières dont dérivent ces terrains ont été, soit dissoutes, soit suspendues dans l'océan. C'est de cet océan chaotique que se seraient successivement séparés tous les terrains,

---

1. Daubrée fait à ce propos une remarque singulière : « En considérant cette action comme continue, Hutton, dit-il, a obscurci sa belle conception. » Voir *Etude sur le Métamorphisme*, 1 vol. in-4°, Paris, 1860, p. 12.

les uns par voie chimique, les autres par voie mécanique. Cette seule différence de formation distingue les roches cristallines et les roches sédimentaires.

En somme, dans le système de Werner tous les terrains ont été produits dès l'origine tels que nous les voyons aujourd'hui. L'activité interne du globe est complètement méconnue, aussi bien dans la formation des roches cristallines et des dépôts métallifères, que comme cause des dislocations subies par les terrains stratifiés de tous les âges[1].

La lutte donna lieu à mille incidents intéressants. Par exemple, Brocchi, un ardent apôtre du neptunisme, écrivait[2] : « Lorsqu'on leur fait voir (aux vulcanistes) que ces roches auxquelles ils donnent le nom de laves, alternent à Aix, à quinze, à vingt reprises avec le calcaire ; lorsqu'on leur montre qu'en quelques lieux, elles sont remplies de testacés marins qui se trouvent dans l'état le plus parfait d'intégrité ; lorsqu'on leur cite le basalte placé sur une substance aussi combustible que l'est le charbon fossile, comme on l'a vérifié sur la montagne du Meisner dans la Hesse ; et lorsqu'enfin l'on considère que ces faits lumineux ne font pas la moindre impression sur leur esprit, et qu'ils poursuivent leur carrière avec indifférence, on est forcé de conclure que de pareilles conversions sont extrêmement difficiles et je dirais presque désespérées. »

---

1. C'est à l'âge de vingt-quatre ans que Werner a publié, en 1774, son *Traité des Caractères des Minéraux*. Bientôt après, en 1780, il commença à développer dans ses leçons les principes de la géognosie. Sa classification des terrains date de 1787.

2. *Conchyliologia fossile subapennina*, 1 vol. in-4°, Milan, 1811.

« Mais, répond Breislak [1], les neptuniens sont-ils plus dociles lorsqu'on leur présente une roche absolument semblable, soit par ses caractères externes, soit dans ses principes chimiques, à leurs trapps, à leurs basaltes, grünstein, mandelstein, etc. ; et qu'on leur fait voir que cette roche s'est formée par le refroidissement d'une matière fondue, dont on reconnaît le cours près d'un volcan, ou encore actif comme le Vésuve, où d'une époque assez récente pour que le cratère se soit conservé intact comme quelques-uns de l'Auvergne et du Vivarais ; lorsqu'on leur fait observer que dans plusieurs lieux, ces roches sont accompagnées de pierre ponce, de scories, de verres, etc., substances certainement produites par le feu ; lorsqu'on leur montre des couches de ces roches qui se sont insinuées et qui ont été comme injectées au milieu des masses et des couches d'autres pierres, exactement comme une matière fluide dans les interstices des autres substances ; lorsqu'on leur fait remarquer que ces roches, presque toujours gisantes sur les sommités des lieux qu'elles recouvrent sans aucune adhérence aux autres roches placées au-dessous, quoique celles-ci se soient formées à des époques très récentes ; lorsqu'enfin, invités à expliquer d'une manière intelligible et qui corresponde aux forces connues de la nature, comment on doit concevoir leur dissolution et leur précipitation et quelle origine il assignent au fluide et aux matières qu'il tient en dissolution, ils se trouvent engagés dans un labyrinthe de difficultés dont ils ne peuvent sortir qu'à force

1. *Institutions géologiques*, t. III, p. 300, Milan, 1818.

d'imaginer les hypothèses les plus invraisemblables. »

C'est à propos de cette lutte célèbre qu'il faut
mentionner la curieuse évolution intellectuelle
de Léopold de Buch (1794-1853) qui, après avoir
été partisan déterminé de Werner, fut amené au
cours d'un voyage en Amérique à reconnaître
que l'examen des couches tranquillement déposées dans l'eau ne constitue pas toute la Géologie.

Progressivement, un départ se fit entre ce qui
était légitime et ce qui était exagéré dans les
thèses défendues des deux parts et on arriva
enfin à une doctrine mixte où l'on reconnut que
si l'eau est intervenue à chaque instant dans les
phénomènes géologiques, elle a fréquemment
reçu une énergie spéciale, soit chimique, soit
mécanique, de l'échauffement qu'elle avait
éprouvé.

Il faut nécessairement mentionner ici l'évolution des hypothèses relatives à la succession des
époques géologiques.

CATACLYSMISME. — Une place à part revient
à l'école dont le chef est Cuvier et qui a obtenu
le consentement unanime pendant un temps relativement long. Elle est connue sous le nom
d'école cataclysmienne. Sa doctrine, magistra-
lement résumée par son auteur[1], est tout entière
édifiée sur la notion d'un déluge universel.

« Je pense avec MM. Deluc et Dolomieu, dit-

1. *Discours sur les révolutions de la surface du globe et sur les
changements qu'elles ont produits dans le règne animal*, 3ᵉ édition,
1 vol. in-8°, Paris, 1835.

il, que s'il y a quelque chose de constaté en géologie, c'est que la surface de notre globe a été victime d'une grande et subite révolution dont la date ne peut remonter au delà de 5 ou 6 000 ans [1]. »

On est même allé plus loin et l'esprit de causalité est si développé chez l'homme qu'il l'applique à des sujets illusoires avec la même allure qu'à des problèmes réels. A titre de curiosité, il est intéressant de constater que l'illustre Kant a prétendu donner du déluge universel une explication scientifique, reposant sur la supposition que la Terre a possédé jadis un anneau comparable à celui de Saturne. L'anneau, « sans doute formé de vapeur d'eau », fut déchiré et le « monde entier se trouva sous l'eau, et dans les vapeurs étrangères et subtiles de cette pluie surnaturelle, il suça ce poison lent, qui raccourcit dès lors la vie de toutes les créatures ». L'homme sauvé du déluge, s'effraya d'abord de l'arc-en-ciel qui lui rappelait l'anneau perdu. On sait comment il fut rassuré.

Kant avait eu des prédécesseurs pour expliquer astronomiquement le déluge ; Alessandro degli Alessandri (1461-1523) admet comme cause possible des inondations des terres par les mers, un changement dans l'axe de rotation de la terre.

D'après Whiston (1667-1752), le déluge de Moïse a été déterminé par une comète. Cuvier exerça sa verve contre Whiston qui, dit-il [2], « créa

1. *Loc. cit.*, p. 282.

2. *Théorie du Ciel*, trad. franç. de C. Wolf, chapitre v.

3. *Loc. cit.*, p. 45.

la Terre avec l'atmosphère d'une comète et la fit inonder par la queue d'une autre : la chaleur qui lui restait de sa première origine fut ce qui excita tous les êtres vivants au péché ; aussi furent-ils tous noyés, excepté les poissons qui avaient apparemment les passions moins vives ».

Woodward[1] croit qu'à l'époque du déluge, la Terre a été entièrement dissoute par les eaux sorties du grand abîme et répandues à la surface. Les sédiments se sont déposés tous ensemble d'après leur ordre de densité[1].

En 1820, Horace H. Hayden supposait le déluge universel déterminé par la brusque fusion des glaces accumulées aux deux pôles, sous l'influence du soleil dévié de l'écliptique.

On pourrait multiplier les exemples de ce genre.

Quoique s'appuyant sur le déluge universel, le système des révolutions du globe s'éloigne cependant des récits traditionnels :

« Le pays aujourd'hui habité et que la dernière révolution a mis à sec, dit Cuvier, avait déjà été habité sinon par des hommes, du moins par des animaux terrestres, par conséquent une révolution précédente, au moins, les avait mis sous les eaux, et si l'on peut en juger par les différents ordres d'animaux dont on y trouve les dépouilles, ils avaient peut-être subi deux ou trois irruptions de la mer[2]. »

« Mais[3] ce qu'il est aussi bien important de

---

1. *Specimen geographiæ physicæ qua agitatur de Terra et corporibus terrestris*, etc. 1 vol. in-4° Tiguri, 1704.
2. *Loc. cit.*, p. 283.
3. *Loc. cit.*, p. 16.

remarquer, ces retraites répétées n'ont point été lentes, ne se sont point faites par degrés. Au contraire, la plupart des catastrophes qui les ont amenées ont été subites. Et cela est surtout facile à prouver pour la dernière, qui par un double mouvement a d'abord inondé et ensuite remis à sec nos continents : elle a laissé encore dans les plaines du Nord, des cadavres de grands quadrupèdes que la glace a saisis et qui sont conservés de nos jours avec leur peau, leur poil et leur chair. »

Quelles sont les causes de ces subites invasions des eaux ?

« Les déchirements, les redressements des couches plus anciennes ne laissent pas douter que des causes violentes ne les aient mises en l'état où nous les voyons, et même la force des mouvements qu'éprouva la masse des eaux est encore attestée par les amas de débris et de cailloux roulés qui s'interposent en beaucoup d'endroits entre les couches solides. La vie a donc été troublée sur cette Terre par des événements effroyables. »

En 1824, le naturaliste Rafinesque pensait que l'histoire géologique comprend six périodes successives, caractérisées par les étapes de la diminution de l'océan et dont la cinquième coïncide avec le déluge de Noé.

Les idées de périodicité dans les révolutions du globe ont persisté fort avant dans le XIXe siècle. De 1842 à 1860, Adhémar développa la théorie que nous avons déjà citée [1].

En 1830, Elie de Beaumont publia un mémoire

---

1. *Révolution de la mer*, 1 vol. in-8°, Paris, 1842. La 2° édition intitulée *Révolution de la mer et déluges périodiques* a paru en 1860.

cadrant absolument avec les idées de Cuvier. Il y distingue l'accumulation tranquille et progressive de chacun des dépôts de sédiments, puis les phénomènes violents et passagers qui ont établi des lignes de démarcation entre les dépôts consécutifs que l'on a plus tard qualifiés de *coups de rasoir*.

Les révolutions du globe seraient liées au phénomène du soulèvement des grandes chaînes montagneuses. Il suffit pour voir le succès de cette hypothèse de feuilleter les ouvrages d'Élie de Beaumont et d'Alcide d'Orbigny.

Le 20 mars 1843, Dufrénoy fit à la Société géologique la profession de foi suivante :

« Toute formation est séparée de la précédente et de celle qui la suit par une révolution du globe. Cette révolution amène la cessation complète des formations sédimentaires et de l'action ignée ; puis les actions sédimentaires recommencent ensuite par des transports. Ce sont d'abord des amas considérables de poudingues, composés de galets souvent énormes et soudés ensemble ; puis des grès à gros grains, des grès à grains fins, des grès micacés ; puis des argiles qui sont des grès à parties imperceptibles, puis des marnes et enfin des calcaires parfaitement purs, que ces calcaires proviennent de sources ou d'animaux[1]. »

« Ce que révèlent les faits, dit Agassiz, ce n'est pas la disparition graduelle d'un grand nombre d'espèces et l'introduction également graduelle d'un nombre correspondant d'espèces nouvelles : c'est au contraire, la création simul-

1. *Bull. de la Soc. Géol.*, 1re série, XIV, 329.

tanée et la destruction simultanée de faunes en-
tières, et la coïncidence entre ces révolutions du
monde organique et les grands changements physiques que la Terre a subis [1]. »

Alcide d'Orbigny prétend reconnaître vingt-
sept terrains successifs à l'existence de vingt-sept
destructions de la faune et de la flore. Selon lui, ces
cataclysmes sont dus sans exception à une inondation dont le moteur a été la force développée par
le soulèvement d'un système de montagnes [2].

Les révolutions étant prouvées et admises, on
en perfectionna l'étude et, chose curieuse, ce perfectionnement, cherché avec une vraie ferveur,
leur fut directement funeste, de telle sorte que la
doctrine aurait succombé entre les mains de ses
partisans, même si elle n'avait pas eu d'adversaires.

En effet, on s'aperçut qu'il s'en fallait de beaucoup que tous les animaux d'une faune, ou que
tous les végétaux d'une flore, disparussent en
même temps. Le nombre s'accrut vite des formes
qui, méconnaissant les limites de la stratigraphie,
se permettent de persister d'un terrain à un
autre. Il fallut admettre des soudures, des passages graduels entre des niveaux que d'Orbigny avait si fortement séparés.

Alors, on vit apparaître un certain nombre
d'esprits relativement sages qui furent d'avis que
tout en continuant d'adhérer au dogme des révolutions, il convenait de diminuer le nombre de
celles-ci.

---

1. *De l'espèce et de la classification en zoologie*, 1869.
2. *Cours de Géologie et de Paléontologie stratigraphiques*. 2 vol.
in-18, Paris, 1852,

Deshayes se signala dans ce sens et proposa de remplacer les vingt-sept destructions organiques de d'Orbigny par cinq révolutions seulement [1].

L'une d'elles, à laquelle il attachait une importance toute spéciale, aurait eu lieu entre le dépôt des terrains crétacés et celui des dépôts tertiaires.

Mais ces cinq époques de Deshays n'ont pas plus de réalité que les vingt-sept d'Alcide d'Orbigny, et la limite mutuelle du secondaire et du tertiaire a été effacée absolument par les découvertes faites en plusieurs régions et tout spécialement aux États-Unis, dans certaines localités avoisinant le Fort-Laramie, dans le Far-West [2].

Le Dr Victor Lemoine [3] montra que la liaison américaine se reproduit en France : le terrain inférieur de Cernay près Reims lui fournit entre autres des mammifères des genres Adapisorex, Plesiadapis et Neoplagiaulax que Marsh avait extraits du crétacé de Laramie.

Le tertiaire et le quaternaire sont liés d'une manière intime. Les mastodontes qui sont tertiaires en Europe sont quaternaires aux États-Unis. Bien plus, les coquilles abyssales de la Méditerranée jettent un pont entre le pliocène et le temps actuel, par-dessus tout le quaternaire.

D'un autre côté, là où paraît se trouver une destruction et une re-création pour l'un des règnes organiques, il peut ne rien se manifester pour l'autre.

S'il a paru légitime aux zoologistes de faire

---

1. *Animaux sans vertèbres du bassin de Paris,* 2ᵉ édition.

2. JULES MARCOU. *Explication d'une seconde édition de la Carte géologique de la Terre,* in-8º, Paris, 1875. Voir aussi DELAFONTAINE, *Revue Suisse,* année 1876.

3. *Bull. Soc. Géol. de Fr.*

une coupure primordiale entre le secondaire et le tertiaire au sommet de la craie, la paléobotanique n'indique à ce moment rien de particulier.

Et à l'inverse, à l'époque cénomanienne qui zoologiquement est un moment quelconque, il y a en Europe substitution aux vieilles flores de la légion des angiospermes.

Et la conséquence mérite d'être soulignée, car c'est le retour au point de départ, c'est-à-dire à la conception non de plusieurs créations, mais d'une seule création. Seulement celle-ci, au lieu d'avoir été un acte temporaire suivi du repos du Créateur, nous apparaît comme une manifestation absolument continue de la puissance de celui-ci, sans aucune défaillance, sans aucun moment d'arrêt.

Dans l'ensemble, chaque espèce a une histoire qui rappelle celle de chaque individu.

Elle peut disparaître à un moment où règnent les conditions qui sont le plus favorables à des espèces tout à fait analogues. Chacune d'elles s'éteint, comme un vieillard qui a épuisé sa provision de vitalité ; chacune apparaît comme un être qui naît et qui se développera jusqu'à un moment d'apogée.

L'ACTUALISME. — Historiquement l'actualisme nous apparaît comme une doctrine provoquée pour ainsi dire par les excès du cataclysmisme.

Nous n'avons pas à insister sur son caractère spécial qui est bien connu ; il suffit de constater que cette féconde doctrine enseigne qu'aux diverses époques sédimentaires toutes les actions encore en jeu, et rien qu'elles, ont produit des effets identiques à ceux qui se font sous nos yeux, à moins qu'ils n'aient pour théâtre des régions de l'écorce terrestre inaccessibles à l'observation.

Cette restriction a l'air bien naïve ; elle est nécessitée par l'allure inexplicable des adversaires.

En effet, Charles Sainte-Claire-Deville n'allait-il pas jusqu'à s'écrier [1] : « Quelle est la lave qui présentera aujourd'hui l'oxyde d'étain et la pléiade des minéraux presque tous fluorifères qui l'accompagnaient dans le stockwerck du granit ? » Nous lui répondons maintenant que cette lave, qu'il demande à connaître, est celle de tous les volcans, pourvu qu'on aille l'observer à une distance de la surface du sol suffisante pour le maintien d'une température assez intense pour que les réactions décrites par Gay-Lussac se développent.

Dès l'année 1875, j'exposais au Muséum les points fondamentaux de la doctrine actualiste. On aurait certainement quelque peine à se représenter aujourd'hui, — où l'on regarde le procès comme jugé, — l'état des esprits à ce moment-là, sur les questions les plus générales, si les écrits n'étaient restés avec leur date, immobilisant en quelque sorte le cours de l'opinion régnante, laquelle de cataclysmienne est devenue peu à peu actualiste, comme à son insu et presque malgré elle.

Malgré elle est plus exact qu'il ne semblerait tout d'abord : il est curieux de constater en effet la résistance que plus d'un auteur s'est pour ainsi dire opposée à lui-même, avant de se rendre à l'évidence des conclusions actualistes, avant

---

1. *Histoire de la Géologie*, cours professé au Collège de France, 1 vol. in-8, Paris, 1895.

même, en bien des cas, d'attribuer à ces conclusions un tel caractère d'évidence qu'il n'y avait plus, selon lui, aucun mérite à les avoir prévues.

L'UNIFORMITARISME. — Si Constant Prévost doit être considéré comme le fondateur de l'école actualiste, Charles Lyell est l'auteur de la doctrine uniformitariste. Elle ne diffère de l'autre que par un détail, d'ailleurs essentiel : c'est que par suite des transformations successives des sédiments métamorphosés en gneiss et que l'érosion ramène à l'état d'argile, il n'y a aucun moyen de reconnaître ou un commencement ou une fin dans les cycles géologiques.

En tout cas, Prévost et Lyell sont d'accord pour retrouver à chaque période les mêmes phénomènes réalisés par les mêmes agents et les mêmes mécanismes.

L'ACTIVISME. — Une dernière théorie générale à laquelle convient le nom d'activisme, élargit les précédentes et les complète. Elle prend pour base l'un des faits les plus considérables dont la Géologie tout entière nous offre le spectacle : la modification incessante des masses sédimentaires dans leur composition et dans leur structure sous l'influence des réactions variées dont elles sont sans cesse le théâtre [1].

La notion de cette activité intense, de cette vie qui règne dans les profondeurs du sol, ne s'est dégagée que peu à peu. Elle fait ressembler ces profondeurs aux régions d'un organisme où

---

1. STANISLAS MEUNIER. *La Géologie générale*, 1ᵉ édition, 1 vol. in-8°, Paris, 1903, p. 26.

règnent les actions biologiques. Si un échantillon de roche est une chose morte, comme un oiseau empaillé ou une plante d'herbier, la même roche en place dans la couche dont elle est partie intégrante, est vivante, bien vivante, c'est-à-dire le siège de transformations incessantes. Placés au point de vue de cette nouvelle doctrine, nous aurons des faits ordinaires de la Géologie une notion toute nouvelle. A la vue d'un gisement de meulières, dans une couche tertiaire, nous n'admettons pas nécessairement une source siliceuse tertiaire et nous concevons au contraire que le terrain, d'abord tout autrement constitué, formé de matériaux dont la nature n'est pas incompatible avec la vie des êtres organisés qui s'y sont fossilisés, a subi une silification du genre de celle qui a produit si souvent la pétrification des bois. On sait d'ailleurs comment, dans les phénomènes de concrétion de la silice, intervient d'une façon active la collaboration des forces vivantes. Les diatomées parmi les végétaux jouissent du pouvoir d'arrêter la silice contenue dans les eaux en proportions infinitésimales et de la concentrer de façon à constituer des amas qui sont des sources de matière admirablement placées pour réaliser peu à peu les transformations qui nous occupent.

Ces remarques, du reste, ne tardent pas à sortir du cadre cependant très large que nous venons d'entrevoir. Il se trouve, en effet, que la rencontre du sable quartzifère dans une roche peut suffire pour démontrer l'origine mécanique de celle-ci. Et l'on est autorisé à proclamer qu'on voit de vrai sable se constituer peu à peu par un procédé entièrement chimique dans l'épais-

seur des fossiles contenus dans la craie : l'activisme se révèle dans ce cas avec un caractère
d'évidence tout particulier.

S'il s'agit de rendre compte des gisements
phosphatés, on est ramené à des considérations
analogues : ici encore, les phénomènes incessants
dont la profondeur du milieu géologique est le
théâtre, amènent la concentration du phosphate,
d'abord disséminé dans la masse du terrain
comme il est disséminé dans les dépôts actuels.
Et c'est ainsi que se font les gîtes d'exploitation
si profitables sous la forme célèbre de « bone-
beds », de « lits de coquins » comme on dit dans
les Ardennes, de « poches de sable », comme à
Beauval et à Ciply. De tous côtés, cette activité
jamais lassée se manifeste sous les formes les
plus variées. Le minerai de fer oolithique de Lor-
raine n'est point de l'âge de la couche qu'il constitue et qui, d'abord calcaire, pourvue ensuite
par un travail moléculaire de la structure oolithique, est enfin devenue ferrugineuse sous l'influence des solutions convenables qui l'ont bai-
gnée lentement : pas plus que la houille ne s'est
déposée à l'état de houille, ayant acquis, au contraire, très graduellement ses caractères spéciaux
à la faveur d'une chimie qui n'arrête jamais ses
progrès.

1. Stanislas Meunier. *Bulletin de la Société des Sciences de Nancy*, vol. de 1910.

CHAPITRE XV

LES THÉORIES PROPHÉTIQUES

Quelques philosophes anciens ont attribué à la Terre l'infinie durée. Leurs théories sont contredites par le spectacle de l'évolution planétaire auquel nous venons d'assister. La Terre a commencé ; elle vieillit tous les jours ; rien ne peut s'opposer à ce qu'elle finisse, par l'épuisement de la somme d'énergie dont elle fut dotée au début. La plupart des peuples en ont eu l'intuition. On sait que la Bible abonde en descriptions de la fin du Monde. D'après Bérose, les Chaldéens croyaient que la Terre sera réduite en cendres quand toutes les planètes seront réunies dans le signe du Cancer. Vichnou, lors de sa dixième et dernière incarnation, sera le cheval exterminateur Kalhi, lequel, d'un coup de pied, réduira la Terre en poussière.

Parmi les modernes, Burnet dans sa *Telluris theoria sacra*, annonce que la Terre périra par le feu. Ce sera cependant pour se transformer, après une période de fusion qui la rendra transparente comme du cristal, en séjour perpétuel des saints et des bienheureux.

Cordier, qui a fait de la chaleur interne des travaux que nous avons analysés, pense que la

Terre finira par refroidissement et consolidation jusqu'au centre [1].

La théorie qui paraît la plus vraisemblable repose avant tout sur l'absorption progressive des fluides superficiels en conséquence du refroidissement séculaire du globe.

La réduction en surface et en profondeur de la mer doit résulter d'une série de phénomènes dont la supposition n'a rien de téméraire. D'abord la production des irrégularités de la masse solide amène l'immersion des continents et des îles, l'apparition de la terre ferme, région spécialement exposée aux entreprises de la démolition marine, mais qui diminue la surface de l'océan ; en second lieu, l'absorption verticale de la masse aqueuse dans l'épaisseur de la croûte en conséquence du refroidissement centripète des masses consolidées.

Il y a place ici pour des hypothèses qui sont appuyées sur des faits d'expérience et sur des observations qui en assurent la solidité. Toutes les roches contiennent de l'eau de carrière. Durocher a déterminé la quantité d'eau que renferment les roches cristallines, en étudiant séparément l'orthose, le mica, l'amphibole, le pyroxène. Il a trouvé en moyenne :

Matière pierreuse	0.9873
Eau	0.0127
	1.0000

Or, on a évalué le poids de l'océan à 124/000[e]

---

1. Cité par Rivière. *Etudes géologiques et minéralogiques,* 1 vol. in-8°, Paris, 1847, p. 149.

du poids total de la terre, ce qui donnerait :

$$
\begin{array}{ll}
\text{Roche} & 0.999958 \\
\text{Eau} & 0.000042 \\
\hline
& 1.000000
\end{array}
$$

C'est 100 fois moins que le moins hydraté des minéraux étudiés par Durocher. D'où la conclusion que, depuis les débuts des phénomènes de production des roches, une formidable quantité d'eau a été fixée dans le sol et que par conséquent la mer a subi une énorme diminution de volume.

On peut déduire de ces suppositions une nouvelle notion hypothétique sur l'anatomie du globe. La répartition de la chaleur souterraine nous a déjà fait admettre que la croûte solide n'a pas plus de 60 kilomètres d'épaisseur.

Nous sommes arrivés plus haut à concevoir que cette croûte est subdivisée en deux niveaux superposés : l'un pourvu d'eau de carrière, et l'autre encore trop chaud pour être imprégné. Au fur et à mesure des progrès du refroidissement l'eau doit nécessairement pénétrer de plus en plus profondément et le calcul très simple qui précède fait voir que la totalité des océans serait loin de suffire à l'imprégnation de toute la masse du globe. La Terre doit donc finir par dessèchement.

Ajoutons qu'à ces hypothèses relatives à la Terre, on pourrait en ajouter d'autres qui concernent le destin des matériaux terrestres, après l'évolution terminée de la planète[1]. Ces matériaux soumis à la contraction consécutive aux progrès du froid et de la dessiccation déterminent d'abord

---

1. Un résumé de cette théorie se trouve dans notre *Géologie comparée*, 1 vol. in-8°, Paris.

le craquellement du globe qui ressemblera alors au disque de notre satellite, la Lune. Plus tard, les crevasses se croiseront en s'approfondissant et il en résultera la réduction de la Terre en blocs juxtaposés qui s'égrèneront peu à peu le long de l'orbite précédemment parcourue et tout indique que cette transformation s'est déjà emparée d'une planète au moins, dont les débris sont visibles, sous la forme des *astéroïdes*, entrecroisant leurs trajectoires entre les orbites de Mars et de Jupiter. Enfin, la désagrégation arrivant au degré ultime, les débris, réduits à des dimensions infimes, tomberont sur le Soleil à l'état de météorites et lui fourniront une contribution de force vive et de matière qui rappelle bien intimement, malgré l'extrême différence des dimensions, le cycle merveilleux par lequel les cadavres des animaux et des plantes contribuent à la vie des êtres qui leur ont succédé.

TABLE DES CHAPITRES

ÉVREUX, IMPRIMERIE PAUL HÉRISSEY